살맛나는 세상,
어메니티 도시 만들기

김 해 창 지음

살맛나는 세상, 어메니티 도시 만들기

—

인쇄 2024년 5월 5일 1판 1쇄 **발행** 2024년 5월 10일 1판 1쇄

지은이 김해창
펴낸이 강찬석
펴낸곳 도서출판 미세움
주소 (07315) 서울시 영등포구 도신로51길 4
전화 02-703-7507 **팩스** 02-703-7508
등록 제313-2007-000133호
홈페이지 www.misewoom.com

정가 19,800원

—

ISBN 979-11-88602-71-1   03530

이 책은 방일영문화재단의 지원을 받아 저술·출판되었습니다.

21세기에 들어선 지 사반세기가 다 돼가지만 여전히 지구촌은 전쟁과 불신의 20세기적인 삶에서 한발자국도 벗어나지 못하고 있다.

지난 2001년 9월 11일 미국 뉴욕 테러 이후 전 세계는 테러와의 전쟁, 상호공격이 끊이지 않아 평화와 생명으로 가는 길이 얼마나 험난한가를 절감케 했다. 2011년 3월 11일 후쿠시마원전사고는 원전선진국 일본에서 일어난 미증유의 대참사였다. 사고가 일어난 지 10여 년이 지났지만 아직도 사고는 수습되지 않고 후쿠시마원전 오염수 해양투기가 새로운 국제문제가 되고 있다. 2022년 2월 발발한 우크라이나-러시아전쟁과 2023년 8월 발발한 이스라엘-팔레스타인전쟁은 막대한 사상자를 내면서 아직도 그칠 기미를 보이지 않고 있다.

게다가 2023년 3월 IPCC(기후변화에 관한 정부 간 협의체)의 6차 보고서는 최근 100년간 지구 평균기온이 이전 대비 약 1.1℃ 상승했으며 1.5℃ 지구온난화 억제까지 탄소허용배출총량 역시 얼마 남지 않았다고 전했다. 안토니우 구테흐스 유엔 사무총장은 2023년 7월 "'지구온난화(Global Warming)' 시대가 끝나고 '지구고온화(Global Boiling)' 시대가 시작됐다."고 말했다. 2050년, 아니 빠르면 2030년까지 우리 사회의 대전환이 없으면 지구호의 미래는 없다는 것을 과학적 사실로 말하고 있다. 이러한 악순환은 지구환경과 도시의 삶 자체를 위협하고 있다. 이러한 '반생명의 시대'를 어떻게 살아가야 할까? 그리고 '지속가능한 미래도시 만들기'를 위해 우리는 무엇을 해야 할까?

21세기의 삶은 테러와 증오 대신 사랑과 생명의 마음을 키워나가고 이를 바탕으로 지역주민들이 주체가 된 새로운 도시 만들기에서부터 시작해야 할 것이다. 정치, 경제, 사회, 문화, 환경 등을 종합적인 관점에서 접근하고, 이웃과 연대하고 배려하는 사회를 만들어야 한다. 이런 점에서 미래도시 디자인의 새로운 개념으로 사랑과 생명을 바탕으로 한 환경사상인 '어메니티(Amenity)'에 그 가능성을 찾고자 한다. 21세기는 환경과 생태가 살아있는 녹색도시·생태도시·저탄소도시를 만들어야 함은 물론 이러한 것을 바탕으로 사람의 마음씀과 개성, 공동체 문화까지를 살린 '어메니티 도시'를 지향할 필요가 있다.

어메니티라는 말은 '환경보전, 종합쾌적성, 청결, 친절, 인격성, 좋은 인간관계, 공생' 등 번역어만 무려 80여 가지가 된다. 어메니티란 요약컨대 '인간이 살아가는 데 필요한 종합적인 쾌적함'이라고 할 수 있다. 즉, 지속가능한 발전에서 경제발전, 지역공동체발전, 생태발전 등 3개 과정의 최적 균형을 찾는 지표가 어메니티라고 볼 수 있다. 한마디로 '살맛나는 세상'의 기반이 되는 정신적·물질적 환경을 말한다.

어메니티는 19세기 산업혁명 아래 영국의 대도시에 집중적으로 모여 살던 노동자들이 열악한 환경으로 인해 사망자와 환자가 발생하는 것을 예방하기 위해 공중위생 측면에서 대두했다는 것이 다수설이다. 어원에 관해서는 라틴어의 아마레 amare〈사랑하다 love〉→ 아모에니타스 amoenitas〈쾌적한, 기쁜 pleasant〉→ 영어의 amenity〈쾌적함, 기쁨 pleasantness〉로 됐다고 한다. 따라서 어메니티는 사랑과 생명을 두 축으로 한다.

이러한 어메니티와의 만남은 30년 전 가까이로 거슬러 올라간다. 필자는 국제신문에서 약 17년간의 기자생활을 했는데 그중 환경전문기자로 10년 이상 활동을 했다. 1997~98년 LG상남언론재단 해외연수

자로 선발된 것이 어메니티와의 만남의 계기가 됐다. 당시 일본 도쿄의 시민환경단체인 AMR(Amenity Meeting Room, 어메니티사랑방)에서 1년간 '어메니티'를 주제로 장기연수 및 취재를 하였고 1998년에 AMR의 고(故) 사카이 겐이치(酒井憲一) 회장이 펴낸《백억인의 어메니티(百億人のアメニティ)》를《어메니티-환경을 넘어서는 실천사상》이란 제목의 한국어 번역판을 출판했다. 그리고 1999년에는 일본 현장 경험을 담은《어메니티 눈으로 본 일본》이라는 책을 저술했다. 2002년에는 한국언론재단 언론인 저술에 선정돼《환경수도 프라이부르크에서 배운다》를 펴냈는데 이 책은 원전 반대에서 더 나아가 태양광도시로 거듭난 독일 프라이부르크의 환경 어메니티를 담았다.

2007년 언론사 퇴사 후에는 약 3년간 서울의 (재)희망제작소에서 부소장 일을 맡으며 사회혁신 정책 아이디어 개발에 관심을 가졌고, 2008년 9월부터 약 3개월간 일본의 '아시아리더십펠로 프로그램(ALFP)'의 한국 대표로 선발 초청돼 도쿄에 머물면서 일본의 '저탄소사회 만들기' 실태를 둘러보고, 다음해《일본 저탄소사회로 달린다》를 펴냈다.

2010년 '저탄소도시 조성의 편익추정 및 선호도 분석에 관한 연구'로 부산대에서 경제학(환경경제학) 박사학위를 취득했고, 2011년 9월 경성대 환경공학과 교수로 임용된 이래 기후변화정책과 법규, 기후변화와 도시의 대응, 저탄소대안경제론, 신재생에너지론 등을 가르쳐왔다. 2013년에는《저탄소경제학》,《저탄소대안경제론》을 펴내 저탄소경제학이란 새로운 학문의 장을 여는 책을 저술했다. 2017년에는《기후변화와 도시의 대응》,《신재생에너지의 이해》를 펴냈다. 2018년에는 독일의 환경경제학자인 E. F. 슈마허(Schumacher)의 전 저작을 바탕으로 우리나라 상황에서 대안을 찾는 노력의 하나로《작은 것이 아름답다, 다시 읽기》를 펴냈고,《원자력발전의 사회적 비용》을 통해 탈원전에너지 전환의 필요성과 방법론을 제시하려고 노력했다.

2020년 환경부가 엮은 《녹색전환—지속가능한 생태사회를 위한 가치와 전략》에 다른 학자들과 함께 참여해 글을 썼고, 2021년에는 《재난의 정치경제학》을 통해 코로나시대 대안 찾기에 고심한 흔적을 내보였다. 결국은 대안 찾기이다.

이번에 기획한 《살맛나는 세상, 어메니티 도시 만들기》는 환경경제학자이자 소셜 디자이너(Social Designer)로서 '종합적인 삶의 쾌적함'을 의미하는 어메니티를 21세기 기후위기시대 개인적 삶의 대안이자 도시정책의 소프트전략으로 제시하고자 하는 것이다.

특히 '도시어메니티'에 대한 경제학적 접근을 포함해 어메니티에 대한 객관적 가치평가도 시도한다. 일반적으로 전문가의 딱딱하고 난해한 문장이 아니라 전직 환경전문기자이자 환경경제학자로서 일반 독자가 쉽게 이해할 수 있는 글로 풀어내고자 노력했다.

필자는 일본에서 어메니티운동이 일어나는 과정을 듣고 적잖이 충격을 받은 적이 있다. 일본의 경우 1977년 〈OECD 대일 환경보고서〉에서 '일본은 그 동안 반공해와의 싸움에서는 이겼다고 볼 수 있으나 어메니티와의 싸움에서는 결코 이겼다고 볼 수 없다'는 지적에서 일본 정부와 시민단체를 중심으로 어메니티운동이 시작됐다. 이는 '어메니티 타운플랜' 등으로 구체화됐다.

우리나라에서 어메니티운동은 1990년대 부산에서 (사)도시발전연구소를 중심으로 어메니티 개념이 도입돼 1994년 '부산어메니티플랜'과 1999년 '부산어메니티100경' 등이 나왔다. 2000년대엔 '수원어메니티플랜' '쾌·감·미·청 어메니티서천' 등 지자체로 확산되었으며, 2020년 전후해서는 '진주 창의도시어메니티' '해운대 어메니티' 등 전국적인 도시브랜드운동으로 퍼지고 있다.

어메니티의 분야로는 ①생명·안전 ②건축·주거 ③마을 만들기

④지구환경 ⑤역사 · 문화 ⑥경관 ⑦복지 어메니티 등 다양하다. 어메니티 이론가인 AMR의 사카이 겐이치 회장은 "어메니티는 이른바 근대가 내팽개쳐버렸던 진(眞) · 선(善) · 미(美) · 애(愛)를 다시 주워 담는 노력이자 이를 구체적으로 생활에서 실천하고자 하는 가치지향의 시민운농"이라고 발했다.

어메니티는 지속가능성 그리고 마을 만들기와 연결된다. ICLEI(자치단체국제환경협의회)가 규정하는 '지속가능한 발전(Sustainable Development)'이란 모든 사람들의 기본적인 삶의 질을 강화하고 사람이 지속적으로 살만한 가치가 있도록 생태계와 지역공동체를 보호할 수 있는 수준에서 경제발전 과정을 변화시켜 가는 프로그램으로 보고 있다.

어메니티는 이러한 지속가능성을 바탕으로 지역주민의 꿈과 개성을 살려 나가는 '살고 싶은 도시' '살만한 세상' 만들기의 핵심 개념이자 미래도시의 내용이 될 수 있다. 즉, 자연과 공생을 도모하면서 인간이 존중되고 공동체가 함께 하는 사회를 만들어가는 것이다. 이런 점에서 지속가능성을 바탕으로 한 도시 만들기를 '어메니티 도시 만들기'라고 할 수 있다.

어메니티 도시 만들기란 '주민이 지역에 있어야 할 모습을 그려 그것을 실현해 가는 지혜나 연구를 바탕으로 뜻을 모아 계획적으로 그것들을 함께 실행하거나 실현해 가는 노력의 총체'라고 보고 있다. 이 때문에 지속가능한 도시 만들기를 위해서는 '있어야 할 모습'을 생각하는 창조이념이 필요하고 이를 이끌어낼 종합프로그램이 필요하다. 지속가능한 도시 만들기는 지역의 특성에 바탕을 둔 '창조적인 아이디어'와 '주민참여' 및 '행정과의 협력'의 산물이라 할 수 있다. 그것은 곧 '생활창조의 발상', 궁극적으로는 삶의 쾌적성을 의미하는 '어메니티'의 실현으로 이어진다.

어메니티는 도시나 농촌이라는 삶터의 개성을 살리고 경제와 환경, 역사, 문화를 보전·계승해 매력 있는 도시의 기치를 살려가는 '살맛나는 세상', 지속가능한 도시의 핵심내용이다. 이러한 어메니티는 도시의 질을 평가·측정하는 지표가 될 수 있다. 환경을 넘어선 실천사상인 어메니티, 즉 '종합적인 쾌적함'이란 목표를 놓고 그에 도달하기 위한 도시에 대한 만족감과 도시의 환경지표간의 종합분석 노력도 필요하다.

이런 점에 《살맛나는 세상, 어메니티 도시 만들기》는 환경과 경제, 문화의 통합적 사고를 바탕으로 한 새로운 도시를 보는 눈을 제공한다. 이 책은 구미와 일본의 도시어메니티의 선진 사례와 국내 사례를 적극 발굴해 소개하고, 생활 속의 어메니티의 실천, 그리고 하드웨어 중심의 종래 도시계획에서 소프트웨어 중심의 도시전략으로 나아가는 새로운 미래도시 만들기의 참고서가 될 수 있을 것이다.

이 책은 모두 제4장으로 구성돼 있다. 제1장은 왜 지금 어메니티인가?라는 물음에서 시작한다. 제1절 어메니티란 무엇인가?, 제2절 어메니티의 기원과 역사, 제3절 도시와 어메니티를 다룬다. 제2장에서는 선례에 의한 발전－국내외 어메니티운동을 다룬다. 제1절 구미의 어메니티운동, 제2절 일본의 어메니티운동, 제3절 우리나라의 어메니티운동 사례를 소개한다. 제3장은 어메니티의 가치평가에 대해 다룬다. 제1절 도시어메니티의 가치평가, 제2절 어메니티 가치평가의 실제를 소개한다. 제4장은 도시어메니티의 미래와 과제를 밝힌다. 제1절 기후위기시대, 도시전략의 대전환, 제2절 남북화해와 한일협력, 제3절 어메니티와 대안적 삶을 소개한다.

언론을 통해 우리는 기후위기의 심각한 실태를 연일 접하고 충격을 받고 있다. 기후위기시대란 말만 들어도 우울하다. 지금 국내외 정치상황을 보면 앞이 잘 보이지 않는다. 그러나 "위기가 기회"란 말을 잊어서는 안 될 것 같다. 기후위기시대이기에 단순히 저탄소, 탄소중립만을 기계적으로 이야기하지 말고, 진정한 의미에서 생명과 사랑을 바탕으로 이 위기를 극복해 나가는 힘을 가져야 한다. 보다 근본적인 접근을 통해 우리가 사는 사회, 우리 아이들이 살아가야 할 세상을 좀 더 '살맛나는 어메니티 세상'으로 바꿔나가자는 의지를 다짐하는 계기로 삼고자 한다.

예전에 〈포천(Fortune)〉지의 글을 읽고 꽤 공감을 해 메모해놓은 것이 있다. 브리언 두메인이란 사람이 쓴 '우리는 왜 일을 하는가'라는 칼럼에 나오는 우화 '세 석공의 차이점'이다.

안개에 둘러싸인 성과 곤경에 처한 공주, 그리고 용감한 기사들이 살던 시대에 한 젊은이가 길을 가다가 망치와 정을 힘껏 두드리고 있는 사람을 만났다. 젊은이는 무척 지치고 화가 나 있는 듯이 보이는 그 석공에게 물었다. "뭘 하고 있습니까?" 그 석공은 고통스러운 듯한 목소리로 대답했다. "돌을 다듬고 있는 중인데, 이것은 등뼈가 휘어질 정도로 힘든 작업이랍니다." 젊은이는 여행을 계속하다가 비슷한 돌을 다듬고 있는 또 한사람을 만나게 되었는데, 그는 특별히 화가 나 보이지도, 행복해 보이지도 않았다. "뭘 하고 있습니까?" 젊은이가 묻자 석공은 대답했다. "집을 짓기 위해 돌을 다듬고 있는 중입니다." 젊은이는 계속 길을 가다가 돌을 다듬고 있는 세 번째 석공을 만났는데, 그는 행복하게 노래를 부르며 일하고 있었다. "뭘 하고 있습니까?" 그 석공은 미소를 지으며 대답했다. "성당을 짓고 있습니다." 도시와 농촌에 살아가면서 각자의 역할이 있을 것이다. 나 스스로 나는 어떤 석공일까 되물어본다. 그리고 이렇게 또 물어본다. "나에게 어메니티란 무엇인가?"

원고를 마무리하는 시점에서 어메니티와 관련해 꼭 감사를 드려야 할 분이 있다. 20여 년 전 일본에 있을 때 AMR회장으로 일본의 어메니티 사상을 정리하고 실천하신 고 사카이 겐이치 회장님의 명복을 빌며, 다카하시 가츠히코 AMR 부회장님께도 감사의 말씀을 전한다. 또한 어메니티 세계로 이끌어주신 김승환 동아대 명예교수님께 고마움을 전한다. 그리고 어려운 출판사정에도 불구하고 이 책의 출판을 흔쾌히 결정해주신 강찬석 미세움 대표님과 졸고를 깔끔하게 풀어내 준 임혜정 편집장님에게도 진심으로 감사를 드린다. 또한 30여 년을 한결같이 동지이자 조언자 노릇을 하고 있는 아내와 이제는 독립을 해 가정을 꾸리고 있는 두 아들 내외와 백일을 지난 손녀 다인에게도 정말 사랑한다, 고맙다는 말을 전한다.

2024년 3월
김해창 씀

선례에 의한 발전 - 국내외 어메니티운동

─────────────── 제 3 장 ───────────────

어메니티의 가치평가

제 1 장

왜 지금 어메니티인가?

어메니티란 무엇인가?

01 어메니티-"있어야 할 것이 있어야 할 곳에"

"어메니티가 뭐꼬?" 20여 년 전 처음으로 어메니티라는 말을 쓰기 시작하자 이렇게 묻는 사람이 많았다. 한글로 풀어쓰면 되지 굳이 외래어를 쓰느냐는 항변이기도 했다. 그런데 어메니티라는 말을 한마디로 표현하기란 참 난감하다.

'환경보전, 쾌적환경, 쾌적성, 쾌적함, 쾌적감, 종합쾌적성, 쾌적공간, 쾌적주공간, 쾌적감각, 생활환경, 환경의 질, 생활의 질, 생활환경의 질, 도시환경의 질, 거주성, 사는 느낌이 좋음, 도시미, 미적 환경, 미관, 자연미, 역사미, 조화, 정연, 질서, 최적성, 편리성, 개성, 친수, 편안함, 윤택함, 풍부함, 풍요함, 여유, 배려, 문화성, 문화시설, 매력, 활력, 활기, 생기, 생명, 생명감, 안전, 안녕, 건강, 보건, 공중위생, 위생, 청결, 생활감, 행복, 복지, 조용함, 쾌감, 호감, 기분 좋음, 인격성, 사람이 좋음, 몸짓, 좋은 인간관계, 프라이버시, 예의, 매너, 우아, 풍아, 풍치, 티 없음, 잘 차려입음, 사랑, 이웃사랑, 우애, 향토애, 향토의 자부심, 인간성, 인류애, 지구애, 공생, 서비스, 더불어 기뻐함, 친절, 패셔너블, ~다움'.

무려 80여 개나 된다. 그래서 이걸 굳이 한글로 하자면 '종합쾌적성'이라고나 할까. 어메니티라는 말이 그만큼 폭넓고 다양하다는 반증이기도 하다.

네이버지식백과 시사상식사전에 '어메니티'를 검색하면 '인간이 문화적·역사적 가치를 지닌 환경과 접하면서 느끼는 쾌적함이나, 쾌적함을 불러일으키는 장소'라고 뜬다. amenity(영어). 어메니티의 어원은 '쾌적한' '기쁜' 감정을 표현하는 라틴어 '아모에니타스(amoenitas)' 또는 '사랑하다'라는 의미의 라틴어 '아마레(amare)'에서 유래되었다. 사전적으로는 기분에 맞음, 쾌적함, 즐거움, 예의 등 다양한 뜻을 가지고 있는데, 도시나 주거환경에서의 어메니티는 '쾌적한 환경' '매력적인 환경' 또는 '보통사람이 기분 좋다고 느끼는 환경, 상태, 행위'를 포괄하는 의미로 종합적인 새로운 개념의 환경을 뜻한다.

어메니티란 개념은 산업혁명으로 19세기 영국의 도시에 몰려든 노동자의 열악한 주거환경에서 발생하는 질병, 사망률 등을 낮추기 위해 공중위생으로부터 시작되었다고 한다. 공중위생 영역에서 생겨난 어메니티는 주거시설의 개선에서 나아가 근대도시계획의 상징이 되었다. 이후 공해와 환경파괴 문제가 대두되면서 환경성 회복이 어메니티의 핵심이 되었고, 거기에 더해 편리성, 환경성, 심미성, 문화성의 추구로 이루어지고 있다는 것이다.

위키백과는 '어메니티'를 '환경보전, 종합쾌적성, 청결, 친근감, 인격성, 좋은 인간관계, 공생 등의 여유(경제성,문화성 등), 정감(환경성,쾌적성 등), 평온(안전성,보건성 등)이라고 하는 다양한 가치개념에서 접근하여 왔으며, "인간이 살아가는 데 필요한 종합적인 쾌적함"이라고 할 수 있다. 즉, 인간과 환경의 만남에서 일어나는 장소성에서부터 심미성에 이르기까지 매우 다양하고 복합적인 개념을 지니고 있다. 최근에는 가치 지향적 어메니티에 대한 관심이 커지면서 시장접근방식이 논의되고 있고 공공재적 가치 개념에 따라 직접지불제의 대상으로 확대되고 있다'라고 소개하고 있다.

다음백과의 국어사전에는 '명사.《자연 일반》어떤 지역의 장소, 환경, 기후 따위가 주는 쾌적성. 아름다운 경관과 그 속에 살고 있는 사람들의 따뜻함을 포함하는 미(美), 감(感), 쾌(快), 청(青)으로 표현될 수 있다'로 소개하고 있다.

영어 위키피디아(Wikipedia)에서는 '재산 및 토지이용계획에서 어메니티(쾌락, 즐거움)는 어떤 징소에 이익을 주고, 그 장소의 즐거움에 기여하며, 그 가치를 증가시키는 것으로 간주되는 것이다. 유형의 편의시설로는 객실의 수와 성격, 엘리베이터, 인터넷 접속, 레스토랑, 공원, 커뮤니티센터, 수영장, 골프장, 헬스클럽 시설, 파티룸, 극장 또는 미디어룸, 자전거 도로 또는 차고 등의 시설이 있다. 무형의 편의시설로는 잘 통합된 대중교통, 쾌적한 전망, 인근 활동 및 낮은 범죄율이 있다. 환경경제학의 맥락 안에서 환경 편의시설은 깨끗한 공기 또는 깨끗한 물에 대한 접근 또는 거주자의 건강에 악영향을 줄이거나 경제적 후생을 증가시킬 수 있는 다른 환경적 재화의 품질을 포함할 수 있다. 주거용 부동산은 편의시설로부터 이익을 얻을 수 있으며, 이는 결과적으로 부동산 가치를 높일 수 있다. 가치 있는 편의시설의 예로는 공원과 학교와의 근접성, 최신 집기, 보너스 거주 공간 등이 있다. 집을 바람직한 곳으로 만드는 이러한 부가적인 특징들은 부동산에 상당한 가치를 더할 수 있다'고 소개하고 있다.

어메니티 개념과 관련해 미국의 경우는 편리성을 강조하고 있음을 알 수 있다. 어메니티에 대한 개념은 주로 일본에서 학문화됐다. 일본의 어메니티 개념을 소개한다.

프리백과사전 위키피디아에 어메니티(アメニティ)는 '제1의적으로는 쾌적성, 쾌적한 환경, 매력 있는 환경 등을 의미하는 말, 즉 '생활감이 좋음' '거주성이 좋음'을 나타내는 개념이다. 19세기 후반 이래 영국에서 형성된 환경에 대한 사상을 바탕으로 도시계획과 환경행정의 근본적 가치관, 중심원리로 자리매김하고 있다. 무엇보다 연구자

에 따라 뉘앙스가 미묘하게 다른 정의가 병존하고 있다. 광의의 하나는 '편안함, 쾌적함, 쾌적함, 편안하게 살기 위해서 필요한 것이 정돈되어 정비되어 있는 것' '생활을 편리하고 즐겁게 하는 것' '혜택·특전을 추가할 수 있는 것'으로, 그러한 설비, 쾌적함 혹은 적당한 그 환경(자연환경·사회환경)을 의미한다'고 소개하고 있다.

그런데 사실 어메니티를 인터넷에 검색해보면 이렇게 고상한 개념보다는 바로 '호텔 어메니티'나 '어메니티 굿즈'라는 말이 많이 나온다. 가끔 모임에서 만나는 사람들에게 어메니티에 대해 아느냐고 물으면 대부분이 '어메니티 굿즈(용품)' 이야기를 한다. 어메니티 굿즈는 숙박시설에서 준비되는 투숙객 전용 객실 설비의 총칭으로 특히 비누, 샴푸, 치약 세트 등 일회용 비품을 가리키는 경우가 많다. 항공사 비즈니스석 등에서 스킨케어 제품, 양말, 수면 마스크, 귀마개, 칫솔 등의 아이템이 '어메니티 키트'라 불리는 편의용 주머니로 제공되는 경우도 있다.

어느새 어메니티는 편리함의 대명사이고 심한 경우 사치용품을 이르는 말로 쓰이는 경우도 있다. 일본이 거품경제기에 욕실 천정에 방수형 스피커를 달아 음악을 듣거나 비디오영상을 볼 수 있도록 한 곳을 '어메니티 존(Amenity Zone)'이라 설명하는 예도 있었다. 일본의 경우 어메니티를 붙인 상호도 제법 눈에 띈다. 오사카 중심부에 친수공간을 잘 살린 초고층 아파트단지 이름이 '오사카 어메니티 파크(OAP)'이고, 에히메현 사이조시에는 '주식회사 어메니티타임'이란 유리시공업체가 있다. 후쿠시마현 구루메시에 본사를 둔 식료품판매회사 이름으로 '베스트어메니티 주식회사'가 있고, 경영컨설팅 회사로 '웃는얼굴어메니티연구소(笑顔アメニティ研究所)'도 있다. 또한 우리로 치면 KTX에 해당하는 일본 신칸센의 고급 2층 전동차의 이름이 MAX, 즉 '멀티 어메니티 익스프레스(Multi Amenity Express)'다.

최근에 부산의 한 인문학당 환경 관련 강의에서 "살맛나는 세상에 어메니티는 반드시 필요합니다. 어메니티는 '있어야 할 것이 있어야 할 곳에 있는 것'으로 '종합쾌적성'이라고도 합니다. 여러분이 생각하는 어메니티는 어떤 것인가요?"라고 물어봤다.

- 기본소득, 개념 있는 통치자(정치), 투명한 세상(부의 평등성), 안락한 주거, 공동주거(낮은 담), 공원(숲, 꽃, 식물+음악), 토론이 자유로운 분위기(이경희).

- 아파트에 인문학 공부 공간을 만들기, 공부하는 사회 만들기, 대학도서관이 일반시민들에게 무료로 책 대여해주기, 대학에서 일반시민을 상대로 인문학 강연 자주하기(김은숙).

- 시골 어른들에게 가족간(아들, 며느리, 손주)의 소통이 원활히 이뤄질 수 있도록, 지역강연이 많이 이루어졌으면 합니다. 소통 너무 힘듭니다(신경희).

- 내 시간을 내가 주도적으로 사용할 수 있으면 살맛나겠다. 예) 기본소득제로 적게 벌고 남은 시간을 내가 하고 싶은 것을 하도록. 가부장적 사회 타파. 여성 인권(강미애).

- 운동장, 공원, 다양한 책들이 구비된 도서관(영화관람도 가능한)(김미경).

- 서로에게 배려하는 세상(김혜례).

- 생존권 보장(기본소득), 어른들의 학습모임(마을마다), 배려하는 태도(황선화).

- 열심히 일한 만큼 보람 있는 사회가 됐으면 … 바닷가 앞에 높은 빌딩이 없었으면 … 청년이 희망이 있는 세상이 되었으면 … 가진 자가 좀 더 세금을 많이 내어서 아프리카 아이들이 더 이상 아프지 않고 굶어죽지 않는 지구촌이 되었으면 … 아파트를 더 이상 짓지 않았으면 … 기본소득으로 걱정 없는 세상. 부동산 등으

로 불로소득을 얻어 잘 사는 사람은 세금을 90% 이상 매겨서 열심히 일하는 사람에게 힘 빠지지 않는 세상. 골목이 살아있는 도시가 되었으면 … 핸드폰보다 책을 많이 읽는 아이들이 많은 세상(이수경).

- 환경적으로 자연친화적 도시경관이 이루어지면 좋겠다. 주거지에 근접한 숲, 공원. 노인 도우미들이 마을마다 있으면 좋겠다(군복무대체업무로도 가능. 노인병원 서비스나 생활의 어려움을 도와주는 서비스가 이루어질 수 있는 시스템).

- 우체통이 있었으면 합니다.

이처럼 어메니티는 살맛나는 세상에 있어야 할 것들로 수많은 사람의 수만큼이나 많은 정의가 나올 수 있다.

02 넓고도 깊은 어메니티

어메니티란 말은 얼핏 듣기에 모호하다. 그만큼 넓고 깊다는 의미가 될지도 모른다.

어메니티의 대표적인 정의와 해설을 정리해보면 이렇다.

〈컬링워드(J. B Cullingworth)의 해설〉

구보다 세이조(久保田誠三)가 원저 《TOWN AND COUNTRY IN ENGLAND AND WALES》(1964)를 감수 · 번역한 것이 《영국의 도시농촌계획》(재단법인 도시계획협회, 1972)이다.

속담에 나오는 코끼리처럼 어메니티도 정의하기보다 인식하는 쪽이 쉽다(Amenity is easier to recognize than to define). 그러나 코끼리가 어떠한 것인가에 관해서는 모든 사람이 동의하지만, 어메니티의 중요성 및 정도(가령 어떤 환경이 보존돼야 하는가, 어떻게 보존돼야 하는가, 그 비용은 공공 · 민간에서 어느 정도까지 정당화될 수 있는가 등)에 관해서는 상당한 불일치가 예상된다는 점이 중요한 차이점이다.

컬링워드는 예전에 사회학자였기 때문에 이해하기 쉽게 코끼리의 속담을 비유로 사용했다. 코끼리는 너무 커서 일부를 만져봐서는 전체를 알 수 없다는 의미다.

〈홀포드(William Holford)의 정의〉

홀포드는 도시계획법을 중심으로 법률을 고찰한 영국의 도시계획 학자이지만, 관점에 있어서는 도시계획 분야의 틀을 넘어서 어메니티를 생각했다. 컬링워드의 《영국의 도시농촌계획》이란 책 가운데 다음과 같은 홀포드의 정의가 소개돼 있다.

어메니티는 단순히 하나의 성질을 말하는 것이 아니라 복수의 가치를 지닌 총체적인 카탈로그이다. 그것은 예술가가 눈으로 보고 건축가가 디자인하는 아름다움, 역사가 낳은 상쾌하고 친근감있는 풍경을 포함해 일정한 상황 하에서는 효용, 즉 있어야 할 것(가령 주거, 따뜻함, 빛, 맑은 공기, 집안의 서비스 등)이 있어야 할 곳에 있는 것(The right thing in the right place), 또는 전체로서 쾌적한 상태를 말한다.

홀포드의 정의의 장점은 구체적인 어메니티 요소를 예시하면서 실제는 종합성을 어메니티의 특성으로 보여주고 있는 것이다. 결국 아름다움, 친근한 역사성, 효용 등의 개별적 어메니티 요소만으로는 참된 어메니티가 될 수 없으며, 그 요소가 주위와 나아가서는 전체와 조화를 이뤄야 비로소 어메니티라는 것을 보여주고 있다.

〈스미스(David L. Smith)의 해설〉

스미스의 저서 《Amenity and Urban Planning(어메니티와 도시계획)》(1974, 런던)에 나오는 어메니티에 대한 해설은 어메니티의 어원이 프랑스어인 '사랑하다'에 이른다는 점이 강조돼 있다.

어메니티의 정서를 묶는 것은 다행히 어원적으로도 뒷받침되고 있다. 즉, 어메니티는 '쾌적함, 기쁨'과 동의어로 라틴어인 아모에니타스 amoenitas(쾌적한, 기쁜 pleasant이라는 의미)에서 파생되었으며, 특히 아마레 amare(사랑하다, love라는 의미)라고 하는 어원에까지 거슬러 올라갈 수 있는 개념이다.

이와 같은 어메니티의 어원을 '아마레'로 보는 것은 이미 앞에서 소개한 각국의 사전에 소개된 바와 같다.

〈에이브람스(Charles Abrams)의 해설〉

에이브람스는 폴란드 태생의 미국 이주자로 컬럼비아대학 도시환경연구소장을 역임한 주택과 도시계획의 권위자이다. 도쿄대 명예교수인 도시계획가 이토 시게루(伊藤滋)가 번역해 펴낸 《도시용어사전》(1978)에는 미국인의 어메니티 해석을 알 수 있다.

amenities 쾌적성 또는 어메니티: 실리적인 면과는 구별된다. 물적 사업, 입지에서 나오는 쾌적하고 미적인 특징. 옥내의 쾌적성의 대상 공간으로는 오락, 보육, 집회, 예배, 연극 등의 장소나 클럽, 미술박물관, 기타 문화시설을 들 수 있다. 옥외의 쾌적성의 대상공간으로는 녹지공간(open space), 녹지대(green belt), 레크리에이션 및 오락시설, 경승지, 물가에 가까운 장소, 보기 좋은 가로수길, 기타 여러 가지 자연의 은혜로운 공간이 포함된다.

'쾌적성'이라는 낱말은 널리 사용되고 있고 인생을 즐겁게 하는 모든 것과 관련해 언급할 수 있게 되었다. 사우스 캘리포니아의 온난한 기후에서부터 매사추세츠 케임브리지시의 지적인 풍토에 이르기까지. 미국인이 더욱 더 풍요로워지고 그 유동성(mobility)이 증가함과 더불어 주거산업이나 공공기능이 자리 잡는 정주환경에서는 '쾌적성'이 점차 중요한 의미를 갖게 된 것이다.

〈바네사 잭슨(Vanessa Jackson)의 정의〉

WALGA(Western Australia Government Association: 서호주지방정부협회)의 기획정책 매니저인 바네사 잭슨은 어메니티를 '바람직하거나 유용한 특징이나 시설, 건물이나 장소의 쾌적함이나 매력'으로 규정하고 있다. 2015년에 만들어진 WALGA의 기획개발 규정 부칙에는 지역 어메니티는 ①환경에 미치는 영향 ②지역의 특성 ③ 개발의 사회적 영향을 고려해야 한다는 것이다. 지방계획 수립의 목표는 주거지역 내 개발의 경우 지역의 특성에 맞게 대안을 포함해 주거지역의 어메니티를 보호하고 향상시키는 데 있다. 어메니티는 현존 어메니티뿐만 아니라 미래 어메니티를 포함해야 한다고 강조하고 있다.

〈오귀스텡 베르크(Augustin Berg)의 해설〉

프랑스 국립사회과학고등연구원 오귀스텡 베르크 교수는 1995년 12월 NHK 인간대학 '일본의 풍토성' 주제의 12회 연속방송 강좌 최종회에서 어메니티를 총괄해 정의를 내렸다.

근대가 잃어버린 진·선·미의 가치를 회복하는 것이 어메니티다. 지구적 환경파괴를 불러온 것은 데카르트의 이원론 이래의 근대성에 의한 것으로 그 막다른 골목에 이른 근대를 초극(超克)할 수 있는 것이 '진·선·미를 재통합하는 사상으로서의 어메니티'라고 할 수 있다는 것이다.

넓은 의미의 어메니티운동은 인간활동의 모든 차원과 관련이 있다. 그것은 에콜로지처럼 과학적 인식의 발전뿐만 아니라 미적인 배려(풍경, 건축물의 질 등)를 전제로 하고 있고 행동의 제어가 필요하기 때문에 윤리와도 관련이 있다. 이렇게 해서 근대성이 깡그리 내팽개쳤던 진·선·미의 각 차원이 다시 결합된다. 그리고 사실을 충분히 알고 난 뒤에 풍토와 환경 간, 또한 환경과 풍경 간의 관계를 구상하거나 관리하는 것이 가능하게 된다.

베르크 교수는 '어메니티의 정신적 아버지'는 장자(莊子)라는 설도 제시했다(사카이 겐이치, 백억인의 어메니티, 1998).

〈사카이 겐이치의 해설〉

아사히신문 편집위원 출신으로 일본 도쿄의 어메니티 환경단체인 AMR회장이었던 사카이 겐이치(酒井憲一, 1928-2019)는 오귀스텡 베르크의 어메니티 개념을 확장해 이렇게 정의했다.

어메니티는 이른바 근대가 내팽개쳐버렸던 진·선·미·애를 다시 주워 담는 노력이자 이를 구체적으로 생활에서 실천하고자 하는 가치지향의 시민운동이다.

'진' : 근대과학의 진리해명 성과, 과학만능주의의 부정, 데카르트 분단의 극복, 물질 마음의 이원대립 극복, 전인적 인간의 진실 등

'선' : 생명의 존엄 재구축, 환경억제 윤리, 생물의 사상(死傷) 방지, 공해방지, 리사이클, 정서교육, 볼런티어, 사람 됨됨이가 좋음, 남을 배려하는 행동, 예의바름, 중용의 정신 등

'미' : 생명미, 건강미, 건축미, 예술미, 인격미, 도시미, 심적미, 미적 공간, 자연미, 역사미 등

'애' : 자기애, 가족애, 이웃애, 우애, 향토애, 지구애, 자연사랑 등

어메니티의 분류는 다양하지만 여기서는 사카이 겐이치의 어메니티 분류(6가지)를 바탕으로 풀어본다.

첫째, 생명·안전 어메니티다. 안전의 근본은 생명을 지키는 것으로 공해방지의 기본이기도 하다. 재해예방도 여기에 들어간다. 후쿠시마원전사고의 엄청난 피해는 근본이라고 할 생명·안전 어메니티 도시 만들기에 문제가 있었기 때문에 일어난 참상이다. 위생, 의료,

간호, 보건, 복지 등의 제도 및 운영에서부터 사람들 마음의 건강까지를 포함한다. 의료 어메니티, 복지 어메니티도 여기에 속한다. 생명에서 인간의 존엄성이나 다른 생물과의 공생의식이 나오고 인권이나 평화, 자연보호 등의 의식이 나왔다는 사실을 잊어서는 안 된다. 안전에는 도시기반의 정비, 방재대책, 노동안전에서부터 지역도로, 안전한 주택구조, 거실의 사물배치까지 포함된다. 공해방지와 어메니티는 같은 것이다. 어메니티가 상당히 훼손된 상태가 바로 공해이기 때문이다.

둘째, 자연 어메니티다. 인류의 쾌적함의 근원은 자연이다. 물과 녹음과 땅과 대기 그리고 생물을 지키는 어메니티다. 생명 어메니티와 중복되지만 특히 동식물이나 풍토의 자연을 지키는 어메니티를 가리킨다. 인공적인 자연환경도 들어가며 풍토(성) 어메니티라고도 할 수 있다.

셋째, 역사 · 문화 어메니티다. 오래된 지역가로를 포함한 역사적 환경이나 문화재의 보존 · 창출, 미술관, 박물관, 도서관, 뮤직홀, 컨벤션홀, 문화센터, 정보미디어, 전람회장, 이벤트회장, 가로, 번화가, 고건축 민가, 학교, 교육, 스포츠 등 쾌적한 문화시설이나 문화적 분위기에 관한 어메니티다. 역사는 민족의 쾌적함의 근원이므로 중요하다. 문화 어메티니로 확대되는데 느낌이 좋은 사람, 매너, 품격 있는 문장이나 예술과 그 즐거움 등도 여기에 속할 것이다.

넷째, 미적 어메니티다. 도시디자인이나 패션적인 아름다움뿐만 아니라 녹음이나 물 그리고 손으로 만든 예술적 아름다움을 포괄한다. 시각적인 아름다움뿐만 아니라 조용함의 아름다움, 마음이 고운 것도 여기에 들어간다. 미적 어메니티는 현대 프랑스가 '아름다움과 질(質)로 되돌아가는 시대'라고 불리는 데서 상징적으로 나타난다. 하이테크시대인 현대에서는 자연적인 미적 쾌적성뿐만 아니라 인공적인 미적 쾌적성도 어느 정도 억제하면서 받아들이지 않으면 안 된다.

다섯째, 편리 어메니티다. 확실히 편리함이란 생활을 쾌적하게 만드는 것이다. 그렇지만 편리함은 적절히 조절해 절약이나 검소함도 함께 생각해야 한다. 편리함을 얻는 대신 이산화탄소, 질소산화물, 다이옥신 등으로 지구환경을 계속 파괴해가고 있는 것은 대량 죽음을 불러일으키는 전쟁과 마찬가지로 최악의 '디스어메니티(Disamenity)'다. 기술의 디스어메니티적인 개발을 억제할 수 있는 테크노어메니티(Techno-amenity) 또한 연구돼야 하겠다.

여섯째, 개성·종합 어메니티다. 하나의 사물에 어메니티 요소가 있어 '어메티니적'이라고 해도 주위와의 조화나 전체로서의 정합성이 없으면 어메니티라 할 수 없다. 개성과 종합을 합친 어메니티이지만 개성 어메니티와 종합 어메니티로 나눠 사용하는 경우도 있다.

03 어메니티도 단계가 있다?

어메니티는 지역이나 생각, 그리고 실천에 있어 나라마다 차이가 있다. 어메니티는 나름의 단계가 있다고 할 수 있다.

우리에게 좀 익숙한 것으로 매슬로(Abraham H. Maslow)의 욕구단계설(Maslow's hierarchy of needs)이 있다. 이 매슬로의 욕구단계설이 어메니티의 단계와도 연결되는 느낌이 든다. 미국의 심리학자 매슬로가 1943년 인간의 욕구가 그 중요도별로 일련의 단계를 형성한다는 동기이론을 발표했다. 하나의 욕구가 충족되면 위계상 다음 단계에 있는 다른 욕구가 나타나며 이를 충족하고자 한다. 가장 먼저 요구되는 욕구는 다음 단계에서 달성하려는 욕구보다 강하고 그 욕구가 만족되었을 때만 다음 단계의 욕구로 전이된다. 생리적 욕구, 안전의 욕구, 애정과 소속의 욕구, 존중의 욕구, 자아실현의 욕구의 5단계가 있다. 매슬로의 욕구 단계 다이어그램은 아래로 갈수록 원초적인 욕구를 나타내는 피라미드로 나타낸다.

첫째, 생리적(Physiological) 욕구다. 허기를 면하고 생명을 유지하려는 욕구로서 가장 기본인 의·식·주를 향한 욕구에다 성욕까지를 포함한다. 둘째, 안전(Safety) 욕구는 생리적 욕구가 충족되고서 나타나는 것으로 위험, 위협, 박탈(剝奪)에서 자신을 보호하고 불안을 회피하려는 욕구이다. 셋째, 애정·소속의 욕구(Love/Belonging)는 가족, 친구, 친척 등과 친교를 맺고 원하는 집단에 귀속되고 싶어하는 욕구이다. 넷째, 존중(Esteem)의 욕구는 사람들과 친하게 지내고 싶은 욕구이다. 자아존중, 자신감, 성취, 존중, 존경 등에 관한 욕구가 여기에 속한다. 다섯째, 자아실현의 욕구(Self-actualization)로 자기를 계속 발전시키고 자신의 잠재력을 최대한 발휘하려는 욕구이다. 다른 욕구와 달리 욕구가 충족될수록 더욱 증대되는 경향을 보여 '성장 욕구'라고도 한다. 나중에 매슬로는 자아실현의 단계를 넘어선 '자기초월의 욕구'를 주장하였다. 자기초월의 욕구란 자기 자신의 완성을 넘어서 타인, 세계에 기여하고자 하는 욕구를 뜻한다.

이제 다시 어메니티의 단계에 대해 이야기해보자. 우쓰노미야 후카시(宇都宮深志) 도카이(東海)대 교수는 '환경 질(質)의 피라미드 개념'으로 5가지 분류를 발표했다. '환경 질'은 곧 어메니티다.

밑변으로부터 '생태학적 안전성' '공중위생(공해 없는 상태)' '쾌적함(조용한 상태)' '역사적 환경의 보존'으로 올라가면서 정점은 '예술·문화·미(美)'다.

사카이 겐이치는 어메니티 피라미드 개념을 4가지로 분류해 기저(공통·보편) 어메니티, 중위(1차 개성) 어메니티, 상위(2차 개성) 어메니티, 최상위 어메니티 등 4단계로 나눴다. 공통 어메니티 위에 개성 어메니티가 있는 것이 어메니티의 기본틀이다. 개성은 세련되면서 상승

사카이 겐이치의 어메니티 단계도.

하기 때문에 1차 개성, 2차 개성으로 했다는 것이다.

여기서 완전순환형 문명사회란 사람의 평등한 교류와 물질의 완전 리사이클사회를 의미한다는 것이다.

이런 점에서 사카이 겐이치는 어메니티를 '환경을 넘어서는 실천사상'이라고 강조했다. 사카이 회장은 순환하는 것에는 사람과 물질이 있는데 교류도 사람의 이동과 마음의 순환이다. 이 모두가 생명의 순환이며 생명이 평등하다는 증거이기도 하다는 것이다.

그런데 권력, 빈부, 성이나 건강 또는 나이차 등에 의한 편견과 장애로 인해 평등한 교류가 방해를 받고 있는 것은 역사를 더듬어 올라가거나 지금의 지구상 남북문제만 보아도 명백하다. 원래는 '기브 앤 테이크(give and take)', 즉 주고받아야 할 대인관계가 그러한 장벽으로 인해 불평등한 교류와 순환이 되어버린다. 권력이나 부 등을 가진 사람에게 어메니티가 편재(偏在)하고 있다. 그러한 불평등을 없애고 평등하고 대등하게 인류가 어메니티로 교류하는 쾌적한 사회, 그것이 바로 완전순환형 어메니티 문명사회의 일면일 것이라고 강조한다.

물질의 평등순환에 있어서도 생명과 생활을 위한 평등순환이 전제가 된다. 이는 결국 철저한 쓰레기 감량화, 완전한 리사이클, 평등한 물류가 가능한 통운시스템의 완벽한 개혁이 행해지지 않으면 안 된다. 리사이클이 가능한 것만 생산하고 소비해야 한다. 보다 더 쾌적한 것을 개발해도 좋지만 동시에 리사이클 기술도 반드시 이에 맞게 개발해가야 한다.

사카이 회장은 이상과 같은 사람과 물질의 평등순환을 바꿔 말해, 진·선·미·애라고 보고 있다. 이는 과학, 윤리, 예술, 사람과 물질에 대한 애정을 융합한 다음에 어메니티사상에 의한 정보·교통수단의 향상, 욕망의 억제와 남을 배려하는 매너, 아름다움의 공유, 이웃사랑, 인류애, 지구애로 승화시킴으로써 이뤄질 수 있다고 주장한다. 이런 점에서 볼 때 디스어메니티는 소음, 쓰레기, 공해, 빈곤, 질병, 무지, 불평등, 차별, 범죄 등 어메니티를 저해하거나 반대되는 상황이라 할 수 있다. 사랑과 생명을 내포한 어메니티의 본질에 비춰 보면 디스어메니티의 정점은 '전쟁'이 된다. 이러한 데서 어메니티는 '평화'의 사상이라고 말할 수 있겠다.

어메니티의 기원과 역사

01 구미의 어메니티운동의 발자취

어메니티라는 관념의 형성과정을 찾아가보면 영국의 초기 도시계획으로 거슬러 올라갈 수 있다. 산업혁명기의 런던으로 대표 되는 대도시의 과밀, 빈곤, 위생불량, 이에 따른 전염병의 유행 등에 대처하기 위해 행해졌던 건축규제나 상하수도의 건설이 도시계획으로 발전해왔다. 어메니티라는 말은 도시계획이 난제에 부딪힐 때 나타난 '공중위생' '쾌적함' '보존' 등의 복합개념을 나타내고 있음을 알 수 있다.

영국에서 어메니티 개념이 들어간 도시계획의 기원이 되는 법은 1848년 '공중위생법'과 '공원의 위상 등 도시환경 개선을 위한 법률' 로 거슬러 올라갈 수 있다. 당시 콜레라가 유행하자 그것이 계기가 돼 '공중위생법'이 제정된 것이다. 명칭은 공중위생법이지만 상수도 공급, 빗물 및 오수의 배수라든지 도로의 포장이나 청소 등 도시계획의 문제, 주택주변의 환경, 가령 통풍이나 일조 조건도 포함돼 있어 도시 계획법의 기원이 되는 법률이었다.

오쿠보 쇼이치(大久保昌一) 오사카대학 명예교수는 1990년 7월 NHK 주말세미나 '안전함과 생기가 있는 사회-도시와 어메니티'라는 4회 연속 텔레비전 방송에서 '어메니티는 생명의 절규'라고 말하고, 특히 빗물·오수의 배수, 가로의 청소나 통풍, 일조 등을 언급하면서 관공

서보다는 기독교정신이 풍부한 사람들, 청교도주의에 바탕을 둔 지식인 등이 자선사업이라는 형태로 슬럼(빈민굴)과 싸워 왔다고 말했다.

오쿠보 교수는 "그러나 대세는 관공서가 어메니티를 어떻게 실천하는가 보다는 오히려 의식 있는 자본가나 기독교정신이 충만한 사람들과 청교도주의가 바탕이 된 지식인 등이 자선사업 형태를 통해 슬럼과 싸워왔던 것이다. 이른바 사회개량주의자들에 의한 개량주의의 흐름이 어메니티의 역사적 흐름의 분류로서 흘러왔다."라고 말했다.

1875년에 '주거개선법'이 생기면서 열악한 주택건설을 규제하기 시작했고, 1898년에는 하워드(Howard)가 도농 융합을 위한 '전원도시(Garden City)운동에 들어가고 1902년 영국에서 환경도시의 기원이라고 할 수 있는 '전원도시론'으로 정립된다. 1877년 디자이너이자 사회사상가인 윌리엄 모리스(William Morris, 1834-1896)가 중심이 돼 '고건축보호협회'가 설립된다. 아주 오래된 건조물을 조사해 지역 개성을 지닌 역사적 건조물로 보호를 강조해 어메니티를 확보하려는 것이었다. 윌리엄 모리스는 개량주의에 의한 환경위생의 확보, 쾌적함과 생활환경의 아름다움, 역사적 공간보전이라고 하는 세 가지 모습이 역사적인 흐름으로 겹쳐져 영국의 어메니티 개념을 형성해왔다고 봤다.

1906년 '오픈스페이스법'이 제정되어 오픈스페이스 내의 건폐율 규제에 나섰다. 1907년에는 사회운동가인 옥타비아 힐, 로버트 헌터 경 등이 최초로 제안한 '내셔널트러스트법'안이 영국 의회를 통과해 제정됨으로 시민단체가 역사적 건조물이나 뛰어난 풍경을 갖춘 지역 보호에 적극 나서게 됐다.

1909년에 영국 최초의 '주거 · 도시계획법'이 제정됐고 거기에는 도시계획의 목적으로 '위생' '편리성'과 더불어 '어메니티'가 언급됐다. 어메니티 개념이 담긴 도시계획으로 위생적인 가정, 아름다운 주택, 쾌적한 동네, 품위 있는 도시, 건강에 좋은 교외를 만드는 것이 이

법안에 어메니티가 등장한 이유로 볼 수 있다. 이법은 1925년이 되면 '주거법'과 '도시계획법'으로 각각 분리된다.

1932년에는 '도시 · 전원계획법'이 생기면서 용도지역과 건축물 주위의 공지 확보, 수목 · 수림 등의 보호를 중시하게 된다. 1946년에는 '신도시 건설법'을 제정해 그린벨트, 직(職) · 주(住) · 레크리에이션 기능이 완비된 도시정비를 지향한다.

1957년에는 런던에 본부를 둔 독립 자선단체인 '시빅트러스트(Civic Trust)'가 설립됐고, 1967년에는 '시빅 어메니티(Civic Amenity)법'이 만들어져 도시의 아름다움, 역사적 건조물 · 지구 보존 등을 종합적으로 보호하는 데 나서게 된다. 1974년에는 '도시 · 전원 어메니티법'이 생겨 어메니티 관점에서 수목, 자연보전, 건조물 보존을 추진하게 된다. 이 법은 특히 도시와 농촌과의 공존을 도모한 도시정비를 중시하고 있다. 1980년에 들어서면 '그라운드 워크 트러스트(Ground Work Trust)'가 생겨 시민 · 행정 · 기업의 파트너십을 통한 환경보전 활동이 시작됐다. 그리고 1990년에는 '경관을 통한 학습 트러스트(Learning through Landscape Trust)'가 만들어지면서 민간운동으로 환경 개선과 환경교육 · 학습 등을 지원하게 된다.

그런데 유럽의 도시계획제도의 발달사를 보면 어메니티 개념을 명확하게 법적으로 규정되기보다는 '어메니티는 정의하기보다도 인식하기가 용이하다'고 한 컬링워드의 표현처럼 어메니티를 상세히 정의하는 것을 피해왔다고도 볼 수 있다. 이는 영국 도시계획제도의 최대의 특징인 행정재량의 폭을 확보하기 위한 면이 있어 보인다.

영국에서는 모든 개발행위는 계획허가를 얻을 것이 도시계획상 의무가 돼있었는데 신청한 것 중 약 2할이 불허가 된 경우가 많았다고 한다. 불허가의 이유로 나온 것이 '어메니티 관점에서 유해(injurious to the interests of amenity)'라고 하는 것이었다는 것이다. 계획허가의 판단에서도 어메니티의 내실은 명문화된 형태는 아니었는데 이것이 영국 도시계획의 지혜이기도 했다는 것이다.

한편 미국에서는 도시계획에서 어메니티라는 용어는 잘 쓰이지 않고, 도시미(city beauty)와 미관규제(aesthetic regulations)라는 용어가 주로 사용돼 왔다. 1893년 시카고에서 열린 콜럼비아세계박람회 등을 계기로 1900년경부터 미 전역에 도시 미관에 관한 관심이 높아졌다. 이것이 소위 '도시미운동(city beauty movement)'이다. 이 시기는 각지에서 농촌풍경의 보전이나 옥외광고물의 규제, 도시에서 건축물의 높이 제한 등을 위한 조례가 도입되기도 했다. 1910년대에는 미관이라는 어메니티의 보전의 목소리가 높았고 1920년 미네소타주법에선 3동 이상의 연립형 아파트 건립을 금지한 '조닝(Zoning: 지구 지정)'의 위헌 여부 재판에서 주택지에서 미관유지가 조닝의 부차적 목적으로 인정됐다. 판결은 '미관을 생활의 한 요소로서 법정이 인정해야 할 때가 왔다. 미와 조화는 공적 또는 사적 건조물의 자산가치를 강화한다. 그러나 건물이 단체로, 조화를 이루고 적절한 것만으로는 불충분하다. 건물은 어느 정도 주변의 건조물과도 조화를 이루지 않으면 안 된다'는 것이었다.

1930년 들어서는 점차 미관규제의 합헌성을 인정하는 판례가 늘어나고 동시에 역사지구의 보존을 조닝기법을 이용해 실행하는 일이 각지에서 시작됐으며 이것도 어메니티의 보전을 지향한 제도 형성의 하나라고 할 수 있다는 것이다. 1940년대 후반에는 디자인심사제도가 생겨 역사지구만이 아니라 양호한 교외주택지를 보전하기 위한 기법으로 플로리다주 팜비치나 캘리포니아주 산타바바라에 도입돼 전국으로 확산됐다. 1950년대의 유명한 버먼(Berman) 판결은 사유재산을 보상 없이 규제할 수 있는 경찰 권력의 정당한 행사를 목적으로 거론되는 '공공의 건강 · 안전 · 도덕 및 공공의 복지'의 하나인 공공의 복지(general welfare)의 범위를 넓게 해석해 미관규제까지 추가했으며 이후 이러한 것이 합헌이라는 판결이 늘어났다(니시무라 유키오, 도시공간의 재생과 어메니티, 1999).

반면 유럽은 어메니티를 바탕으로 한 도시 만들기에 인간중심주의가 많이 묻어나는데 비해 미국의 경우 에콜로지(Ecology)라는 개념을 통한 원시자연 보전운동을 펼쳐온 것과 대비된다는 견해도 있다.

현 후쿠이현립대 부교수인 쓰카모토 도시유키(塚本利幸) 박사는 1996년《사회학연보(社会学年報)》에 '어메니티와 에콜로지: "환경" 개념의 검토'라는 논문을 통해 유럽의 어메니티와 미국의 에콜로지와의 차이점에 대해 소개했다.

현재 환경문제의 모델적인 노력으로 평가되고 있는 사례의 대부분은 주민참여형 마을 만들기운동이다. 이러한 운동은 근대적인 '효율성'이나 '편리성' 기준을 넘어선 어메니티(생활의 질)와 에콜로지(생태계 보전)가 조화를 이루는 영역으로 행해지고 있다. 어메티니를 적극적인 가치로 받아들인 주체에 의해 어메니티의 비용부담(주민참여)과 향수(享受)가 동시에 행해지고 있다는 것이다.

생태계 보전의 노력이 효율성과 편리성이란 근대적인 가치와 대립하는듯한 영역 중 하나가 대규모 토목시설에 대한 반대운동이다. 대규모 토목시설 반대운동에서는 효율성이나 편리성의 향수자 혹은 행정측에 의한 수익자로 범주화된 사람의 '정량 가능(tangible)'한 이익과 풍요로운 자연을 향수하는 기회를 빼앗긴 자의 '정량 불가능(intangible)'한 피해와 대립된다. 생태계 보전의 필요성은 생태계의 은혜를 받는 인간 주체의 권리, 즉 환경권의 침해라는 형태로 주장되게 된다.

유럽이 경관중심의 도시 만들기를 중시하는 풍토로 흘러온데 비해 미국의 경우 원시자연 보전에 중점을 많이 두어왔다고 한다. 미국 환경주의의 조직적, 사상적인 기원은 19세기 말의 진보적인 원시자연의 보전 · 보존으로 거슬러 올라간다.

그것은 낭만주의적 흐름을 만들어낸 에머슨이나 소로의 초월주의가 영향력을 미쳤다. 지금의 세계적인 환경NGO인 시에라클럽은 에머슨이나 소로의 영향을 강하게 받은 존 무어를 중심으로 1892년 설립된 것으로 시에라네바다산맥의 요세미티계곡의 원시자연의 보존을 호소하는 것을 목적으로 한 것이다. '야생협회(Wildness Association)'는 '토지윤리'를 제창한 레오폴드 등을 중심으로 1935년에 설립됐다. '공해'에서 '환경문제'로 나아간 일본의 전개와는 달리 미국은 '자연보호'에서 '환경문제'로 나아가는 흐름이 존재하고 있다. 자연과의 교류에 의해 얻어지는 정신적인 고양을 중시하는 사고는 '반인간중심주의'를 표방하는 오늘날 '디프 에콜로지(Deep Ecology, 심층생태주의)사상'으로 계승되고 있다는 것이다.

레이첼 카슨의 《침묵의 봄》은 농약이 생태계나 인간 건강에 미치는 영향에 대해 고발함으로써 1960년대 환경붐을 일으키는 계기가 돼미국에서 '자연보호'에서 '환경문제'로의 전환점을 만든 저작이다. 미국의 디프 에콜로지나 동물해방론이라는 '반인간중심적인' 사상조류는 각각 자연 자체의 내재적인 가치를 인정한 에머슨이나 소로의 초월주의나 레오폴드의 '토지윤리', 벤덤에서 유래하는 공리주의의 '탈인간중심주의적' 발상이라는 사상사적인 흐름 속에 형성돼온 것으로 보고 있다.

02 한국과 일본의 어메니티운동의 흐름

우리나라에서 어메니티운동은 1980년대 후반부터 점차 확산되기 시작한다. 이에 앞서 일본은 1970년대 중반에 다소 충격적으로 어메니티 개념을 접하게 된다. 유럽의 포괄적인 어메니티운동이 일본을 거쳐 우리나라에 도입되었다고 볼 수 있다.

일본이 어메니티에 관심을 갖게 된 것은 1976년 OECD가 발간한 〈대일 환경정책 보고서〉에서 충격을 받았기 때문이다. '일본은 지금까지 공해방지와의 싸움에서는 이겼다고 할 수 있을지 몰라도 어메니티와의 싸움에서는 결코 이기지 못하고 있다. 국민의 진정한 불만은, 공해라기보다는 삶의 질인 어메니티가 충족되지 못하는 것에 있었다'라는 것이 보고서의 결론이었다. 이에 일본 환경청은 1980년대 들어 '어메니티 타운계획'을 수립했고 1990년대 들어서는 지자체별로 건축허가 신청 때 경관을 사전심의하는 어메니티 형성조례를 제정하기 시작했다.

OECD 대일 환경정책 보고서의 주된 지적은 다음과 같다. 일본 환경청 국제과 감수 · 국제환경문제연구소 역 《OECD 리포트 일본의 경험−환경정책은 성공했는가》(일본환경협회, 1978)에 이런 내용이 나온다.

희생된 어메니티−환경악화는 오염이란 면에서 심각했다. 그러나 오염은 환경악화의 한 측면에 불과하다. 어메니티에 관한 한 상황은 더욱 심각했다. 지금도 심각하다고 말할 수 있다. 공업과 도시의 성장은 일본인의 물적 · 문화적 환경 대부분을 급격히 변화시켰다. 조용함이나 아름다움은 대기나 수질에 비교하면 훨씬 측정하기 어렵지만 이러한 면에서 훨씬 더 큰 피해를 입고 있다고 주장하는 사람이 많을 것이다.

일본의 그간 공해대책들은 오염을 줄이는 데는 크게 성공했지만 환경에 관한 불만을 제거하는 데는 성공하지 못했다. 일본의 상태는 이른바 병의 주된 원인이 제거됐는데도 불구하고 병이 완전히 낫지 않는 것과 같다. 이것은 환경에 관한 불만의 참된 원인은 오염이 증가했기 때문이 아니라 환경의 질이 악화된 데 있다는 것을 의미했다. 환경의 질, 혹은 흔히 '어메니티'라고 불리는 것은 조용함, 아름다움, 프라이버시, 사회관계, 기타 생활의 질이라고 하는 측정할 수 없는 여러 가지와 관계가 있다. 사람들은 높은 환경오염 농도보다는 생활환경이 서서히 악화되고 있는 데 괴로워하고 있다는 사실을 알아차리는 게 중요하다는 것이었다.

'외견상' 사회적 요청이라는 것은 공해방지에 쏠려 있지만 참된 사회적 요청은 어메니티를 증대시키는 것에 있다. 환경정책에 의해 환경에 관한 불만을 없앨 수 없었다는 것은 환경정책이 이 외견상 사회적 요청은 만족시켰지만 참된 사회적 요청은 거의 무시했기 때문이다. 이러한데 어메니티라는 개념이 들어감으로써 일본 국민과 행정은 비로소 보다 폭넓은 환경정책을 시도하고 있다. 오염방지뿐만 아니라 자연적·문화적 유산의 보존이나 일반적인 복지의 증진에도 노력하고 있다는 것이다(사카이 겐이치, 백억인의 어메니티, 1998).

인권이라는 인간중심주의적인 가치관은 어메니티라는 발상과 친화성을 갖고 있다. 환경경제학의 전문가로 반공해 주민운동에도 적극적으로 헌신해온 미야모토 겐이치(宮本憲一)(1930년생)는 《도시를 어떻게 살릴 것인가-어메니티로의 초대》에서 1976년에 출간된 일본의 환경정책에 대한 OECD(경제협력개발기구) 리뷰에 관해 '나는 공해문제와 어메니티를 분리하거나 대립하거나 하는 것에는 반대다. OECD의 리뷰에서 나온 정부의 태도는 공해문제와 어메니티를 분리시키는 것이었다. 그러나 어메니티가 상실되는 가운데 공해가 발생하는 것으로 또한 공해문제의 철저한 해결 이외에 어메니티의 확립은 없는 것이다'라고 서술했다.

일본의 환경학자인 기하라 게이치(木原啓吉, 1931-2014)는 《생활 환경을 지키는 어메니티와 주민운동》(1992) 가운데 '환경의 사상 어메니티에 관한 한 생각'이란 글에서 어메니티를 이렇게 평가했다.

'화폐가치로 환산할 수 있는 것, 소위 수량화할 수 있는 것만을 중시하는 것이 아니라 화폐가치로는 측정할 수 없는, 그 때문에 또한 주민생활에 있어 근원적인 가치를 가친 것을 중시한다. 가령 예로부터 마을에 전해오는 한그루의 나무, 해변을 넘나드는 바닷바람, 멀리 보이는 교회의 탑, 전통적인 마을풍경이 만드는 고풍스런 경관. 이러한 자연환경과 역사환경은 그것 자체, 그 가치를 수량화하기 어렵지만 그것이 거기에 존재함으로써 주민의 마음은 편안하고 거기에 사는 것을 마음으로부터 자랑스럽게 생각하는 것이다. 이러한 수량화를 넘어서는 가치야말로 주민의 정신적 연대의 상징이다. 어메니티가 확립한 사회가 중후하고 안정적인 것은 이 때문이다'.

이러한 'OECD 환경보고서'에 충격을 받은 언론인 교수 회사원 주부 등 일본 도쿄의 시민들이 어메니티를 연구 · 실천하고자 뜻을 모아 지난 1985년에 AMR(Amenity Meeting Room)이란 단체를 만들었다. AMR은 어메니티이론에서부터 어메니티마을 만들기에 이르기까지 일본 국내외에서 활발한 활동을 펼쳐 일본 어메니티를 확산시킨 중심적인 시민전문가단체 역할을 해왔다.

또한 1998년에는 NPO법인 하마마쓰(浜松)어메니티클럽이 설립됐는데 스야마건설(주)이 사나루호의 준설공사를 한 것을 계기로, 사나루호 청소활동에 시민참여를 이끌어낸 것이다. 2003년에는 독립 NPO법인으로 거듭나 '지역의 환경보전'과 '쾌적한 마을 만들기' 활동을 펼치고 있다.

영국 환경도시의 기원이라고 할 수 있는 '전원도시론'과 '오픈 스페이스법'은 일본의 도시공원 정책에 많은 영향을 주었다. 또한 '내셔널 트러스트법'이나 '시빅 어메니티법'은 일본의 도시경관의 보호 · 보전과 관련한 시민운동을 이끌어내는데 큰 도움이 됐다.

반면 일본의 반공해운동의 중심적인 원리를 하고 있는 것은 피해자의 '인권'이었다. 개발지상주의적인 정 · 관 · 재의 협조체제에 대항하기 위해서 '인권'이라는 근대적인 '인간중심주의'의 원리가 채택된 것이라는 의견도 있다. '공해문제'에서 '환경문제'로의 틀의 이행에 따라 주도원리도 인권에서 어메니티로 이행한 것이지만 거기에 '인간중심주의'적인 원리의 연속성과 미국에서와 같은 '반인간중심주의적'인 원리의 결여를 발견할 수 있다는 것이다(쓰카모토 도시유키, 1996).

도쿄 AMR의 사카이 겐이치 회장은 이러한 어메니티의 개념을 에콜로지와 연계해 폭넓은 '어메니티사상'으로 승화시키려고 노력했다고 평가할 수 있겠다.

우리나라는 1980년대 후반부터 어메니티라는 말이 확산되기 시작했다. 어메니티라는 말을 국내에서 학술적으로 처음 소개한 사람은 당시 동아대 조경학부 김승환 교수이다. 그는 일본 유학 당시 도쿄 AMR과 연계를 맺어, 부산 도시발전연구소를 중심으로 어메니티운동을 전개해왔다. 그 뒤 그의 제안으로 1994년 부산시가 '부산어메니티플랜'을 수립했다. 김 교수는 1997년 '쾌적한 도시환경 조성을 위한 어메니티 자원조사 및 발굴에 관한 연구'(동아논총 통권 제34권) 논문을 내놓았다. 1999년 부산시는 시차원에서 '부산어메니티100경' 선정 및 '어메니티 저해요인 제거 추진위원회' 등을 구성해 어메니티를 시정에 반영하려고 노력했다.

2000년을 전후해 어메니티플랜은 부산시를 비롯해 수원시 등 전국 도시로 확산이 됐다. 이동근·성현창은 《국토계획》에 '경기도 6개 도시의 어메니티 평가에 관한 기초적 연구' 논문을 게재했다. 이재준은 1998년 '공동주택 주거환경의 어메니티 평가와 계획적 함의에 관한 연구'로 서울대에서 박사학위를 취득했다. 1998년 이재준·황기원은 《국토계획》에 '계획원리로서 어메니티 개념에 관한 연구'를, 2001년 임형백은 《한국조경학회지》에 '어메니티의 개념, 기원과 역사, 분류에 관한 연구'라는 논문을 내 어메니티의 개념을 학술적으로 논의했다.

2000년대 초반에 어메니티는 '국토어메니티'로 우리나라 국토정책에도 상당히 중요한 핵심용어로 등장하게 됐다. 2004년 국토연구원 김선희 박사 등은 〈국토개발사업의 환경가치 평가기준 및 적용에 관한 연구〉를 통해 국토개발사업에 어메니티 개념을 포함해야 한다고 제안했다. 2007년 12월 국토연구원은 《미래 삶의 질 개선을 위한 국토어메니티 발굴과 창출전략 연구 제1권 총괄보고서》와 《미래 삶의 질 개선을 위한 국토어메니티 발굴과 창출전략 연구 제2권 부문보고서》를 내놓았다.

2003년 삼성경제연구소 전영옥 박사는 〈농촌경제활성화를 위한 농촌어메니티 정책방향〉이란 보고서를 내놓고, 2002년 조영국·박창석·전영옥은 《한국경제지리학회지》에 '농촌어메니티의 인식의 구조와 의미'라는 논문을 게재해 농촌어메니티 개념을 확산시킨다. 2006년에는 (사)농산어촌어메니티연구회가 정기총회 발표 논문으로 '농촌지역활성화를 위한 농촌어메니티 개발기법'(전성군)과 '농촌어메니티와 관광활성화'(조순재) 등을 발표한다. 농산어촌어메니티연구회는 2007년 12월 〈농촌어메니티 개발에 관한 연구―유형별 모형 및 사례 중심으로〉라는 보고서를 발간했다.

농촌진흥청도 '농촌어메니티 자원' 구축에 나섰다. 농촌진흥청은 2005년부터 2012년까지 매년 약 125개 읍면씩 어메니티 자원조사를 실시하여 2013년 현재 전국 1,203개 읍면에 대한 농촌 어메니티 자원 정보(36만4,000건)를 구축했다(www.nongsaro.go.kr).

2011년에는 농산어촌경관학회가 NGO 형태의 사단법인으로 결성됐다. 농산어촌 경관 및 어메니티에 관한 각종 자료와 정보를 상호 교환하고 농산어촌의 실태의 조사 연구가 목적이다.

한편 어메니티는 지자체를 바꾸고 있다. 그중 대표적인 지자체가 충남 서천군이다. 2003년 당시 나소열 서천군수가 '미·감·쾌·청 어메니티 서천' 브랜드를 내세우며 마을어메니티운동을 폈다. 이러한 지역어메니티는 그 뒤 2018년 홍순원 부산 해운대구청장이 '해운대어메니티'를, 2019년 조규일 경남 진주시장이 내세운 '진주 창의 어메니티 도시' 만들기 등으로 이어지고 있다.

순수 민간단체 차원에서 어메니티 마을 만들기가 이뤄지고 있는 곳도 있다. 흥사단 밀양지부장인 조점동 회장이 귀촌을 한 이후 도산사상과 어메니티사상을 바탕으로 자신이 살고 있는 밀양 남동마을을 어메니티마을로 바꿔가고 있다.

어메니티는 새로운 마을 만들기의 주요 주제로 자리잡고 있다. 국제신문(2023년 3월 13일)의 '저출산·고령화 "농촌유토피아 선도마을" 서 해법 찾는다'는 제하의 기사에는 '어메니티 3.0'이란 용어가 등장한다. 농촌유토피아 선도마을은 '웹 3.0+출산율 3.0+어메니티 3.0'을 목표로 한다. 웹 3.0은 에너지 등을 통합 관리하는 스마트 시티를 구축하는 것으로 출산율 3.0은 현재 0.78인 출산율을 3.0으로 높이겠다는 의미다. 어메니티 3.0은 기본소득과 완전 보육, 양질의 의료, 문화생활을 영위하는 '워라밸'이 가능한 삶의 질 수준을 말한다는 것이다.

어메니티에 관한 특집보도도 보인다. 2000년 4월 부산MBC가 창사 41주년 특집 프로그램 TV 생방송 '문화도시 부산을 위하여'를 약 5시간 35분 동안 방영했다. 부산이 예술도시로 도약하기 위한 여러 과제를 5부로 편성했는데 그중 1부가 '어메니티 도시 부산'이었다. 또한 한국언론노조와 한국기자협회가 함께 수여하는 '이달의 기자상' 지역 기획보도 방송부문 수상작으로 2008년 12월 제주MBC 보도국 문홍종·송원일 기자의 창사특집 HD다큐멘터리 '어메니티, 미래를 설계하라'가 선정되기도 했다.

과학교육과 연계돼 과학어메니티로 발전한 사례도 있다. 부산지역에서 김옥자 교사가 주도해 1999년에 결성한 '어메니티과학연구회'와 '어메니티과학실험방' 활동이 그렇다. 어메니티과학연구회는 어메니티와 신과학에 대한 현직 교사들의 공부모임으로 시작해 주부 대상의 '다살림과학교실'로 확대됐으며, 일선 학교의 과학실험에 신선한 바람을 불어넣었다. 이와 함께 임재택 부산대 유아교육과 교수가 2002년 '아이살림, 농촌살림, 생명살림'의 기치를 내걸고 창립한 생태유아공동체는 생명농업에 바탕을 두고 각종 학교에 친환경농산물을 공급하고 생태의식을 높이는 운동으로 어메니티의 생명사상을 실천하는 좋은 사례로 손꼽힌다.

이와 함께 영국의 내셔널트러스트나 이탈리아의 슬로시티운동이 국내 시민사회와 연결되면서 한국형 내셔널트러스트와 슬로시티 만들기가 확산되고 있다. 2000년에 한국내셔널트러스트가 출범해 시민유산 확보 활동과 이를 뒷받침할 '내셔널트러스트법' 제정활동을 적극 추진해왔다. 2008년에는 국제슬로시티연맹의 한국지부로 한국슬로시티본부가 창립돼 현재 17개 지자체가 국제슬로시티 회원도시로 가입해 국내외 어메니티 교류를 활발히 하고 있다.

이처럼 다양한 활동에도 불구하고 우리나라의 어메니티운동은 아직도 일반 시민에게는 크게 생활에 뿌리를 내리거나 널리 확산되지는 못하고 있는 것 같다. 그것은 지자체의 경우 단체장이 주도로 하다보니 단체장이 바뀔 경우 특히 여야 정당이 바뀐 경우 전임자의 업적 지우기와 같은 부작용이 일어나 '어메니티운동'의 본질이 지속적으로 이어지지 않는 경우가 많다. 마을 만들기의 경우 교육을 통해 어메니티 정신을 제대로 이해해야 하나 이러한 어메니티사상에 대한 이해 없이 이름만 앞세우며 '지자체 브랜드'로만 접근하다보니 참된 어메니티의 실현이 더딘 면도 보인다.

도시와 어메니티

01 어메니티와 지속가능성

　　도시는 대내외적 여건 변화에 능동적으로 적응하기 위하여 변화의 과정을 겪어왔다. 환경문제에 대응해온 도시는 크게 전원도시, 생태도시, 저탄소도시로 시간적으로나 공간적으로 확대 발전하고 있다고 볼 수 있다.

　환경문제에 대응한 도시의 초기 개념은 1902년 하워드(Howard)의 '전원도시(Garden City)'로 거슬러 올라간다. 하워드는 19세기 후반 영국에서 도시환경이 열악해지고 농촌이 쇠퇴하는 등 심각한 사회문제가 되자 도시와 전원 양쪽의 장점을 취해 소규모이지만 자족적인 생활환경을 가진 전원도시를 건설할 것을 최초로 제안했다. 그가 제안한 전원도시의 크기는 2,400ha로 중앙부 400ha가 도시부이며, 그것을 둘러싼 전원부로 구성되며 인구는 도시부 약 3만명, 전원부 2,000명 정도로 계획했다. 이러한 제안은 다수의 지지를 얻어 1903년 런던에서 북쪽으로 약 50km 떨어진 레치워스(Letchworth)에 건설하기 시작했다. 한 때 자금부족과 회사의 매수위기 등 많은 어려움을 겪었으나 분양을 임대로 전환해 개발이익을 주민에게 환원하는 것을 바탕으로 한 토지의 일괄관리 원칙이 지금까지 이어져 오고 있다. 1995년에는 토지관리가 레치워스헤리티지재단(Letchworth Heritage Foundation)으로 넘어갔으며 2003년 이 재단은 건설착수 100주년을 맞이하여 이 도시에 대해 환경공생을 목표로 전원부 부전정비사업에 착수했다.

　전원도시는 현대적 의미에서도 도시와 농촌의 장점만을 살린 도농 통합형의 저밀도 경관도시로 대도시 인구과밀로 야기되는 여러 가지 문제의 해소를 위해 건설되는 신도시의 모델로도 이용돼 왔다. 그러나 아쉽게도 영국의 전원도시 계획은 레치워스의 경우도 런던이 팽창 되면서 그 목적을 달성할 수 없었다고 한다.

　전원도시 다음에 등장한 것이 '생태도시' 개념이다. 레지스터(Register)는 1987년에 에코시티(Ecocity)라는 말을 처음으로 사용했다. 생태 도시는 1992년 브라질 리우환경회의 이후로 대두된 개념인 지속가능 한 발전을 목표로 제기됐었다. 독일의 외코폴리스(Ökopolis)나 일본의 에코시티(Ecocity)·에코폴리스(Ecopolis), 미국의 녹색도시(Green City) 그리고 환경도시(Environment City), 지속가능한 도시(Sustainable City), 어 메니티 도시(Amenity City) 등 여러 가지 용어가 혼용되고 있는데 모두 가 도시를 하나의 유기적 생태계로 보는 개념이다.

　'외코폴리스'는 독일의 슈투트가르트(Stuttgart)에서 실제 도시계획에 반영하였는데 바람길을 이용하여 도시경관과 자연환경을 잘 배려한 도시이다. '에코시티' 또는 '에코폴리스'는 주로 일본에서 사용하는데 구조 및 기능이 환경에 대한 배려가 잘 되어 있는 도시라고 할 수 있 다. '녹색도시'는 미국에서 조경학적인 측면에서 도시생활과 자연이 서로 조화되는 건강하고 풍요로운 도시를 조성하기 위해 경관조성에 힘쓰는 도시를 의미한다. '환경도시'란 자연자원을 살린 토지이용을 도모하는 등 생태계에 준한 시스템을 구축함과 동시에 시민, 기업, 행 정이 하나가 돼 시민의 안전성, 건강, 교육문화, 쾌적성이나 편리성 의 확보를 향해 종합적인 검토·배려가 행해지는 지속가능한 도시를 말한다. '지속가능한 도시'는 미래세대가 그들 스스로의 필요를 충족 시킬 수 있는 능력을 저해하지 않으면서 현세대의 필요를 충족시키는 개발 또는 생태계의 환경용량 내에서 인간생활의 질을 향상시키는 개발이 가능한 도시를 의미한다.

'어메니티 도시'는 이러한 광의의 생태도시 개념에 환경뿐만 아니라 사람들의 마음씀까지를 넣은 것이라고 할 수 있다. 어메니티 도시란 인간이 개성적인 생명체로 생존하고 생활해 가는 데 불가결한 쾌적함을 창조적으로 구성할 수 있는 자연, 역사, 문화, 안전, 심미성, 편리성이 갖추어지고 종합적인 인간의 도시다움과 개성을 실현할 수 있는 도시를 말한다. 생태도시의 대표적인 도시는 독일의 프라이부르크, 슈투트가르트나 브라질의 쿠리치바, 미국 버클리 등을 들 수 있다.

생태도시에 이어 21세기에 들어서는 '저탄소도시'가 강조되고 있다. 종래의 생태도시가 종합적인 도시의 지속가능성을 바탕으로 한 개념이라면 저탄소도시는 온실가스 감축에 중점을 두고, 도시 인프라나 소프트웨어를 설계, 운영하는 것을 의미한다. 저탄소도시는 탄소중립도시, 녹색성장도시, 저탄소녹색도시, 배출제로도시 등의 개념을 포괄한다. 저탄소도시를 정의하면 '지구온난화 문제의 핵심으로서 이산화탄소를 비롯한 온실가스의 발생을 최대한 감축하거나 흡수하는 것을 목표로 토지이용, 에너지, 교통, 자원순환, 공원녹지, 생태공간 등 도시계획의 핵심요소의 효율적인 개선을 추구하는 도시'라 할 수 있다. 저탄소도시의 대표적 사례로는 덴마크 코펜하겐, 영국 베드제드, 호주 시드니 등을 들 수 있다.

저탄소도시와 관련하여 라이스(Rice)는 2009 미국 지자체가 수십 년간 개발 적용해온 기후변화 완화 및 대처 프로그램인 미국 시장 기후보호협약(US Mayors Climate Protection Agreement)의 분석을 통하여 도시의 정책 영역의 핵심이 기후변화 대응에 있다고 밝혔다.

이런 면에서 저탄소도시는 지속가능성을 바탕으로 한 생태도시의 새로운 형태로 21세기적 시급성에 기인한 '전략적 용어'라고 볼 수가 있다. 저탄소도시 개념에는 환경, 경제, 사회의 지속가능성을 중시하고 있기에 사회의 지속가능성과 관련한 굿거버넌스(Good Governace)가 전제가 되어 있다고 할 수 있다. 굿거버넌스 또는 거버넌스는 의사결정 및 실행에 있어 참여, 법의 지배, 투명성, 책임성, 총의 지향, 형평성, 효과성 및 효율성 등을 총체적으로 포함하고 있다. 종합해보면 저탄소도시는 21세기의 화두인 지구온난화문제를 방지하기 위하여 이산화탄소를 비롯한 온실가스의 발생을 최대한 감축 또는 흡수하기 위하여 최대한 노력하는 도시라고 할 수 있다.

그런데 전원도시-생태도시-저탄소도시로 가는 과정에서 특히 최근의 저탄소도시 또는 탄소중립도시는 너무 온실가스 배출량 감축이라는 기계적, 통계적 노력에만 치중하는 부작용이 보이기도 한다. 이런 점에서 민관거버넌스를 비롯해 주민이 주체되는 환경과 공동체회복을 동시에 할 수 있는 도시만들기가 필요하다. 이러한 대안이 바로 '어메니티 도시 만들기'라고 할 수 있겠다.

어메니티는 이러한 지속가능성을 바탕으로 지역주민의 꿈과 개성을 살려 나가는 도시 만들기의 핵심 개념이자 미래도시의 내용이 될 수 있다. 결국 어메니티 도시 만들기란 '주민이 지역에 있어야 할 모습을 그려 그것을 실현해 가는 지혜나 연구를 바탕으로 뜻을 모아 계획적으로 그것들을 함께 실현하거나 실현해 가는 노력의 총체'라고 볼 수 있다.

어메니티와 지속가능성은 불가분의 관계이다. 지속가능한 도시 만들기를 위해서는 '있어야 할 모습'을 생각하는 창조이념이 필요하고 이를 이끌어낼 종합프로그램이 필요하다. 따라서 '있어야 하는 것이 있어야 할 곳에 있다'는 어메니티가 곧 지속가능한 도시 만들기의 창조이념이 되는 것이다. 지속가능한 도시 만들기는 지역의 특성에 바탕을 둔 '창조적인 아이디어'와 '주민참여' 및 '행정과의 협력'의 산물이라 할 수 있다. 그것은 곧 '생활창조의 발상', 궁극적으로는 삶의 쾌적성을 의미하는 '어메니티'의 실현으로 이어질 수 밖에 없다.

현재 지속가능한 도시를 지향하는 '지방의제(Local Agenda)21'의 원칙은 지속가능한 발전의 실현, 계획의 실행 가능성, 지역구성원의 자발성과 파트너십이다. ICLEI가 규정하는 '지속가능한 발전(Sustainable Development)'이란 모든 사람들의 기본적인 삶의 질을 강화하고 사람이 지속적으로 살만한 가치가 있도록 생태계와 지역공동체를 보호할 수 있는 수준에서 경제발전 과정을 변화시켜 가는 프로그램으로 보고 있다.

지속가능한 발전은 크게 3개 구성요소를 갖고 있는데 경제 발전, 지역공동체 발전, 생태 발전으로 나뉘어진다. 경제발전의 하위변인은 경제성장률의 지속, 개인이익의 최대화, 시장확대, 비용절감이고, 지역공동체 발전의 하위변인은 지역자립도 증가, 기본적인 인간욕구 충족, 평등의 확대, 참여와 책임의 보장, 적정기술의 활용이며, 생태발전의 하위변인은 적정 용량 존중, 자원보전 및 리사이클, 쓰레기감소 등이다. 지속가능발전은 이 3개 개발과정에 균형을 취하는 과정이라 할 수 있다. 어메니티 도시 만들기는 이러한 지속가능성을 토대로 지역의 개성과 전통, 공동체를 살려 가는 것이 열쇠라 하겠다.

02 어메니티와 지역학

어메니티는 환경이나 경관의 보존을 넘어 지역이나 개인의 개성을 살리는 것이다. 도시도 프랑스 파리나 영국 런던, 그리고 미국 뉴욕이라고 하면 떠오르는 이미지가 있다. 이처럼 어메니티 도시는 그 도시의 개성을 최대한 살리는 것, 즉 도시브랜드를 갖는 것이 매우 중요하다.

찰스 랜드리(Charles Landry)는 《창조도시(The Creative City)》(2000)에서 도시의 미래모습을 상상하라고 강조했다. 개인의 자질은 상상력을 바탕으로 의지와 리더십을 키우며, 다양한 인간의 존재와 다양한 재능에 접근하라고 힘주어 말한다. 강력한 지역의 아이덴티티와 창조도시의 거점으로서의 공공시설과 문화시설을 중시하고, 도시 내 네트워킹을 중시하라는 것이다. 그는 하드웨어 혁신에서 소프트웨어적인 해결책으로 가라, 다문화적으로 생활하라, 다양한 비전을 평가하라, 옛 것과 새 것을 상상력 풍부하게 재결합하라, 학습하는 도시를 만들고, 도시계획에서 도시전략으로 나가라고 제안한다.

이러한 창조도시 이론도 그 내용을 살펴보면 어메니티가 중심이 됨을 알 수 있다. 어메니티 도시를 만들려고 하면 먼저 그 도시의 특성, 지역의 개성을 파악하는 것이 무엇보다 중요하다. 도시의 창조성은 종합적 삶의 쾌적함으로 인권·환경·경제·복지를 아우르는 어메니티의 창출로 연결되며, 이는 또한 도시 지속성의 기반이 된다는 이야기이다.

이러한 점에서 특정 도시를 이해하는 데 중요한 것이 지역학이다. 지역학이란 지역을 만들어내고 변화시켜온 역사적 과정을 이해하고 그 기반 위에서 보다 나은 지역의 미래를 모색하는 종합학문이다. 우리나라에는 인천학, 경기학, 강원학, 대전학, 세종학, 충남학, 천안학, 충북학, 전북학, 광주학, 전남학, 대구학, 경북학, 부산학, 울산학, 경남학, 제주학 등 기초·광역지자체를 바탕으로 한 지역학이 있다. 이러한 지역학은 지자체의 연구원이나 대학 또는 대학원의 정규교과도 있고, 지자체 단위의 평생교육기관의 교양과목으로도 존재한다.

가령 부산학은 부산지역의 정체성 찾기가 그 중심에 있다. 부산의 본래 모습, 부산인의 기질, 부산의 역사와 문화 등 정신적 뿌리에 해당하는 것에 대한 연구이다. 지역학으로서의 부산학은 부산의 역사적 형성과정과 현재적 과제 분석, 부산의 특성과 정체성 발굴, 미래 부산 발전의 방향을 제시함으로써 부산이 당면한 시대적 상황에 대처할 이론적 실천적 논리를 공급하는 학문(부산학교재편찬위원회, 부산학, 2016)이다. 부산학 연구의 접근 방법은 ①역사적 접근 ②경험적 접근 ③정책 지향적 접근 ④대안적 접근 ⑤융합학문적 접근이 있다. 부산학 관련 연구 사례로는 김석준 부산대 교수의 《전환기 부산사회와 부산학》(부산대 출판부, 2005)이나 김성국 부산대 교수의 《부산학시론》(부산발전연구원 부산학센터, 2005) 등이 있다.

지역학이 하나의 학문적 틀로 구체화하기 시작한 것은 1990년대 들어서라고 한다. 지역학은 학문 자체가 가지는 고유 특성과 함께, 일상 생활권을 중심으로 지역 주도의 주체적인 접근 및 현장 중심적인 접근을 지향한다. 일본의 경우, 지역학을 'Regionology'로 규정하고, 인문학과 사회과학 및 자연과학에 걸친 학제적 관점을 통해 현장으로서 지역을 연구하는 학문으로 정의하는 경향이 있다. 국외에서는 국제 관계학과 연관된 것을 '지역학(Area Studies)'으로, 국내 지역(지방)에 대한 연구를 '지방학(Regional Studies)'으로 구분하여 사용하기도 하나, 우리나라에선 '지역학'으로 통칭되고 있다.

최근 지역학과 관련한 뉴스 가운데 적극적인 곳이 세종특별자치시의 경우다. 대전세종연구원이 2024년 1월초 지역학 연구플랫폼으로 '세종학센터'를 독립시킬 계획이라고 27일 밝혔다(뉴스핌, 2023년 12월 27일). 세종학센터는 지속적인 현장조사를 통해 자료를 발굴하고 기록물 아카이빙과 스토리텔링 기법을 활용해 관련기관(교육청·문화원·평생교육진흥원·미디어센터·테크노파크 등)과 세종학 플랫폼을 구축할 예정이다. 센터는 이를 통해 세종시 이야기를 다루는 학술지 《세종학총서》를 발간하고 시민들과 함께하는 '세종학포럼'을 운영하며 지역학을 선도하는 '세미나'와 '심포지엄'을 열어 학회나 지역대학과 공론의 장도 마련한다는 것이다.

노영순 · 이상열은 2018년 〈지역쇠퇴에 대응한 지역학의 역할과 문화정책적 접근에 관한 연구〉(한국문화관광연구원)에서 대안적 지역발전의 기반이 지역학이라고 강조한다.

여기서 김양식 충북학연구소장은 지역학의 5대 원칙을 제시하면서, 지역의 가치 발굴 및 창조를 위한 조사 · 연구, 그리고 주민 및 공동체의 참여가 지역학에 있어 숙고해야할 접근방법이라고 강조한다. 그가 언급한 지역학의 5대 원칙을 정리하면 다음과 같다.

첫째, 지역을 중심으로 생각한다. 그간 지역연구가 중앙의 시선으로 접근하거나 몇몇 객관적 지표로 지역 간을 단순 비교하는 경향을 보여 왔다. 지역의 고유성과 독창성, 자기발전성을 발굴해내기 위해서는 '지역' 중심적 마인드 제고가 필요하다. 둘째, 지역의 가치를 발굴한다. 시간 속에 묻혀 있는 지역의 가치, 즉 숨겨진 새로운 문화자원을 발굴하는 것이 지역학의 핵심 목적이다. 셋째, 지역주민이 참여해야 한다. 즉, 연구자 중심의 지역학이 가지는 한계를 탈피하기 위해서는 주민 혹은 공동체 참여형 연구의 수행이 필요하다. 넷째, 지역의 가치를 창조한다. 이는 발굴 · 보전된 것을 새로운 지역의 가치로 새롭게 조명하고 활용하는 것이 무엇보다 중요하다. 다섯째, 지역에 집중하되 외부세계와 소통하는 지역학을 지향한다. 즉, 폐쇄적 지역주의로 매몰되는 것을 경계해야 한다. 일본의 경우, 국지적 지역에 머무르는 지역학이 아니라 지역 간의 다름을 인정하고 공생을 지향하는 '일본상생학(日本相生學)'으로 발전하고 있다고 한다.

한편 그동안의 지역학 연구가 주로 행정구역 단위(광역 · 기초) 중심으로 진행되었다면 최근 들어서는 마을(village), 지구(district) 등과 같은 소지역연구의 중요성이 강조되고 있다. 마을은 국토공간의 생활권으로 볼 때, 최하위의 최소 정주단위이며, 상위지역 단위를 구성하는 기초 셀(cell)이라는 것이다. 하지만 소위 '로컬'이라 지칭되는 이들 소지역은 사회경제적으로 국가의 부분으로 자산의 독자성을 인정받지 못했기 때문에 현실적으로 자산의 자율성과 정체성을 드러내기 힘들었다는 지적도 있다. 또한 이들 소지역, 특히 농촌지역의 마을은 쇠퇴와 소멸에 가장 취약한 지역이므로, 이들에 대한 기록과 연구, 그리고 재생을 위한 조치가 더욱 필요하다는 제안도 나오고 있다.

이러한 지역학의 확산을 위해서 필자가 제안하고 싶은 게 있다. 광역지자체 차원의 공무원 시험에 '지역학' 과목을 넣으면 어떨까 하는 것이다. 부산광역시와 광주광역시, 제주특별자치도는 그 나름의 역사·문화·전통·경제구조 등이 다르기에 '지역학'을 통해 해당 지역에 대한 이해가 공무원들에게 절실히 요구된다고 하겠다.

제2장

선례에 의한 발전-
국내외 어메니티운동

구미의 어메니티운동

01 프랑스 파리에서 느끼는 근대 어메니티

파리는 근대의 상징적인 도시이다. 로마가 고대 중세의 중심이고 이탈리아 피렌체가 르네상스의 중심 도시라면 파리는 근대 문화의 중심도시이다. 독일 문화비평가 발터 벤야민(Walter Benjamin, 1892-1940)이 《파리, 19세기의 수도》(1935)를, 영국의 지리학자 데이비드 하비(David W. Harvey, 1935년생)가 《파리, 근대성의 수도》(2003)라는 책을 써 파리를 근대성, 즉 모더니티(Modernity)의 상징적인 도시로 부각했다.

프랑스 시인 샤를 피에르 보들레르(Charles Pierre Baudelaire)의 1869년 《파리의 우울》이란 시집에 '노파의 절망'이란 시가 있다.

〈노파의 절망〉

쭈글쭈글한 노파는 누구나 좋아하고 환심을 사려 하는 이 귀여운 어린애를 보자 기뻐 어쩔 줄 몰랐다. 노파처럼 그렇게 연약하고, 그녀처럼 이도 머리털도 없는 이 귀여운 것을. 그래서 노파는 아이에게 다가가 웃어주며 좋은 얼굴 표정을 해 보이려 했다. 그러나 아이는 이 늙어빠진 착한 여인이 어루만져 주는 데 겁이 나 발버둥치며 집 안이 떠들썩하게 울부짖었다. 그러자 착한 노파는 다시 그녀의 영원한 고독 속으로 물러나, 한쪽 구석에서 울며 중얼거렸다. "아! 우리 불행한 노파들은 아무것도 모르는 순진무구한 어린것들조차 좋아할 수 없는 나이가 되었구나. 우리가 사랑하고 싶어도, 어린것들은 무서워히는구나!"(샤를 피에르 보들레르, 파리의 우울, 민음사, 2008).

　이 시의 주석을 보면 보들레르의 시집《악의 꽃》에 나오는 '가여운 노파들'도 동일한 주제를 다룬 시로 늙은 여인의 절망이 시인의 정신적 노쇠감을 대신한다면, 공포를 느끼는 어린아이는 늙어빠진 육체에 대한 인간의 잔인성을, 또는 시간과 함께 그렇게 될 수밖에 없는 시간의 위협에 대한 공포를 대신한다고 해석한다.

　보들레르는 대도시, 더 정확하게 말해서 파리를 노래한 파리의 시인들 중 한사람이다. 파리는 그가 진정으로 알고 있는 유일한 대도시였으며, 그에게는 대도시의 대명사와 같았다. '신경질적인 기질에, 현대성에의 기호, 인공적인 것에 대한 신앙, 댄디즘, 대중에의 정열, 인격을 히스테리 증세로 감싸는 듯한 에로티시즘' 등 보들레르는 진정 대도시, 파리의 애인이 되도록 미리 운명 지어진 것 같다. 그는 《파리의 우울》과《악의 꽃》의 에필로그를 모두 파리에 바쳤을 정도로 파리를 사랑한 시인이었다. 보들레르가 언급한 파리의 장소들은 큰 광장이나 기념비들, 또는 화려한 대로가 아니라 도시 변두리 지역이나 공원의 오솔길, 외로운 구석, 고독한 방 등 외딴곳이나 은밀한 장소였다고 한다.

　보들레르는 1863년 평론 '현대생활의 화가'에서 '모더니티(Modernité), 즉 근대성이란 곧 변해가는 것, 순간적인 것, 우연적인 것이다. 이것이 예술의 절반을 차지하고, 남은 절반이 영원한 것, 부동(不動)의 것이다'라고 말했다. 보들레르는 도시·대도시에서의 삶의 덧없고 덧없는 경험을 지적했으며 예술은 그 경험을 포착해야하는 책임에 기인한다. 이러한 의미에서 모더니티는 '강렬한 역사적 불연속성 또는 파열, 미래의 참신함에 대한 개방성, 현재에 대한 고유한 것에 대한 민감성 증가를 특징으로 하는 시간과의 특별한 관계'를 의미한다는 것이다(https://fr.wikipedia.org/wiki/Charles_Baudelaire).

근대의 상징적 사건 중 하나인 만국박람회는 파리에서 다섯 번이나 개최됐다. 1889년 프랑스혁명 100주년 기념으로 에펠탑이 만들어지면서 파리는 근대의 상징적인 도시로 확고하게 자리 잡게 된다. 파리의 랜드마크가 에펠탑임은 누구도 부인하지 않는다. 파리의 건물들은 그리 높지 않고, 대부분 베이지색이나 미색의 석조로 이뤄져 있으며 스카이라인을 손상시키지 않고 고풍스러우면서도 우아한 아름다움을 선사한다. 파리의 건물들이 이렇게 조성된 것은 화재를 염려하여 석조로만 건축을 허용한 1607년의 칙령 때문이다. 그래서 빅토르 위고는 파리를 '석조(石造)의 거대한 심포니'라고 불렀다 한다. 그런데 이런 파리에 이질적인 철골로 이루어진 기념물을 세운다는 발상이 어떻게 가능했을까.

만국박람회 개최를 맞아 혁명의 정신을 살릴 수 있는 기념물 현상공모의 당선작이 바로 교량기술자였던 귀스타브 에펠(Gustave Eiffel, 1832-1923)이 제작한 철골탑이었다. 민중이 모여 엄청난 힘을 발휘하듯 하나하나의 철 조각들이 모여 거대한 역사를 만든다는 '혁명의 정신' '공화국의 정신'을 반영한 것이라고 한다. 물론 계획이 발표되자 지식인들이 들끓기 시작했다. 아름다운 석조의 도시에 흉물스런 철골 구조물을 세워 도시의 미관을 파괴한다는 이유였다. 300명에 이르는 지식인 예술가들의 반대 서명이 있었는데 모파상이 앞장을 섰다는 것도 잘 알려진 이야기다. 320m 높이의 에펠탑은 '석조의 시대'에서 '철의 시대'를 알리는 신호탄이었다. 수공의 시대에서 기계의 시대로 이행을 알리는 '근대'의 선언이었던 셈이다. 에펠탑은 당초 1909년 철거될 운명이었으나 매스미디어의 시대가 도래하면서 방송탑 역할

에펠탑광장에 몰린 사람들. 파리의 에펠탑은 '석조의 시대'에서 '철의 시대'를 알리는 서막
이었다(ⓒ김해창).

로 계속 남아있게 됐다고 한다.

　파리는 센 강을 따라 여러 장소를 만나게 돼 있다. 파리를 거닐어
본다면 파리 개선문에서 시작해 샹젤리제거리를 지나 대통령궁인 엘
리제궁을 끼고 콩코르드광장까지 가본다. 그리고 거기서 동쪽으로 튈
르리정원과 나폴레옹광장의 카루셀 개선문을 지나 루브르박물관과
만나며, 거기서 계속 나가면 바스티유광장까지 이어진다.

　그중 샹젤리제거리는 파리의 대표거리이다. 우리나라 서울로 치
면 명동이나 인사동 같이 명품가게나 유명카페로 파리의 문화를 피
부로 느낄 수 있는 곳. 콩코르드광장이 샹젤리제거리의 시작점이다.
샹젤리제거리는 여름철엔 마로니에 가로수들이 울창하다. 패션과 유
행의 거리. 구찌, 루이비통, 지방시, 샤넬, 프라다 등 프랑스를 대표
하는 명품매장과 더불어 푸조, BMW, 르노 등 자동차 전시 판매장 등
이 즐비해있다.

　샹젤리제의 샹(Champs)은 '앞마당', 엘리제(Elysees)는 '천국', 즉 샹

마치 샤넬과 같은 느낌으로 희고 검은 색으로 표현된 샹젤리제거리의 맥도날도 매장 간판.

젤리제는 '천국의 안뜰'을 의미한다. 과거 센강 범람으로 상습 침수 지이던 이 일대에 제방을 쌓고 숲을 조성하는 등 치수사업을 벌여 19세기에 샹젤리제는 아름다운 거리로 바뀌었다. 1836년 에투알 개선문을 완공한 이후 이 거리가 큰 인기를 끌었고, 나폴레옹3세와 조르주 외젠 오스만 남작이 파리 도심을 완전히 뒤집어엎는 새로운 도시계획을 실행하면서 지금의 샹젤리제거리의 모습이 갖춰졌다고 한다.

이곳 샹젤리제거리에서 필자의 눈길을 한참 동안 사로잡은 것이 맥도널드 점포의 간판이었다. 보통 붉고 노란색으로 이뤄진 M이라는 상징 로고가 이곳에는 마치 샤넬로 착각할 정도로 흰색과 검은색 배경의 간판색으로 바뀐 것이다. 이것이 어메니티의 본향이라는 생각이 들었다. '파리의 우울'의 본질을 드러내는 듯한 이 간판이 파리의 매력을 보여주고 있었다. 바로 근대 경관법이나 조례가 있기에 가능한 일이었다.

그리고 프랑스 파리 지하 고속도로 '듀플렉스(Duplex) A86'는 역사문화 유적과 녹지를 보전하면서 교통을 해결한 모범적 사례로 꼽힌다. 파리시는 연장 10km 구간을 지하화하기 위해 30년간 논의를 거쳐 2011년에 지하차도를 완전 개통했다. 애초 지상에 도로를 놓자는 의견도 많았지만 대규모 녹지와 베르사유궁전 인근 역사 유적지를 보호해야 한다는 의견이 많았는데다 지상노선을 거부한 협회 및 지역 선출직 공무원의 반대로 프랑스 정부가 최종적으로 지하화하기로 한 것이다. '듀플렉스(Duplex)'란 말 그대로 2층 구조다. 지하차도의 위층은 상행선, 아래층은 하행선이 달린다(https://fr.wikipedia.org/wiki/Duplex_A86).

프랑스 파리에는 어메니티 전문가로 유명한 분이 있다. 오귀스탱 베르크(Augustin Berg, 1942년생) 박사로 프랑스 국립사회과학고등연구원(l'Institut national des sciences sociales) 교수를 역임했다. 그는 주로 일본에서 활동을 오래 해왔는데 그의 업적은 2018년 제26회 코스모스 국제상 수상자로 잘 알려져 있다. 그는 '풍토로서의 지구'라는 개념을 바탕으로 '자연과 인간의 공생'에 대한 독자적인 연구와 제언을 해왔으며 기존의 서양적 자연관에 기초한 환경과학이나 환경윤리와는 다른 동양적 자연관을 기반으로 한 독특한 환경인간학을 세웠다. 풍경이나 경관을 둘러싼 독자적인 사색을 통해 '풍토학(Mesologie)'이라는 새로운 학문영역을 개척한 것으로 알려져 있다. 그는 풍토학의 이론적 성과를 기반으로 자연과 문화의 이원론이나 환경윤리에 있어서 인간중심주의를 비판적으로 극복하면서 자연에도 주체성이 있다는 '자연의 주체성론'을 제창하였다.

베르크 박사의 환경인간학은 자연과 인간의 관계를 새로운 시각에서 다시 파악해, 향후 인류의 생존을 방향 지을 중요한 철학적 지침을 제기한 것이라 할 수 있다. 그는 '근대가 잃어버린 진(眞)·선(善)·미(美)의 가치를 회복하는 것'을 어메니티라고 정의한 바가 있다.

프랑스의 어메니티는 기후위기시대 도시경영자를 통해 도시계획에 반영되고 있다. 대표적인 사람이 2014년부터 파리시장을 해온 스페인 태생의 앤 이달고(Anne Hidalgo, 1959년생)이다. 14살 때인 1973년 프랑스 시민권을 얻은 이달고는 파리제10대학에서 노동조합법으로 석사 학위를 받았다. 1990년대 국립노동연구소 소장 등을 역임한 이달고는 2001년 파리시 의원에 당선됐고, 그해 베르트랑 들라노에 파리 시장(2002-2014)으로부터 성평등 담당 제1부시장을 맡았다. 들라노에 전 시장은 집권 초기에 공영자전거 벨리브와 센강변 자동차도로 보행자 공간화사업을 통해 자전거 도시로의 기반을 만들었다.

2014년 파리 시장에 취임한 이달고는 도시의 환경문제 해결을 위해 노력했다. 파리 부시장의 경험을 바탕으로 2015부터 2020년까지 '자전거수도 파리'를 만들겠다고 선언, 시의회의 만장일치를 얻어냈다. 2016년부터 도시의 대기오염을 막기 위해 '숨쉬는 파리(Paris Respire)'를 제안했다. 이를 위해 매월 첫 번째 일요일에는 파리 시내 특정 지역에는 모든 자동차의 진입을 금지하고 대신 그날은 대중교통 및 자전거 무료 제공 계획을 도입했다. 이와 함께 주차료 인상, 특정 요일의 무료주차 금지, 센강을 따라 고속도로의 특정 구간을 강변공원으로 전환하는 등 자동차 줄이기를 위한 다양한 조치를 시행했다. 그 뒤 파리 시내에 디젤모터 운행 금지를 제안했으며 자전거도로 2,020km 확보를 목표로 제시했다. 이달고 시장은 2017년 마크롱 대통령, 아놀드 슈왈제네거, 반기문 유엔 사무총장 등과 함께 환경을 위한 글로벌 협약의 채택을 촉구했다.

2020년 재선에 성공한 이달고 시장은 더욱 과감한 도시혁신을 추구했다. 2기 정책의 캐치 프레이즈는 '100% 자전거 타기가 가능한 파리'로 그 대표적인 사례가 파리의 지하철 노선 14개를 지상에 그대로 구현해서 자전거도로를 구축하는 '벨리브 메트로폴(Velib metropole)'이다. 민관거버넌스로 운영되는 자전거 관련단체인 ADMA가 2020년 4

월에 발표한 〈2020년 프랑스의 자전거 사용 개발에 대한 경제적 영향 및 잠재력〉이란 보고서는 2030년까지 파리의 자전거 수송 분담율을 19.6%~28.5%로 예측하고 있다.

이달고의 또 다른 캠페인은 파리를 '15분 도시(Ville Du Quart D'Heure)'로 바꾸자는 것이다. 카를로스 모레노(Carlos Moreno)가 만든 도시 근접성 개념인 '15분 도시'란 도시에서 각 지역의 주민들이 도보 또는 자전거로 15분 거리에 필요한 모든 편의 시설에 도달할 수 있어야한다는 것이다. 2020년 《르 파리지앵》과의 인터뷰에서 이달고는 "자동차로 파리를 동쪽에서 서쪽으로 건너는 것을 잊어버려야 한다."고 말했다.

이달고는 코로나19 위기를 기회로 삼았다. 감염병에 대한 도시의 대응으로 야간 통행금지, 비필수 상점 폐쇄 및 대중교통에 대한 압력을 완화하기 위해 '코로나 피스트(Coronapiste)'라고 하는 50km의 '팝업 사이클 레인' 도입 조치를 시행했다. 2021년 12월까지 파리 주차 공간의 절반 이상을 제거하고 대기질 개선을 위해 나무터널을 만드는 등 샹젤리제거리를 '환상적인 정원'으로 바꾸자는 제안을 실행해 국제적인 주목을 받았다. 게다가 자동차도로를 자전거도로로 전환하는 과정에서 주요 거점에 측정 카운터를 설치해 매일 데이터를 공개했는데 2019년부터 2021년 사이에 최고 65%의 자전거 이용자가 증가했다는 결과를 얻었다. 여성 시장으로서 정책의 '디테일'이 보이도록 했다는 점이 놀랍다.

하나 재미있는 뉴스를 덧붙인다. 2024년 7월 26일부터 8월 11일 파리올림픽이 열린다. 1924년 파리올림픽 이후 딱 1세기만에 다시 열리는 하계올림픽이다. 근데 이번 파리올림픽 개막식은 하계 올림픽 최초로 주경기장이 아닌 센강에서 열기로 했고, 파리올림픽조직위원회는 이산화탄소 배출량을 줄이기 위해 선수촌에 에어컨을 설치하지 않기로 했다고 밝혔다. 선수촌 외부 기온이 38℃라면 선풍기를 활용해 내부의 온도를 26~28℃로 유지하는 것이 가능해 에어컨 없이도 선수들이 안락하게 지낼 수 있도록 할 것이라고 한다. 21세기 기후위기시대 파리의 어메니티적인 발상이다.

02 영국의 내셔널트러스트 · 시빅트러스트 · 어메니티소사이어티

영국 런던은 1831년에서 1925년경 세계 최대의 도시였다. 현저하게 높은 인구 밀도로 콜레라가 대유행하여 1848년에 1만4,000명, 1866년에는 6,000명이 사망하였다. 1855년 수도건설위원회가 설립돼 런던의 인프라 정비를 추진하게 된다. 1863년 런던에 세계 최초의 지하철이 개통된다. 수도건설위원회는 1889년 런던카운티의회가 돼 런던 최초로 시 전역을 관할하는 행정기구 역할을 했다. 제2차 세계대전 때 독일의 공습으로 3만 명의 런던 시민이 숨지고 많은 건축물이 파괴됐다.

1952년에 런던스모그가 발생했고, 이에 대응책으로 1956년에 대기정화법이 제정됐다. 1980년대 런던 인구는 약 680만 명으로 줄어들었다. 1986년 '그레이터런던 카운슬'이 폐지되면서 런던은 세계에서 유일하게 중앙행정기관이 존재하지 않는 대도시가 됐다가 2000년 '그레이터런던'을 관할하는 '그레이터런던 오소리티(Greater London Authority)'가 설립됐다. 런던은 1908년과 1948년에 이어 2012년 제30회 런던올림픽에 이르기까지 세 번에 걸쳐 올림픽을 개최한 유일한 도시다. 미국 싱크탱크가 2017년 발표한 종합적인 세계 도시 순위에서 런던은 세계 1위의 도시로 평가되었다.

런던자연사협회(London Natural History Society)는 런던이 40% 이상의

녹지 또는 개방 수역을 가진 '세계에서 가장 친환경적인 도시 중 하나'라고 한다. 런던에 2,000여 종의 꽃피는 현화(顯花)식물이 자라고 템스강에 120여 종의 물고기가 발견되며, 60종 이상의 새 둥지와 47종의 나비, 1,173종의 나방 및 270종 이상의 거미를 기록했다고 말한다. 런던에는 38개의 특별과학관심지역(SSSI), 76개의 국립자연보호구역 및 186개의 지역자연보호구역이 있다. 런던 시민들은 새와 여우와 같은 야생동물이 도시를 공유하는 데도 익숙하다고 한다.

이러한 도시 런던 시민의 자부심 중 하나가 '내셔널트러스트(National Trust)'이다. 내셔널트러스트는 잉글랜드, 웨일스, 북아일랜드의 문화유산 보호를 위한 자선단체이다. 내셔널트러스트는 1895년 사회활동가 옥타비아 힐(Octavia Hill), 로버트 헌터(Robert Hunter) 경, 하드윅 론슬리(Canon Hardwicke Rawnsley) 목사에 의해 미관이나 역사적 관심을 가진 토지와 건물의 영구적인 보존을 촉진하기 위해 설립되었다. 영국내셔널트러스트의 정식 명칭은 '자연이 아름답고 역사적으로 중요한 장소를 보전하기 위한 내셔널트러스트(National Trust for places of Historic Interest and Natural Beauty)'이다.

1907년 내셔널트러스트 특별법(the National Trust Act)의 제정으로 내셔널트러스트가 확보한 자연·문화유산에 대해서는 개인이나 국가의 소유가 아닌 '시민의 유산'으로 사회적 소유가 실현될 수 있는 계기를 맞게 된다. 이러한 제도화로 인해 내셔널트러스트가 확보한 시민유산은 '양도불능의 원칙'이 보장됨에 따라 '영구적 보전(permanent preservation)'이 가능해 질 수 있었던 것이다. 100여 년 전 영국 사회의 이런 풍토가 오늘날 우리나라 현실에 비춰도 정말 선진적임에 놀라지 않을 수 없다.

현재 영국내셔널트러스트는 전 국토의 1%를 소유하고 430만 명의 회원이 활동하는 영국 최대의 사적 토지소유자이자 시민단체로서, 정

한 영국 여행잡지 홈페이지에 소개된 영국 켄트주의 윈스턴 처칠 경의 시골집(사진 왼쪽 맨위)을 비롯한 내셔널트러스트 방문 명소들(https://www.cntraveller.com/gallery/nation-al-trust-uk).

부정책의 감시자로서 역할뿐 아니라 정부를 능가하는 자연·문화유산 보전 담당자로서의 역할을 수행하고 있다. 또한, 2007년 12월 '세계 내셔널트러스트기구(INTO: International National Trusts Organization)'가 발족됨에 따라 전 세계 30여 개국이 활동하는 국제적 자연·문화유산 보전운동으로 확산되고 있다. INTO는 런던의 내셔널트러스트 옛 본부에 사무실을 두고 있다(www.nationaltrust.org; www.natioaltrust.or.kr). 이러한 내셔널트러스트운동은 우리나라로 확산돼 2000년 (사)한국내셔널트러스트가 만들어지게 된다.

내셔널트러스트와 맥을 같이 하는 또 다른 트러스트가 있다. 1957년 런던에 본부를 둔 독립 자선단체인 '시빅트러스트(Civic Trust)'이다. 내셔널트러스트와 달리 법인격을 갖지 않고 법률 등의 설립근거는 없다.

시빅트러스트는 역사적으로 가치 있는 건조물의 보존, 전원미의 보호, 거주 환경의 개선 등을 목적으로 1957년 당시 주택지방장관이었던 던컨 샌즈(Dancan Sandys)가 설립한 민간단체이다. 잉글랜드 동북부, 북서부, 웨일스, 스코틀랜드의 4개 지역에 트러스트연합회(Associates Trust)가 있으며 그 대표들이 시빅트러스트의 이사회를 구성하고 있다. 시빅트러스트는 1959년에 지역사회의 삶의 질을 향상시키는 뛰어난 건축, 도시디자인, 조경 등 환경보전활동을 표창하기 위해 '시빅트러스트상(Civic Trust Awards)'을 주고 있다. 대상은 디자인적으로 뛰어난 것, 주변 환경의 향상에 도움이 된 것, 거주환경 개선사업의 3범주로 나뉜다. 그런데 시빅트러스트는 자금부족으로 2009년에 운영을 중단하고 행정부 산하조직으로 들어갔지만 시빅트러스트싱은 지역사회이익회사(Community Interest Company)로서 비영리적으로 독립해 운영되고 있다.

시빅트러스트는 지역의 환경 속에서도 '만들어진 환경(built environment)'에 중점을 두어 사람들이 생활하는 지역에 애착을 갖고 시민의 자발적인 활동을 지원하는 모임이다. 이 시빅트러스트에는 작은 어메니티 단체인 '로컬 어메니티 소사이어티(Local Amenity Society)'가 연결돼 있다. 1997년 현재 약 900개 소사이어티가 상호 네트워크를 맺으면서 부동산을 구입하거나 기증을 받음으로써 취득해 쾌적하고 마음 편한 환경을 만들어내 일반에게 개방하는 사업을 펴고 있다.

내셔널트러스트와 시빅트러스트의 차이점은 무엇일까? 내셔널트러스트가 자산의 보유관리를 중심으로 개인회원제를 기초로 해서 발전해온 것에 비해 시빅트러스트는 활동면에서 다른 특징이 있다. 우선 시빅트러스트 활동의 출발이 된 사업은 가로 미화, 청소, 나무심기라는 비교적 친근한 일들이다. 이것은 환경보전은 우선 주민 한사람한사람이 주변 환경을 개선해가는 것에서부터 출발한다는 인식이 배경에 있음을 보여준다. 여기서 영국의 민간주도적인 환경보전운동의 기본자세를 볼 수 있다. 국가와 지자체는 이들 지역 환경보전단체를 지원하는 형태가 바람직하다는 것이다.

시빅트러스트는 영국의 시민단체가 갖고 있는 청교도적 볼런티어 정신에 기반을 하고 있다. 볼런티어정신으로 거주환경 개선에 자발적으로 나서고 협력함으로써 자신이 사는 마을, 향토에 애착이 생기고, 기업도 얻은 이익을 지역에 환원하는 것을 의무로 생각한다. 이러한 시빅트러스트는 영국에서 지역별로 확산돼 왔다. 1964년에는 '웨일즈 시빅트러스트(The Civic Trust for Wales)'가 설립돼 커뮤니티활동, 좋은 디자인, 지속가능한 개발 및 건축환경 보전에 앞장서고 있다. 1967년에는 '스코틀랜드 시빅트러스트(Scottish Civic Trust)'가 설립됐다. 글래스고의 고건축물로 등재된 '담배상인의 집(Tobacco Merchant's House)'에 본부를 둔 이 단체는 스코틀랜드의 건축·환경 보호에 리더십을 발휘하고 있다. 1990년부터 2011년까지 위험에 처한 스코틀랜드 건물의 등록을 유지하고, '건물 공개의 날(Doors Open Days)' 프로그램도 실행하고 있다.

잉글랜드와 웨일즈에는 '어메니티 소사이어티(Amenity Society)' 라는 단체가 있는데 주로 역사적인 건물의 계획과 개발을 모니터링하고 있다. '내셔널 어메니티 소사이어티(National Amenity Societies)'는 역사적인 예술과 건축을 보존하고 국가 차원에서 운영되는데 영국에서는 공식적으로 등재된 건물의 변경에 대한 법정 자문기관으로, 법에 따라 철거 요소를 포함해 등재된 건물에 대한 모든 작업에 대해 통보를 받도록 돼 있다고 한다.

이러한 영국의 시빅트러스트 정신은 영국의 환경교육에도 많이 녹아있음을 느꼈다. 지금부터 20여 년 전인 1997년 필자가 일본에 해외연수를 하고 있을 때 영국의 환경교육가들로부터 들은 이야기이다. '일영(日英)환경교육 포럼-영국에서 배우는 학교와 사회를 잇는 환경교육'이란 강연이 있었다. 발표자인 에이린 애덤즈(Eileen Adams) 씨는 자신이 사는 글래스고에서는 학생들이 마을 만들기, 경관그리기나 지역디자인 등을 직접해서 지역민에게 보고하고 발표회도 갖는다고 했다. 이어 슈잉햄(Shoeingham) 씨도 자신이 운영하고 있는 도시연구센터(USC)가 시의회로부터 연간 일정액의 지원금을 받으면서 아이들이 지역공원의 문제점을 시의회에 직접 보고하거나 환경평가에 참여하는 등 지역사회와 연계된 마을 만들기에 적극 참여하고 있다고 했다.

뉴캐슬에서 온 존 킨(John Keane) 씨는 학교 교사는 지역 건축가와 아이들을 연결해 거리활동을 지도·감독하고 아이들에게 새로운 아이디어를 제공하고 이를 교재로 만들어간다고 말했다. 아이들에게 자기가 살아갈 마을의 미래 모습을 자기 손으로 디자인하도록 하는 영국의 환경교육은 매우 인상적이었다. 뉴캐슬에는 100여 개의 초등학교와 20여 개의 중등학교가 있는데 환경문제는 지역문제를 다루면서 함께 배우기 시작하고 '환경문제엔 완전한 승자도 완전한 패자도 없다'는 사실을 강조하며 상대방의 입장을 이해하는 법을 배우도록 한다는 것이었다. 이들은 자신이 살고 있는 마을이 '야생정원(Wild Life Garden)'으로 '지역이 곧 정원'이라는 생각을 갖고 있다고 했다. 그리고 이러한 환경교육의 바탕은 어메니티에 있다고 힘주어 말했다.

03 독일의 뮌헨·칼스루에·프라이부르크의 녹색도시 만들기

독일의 도시 가운데 뮌헨은 푸르름이 가득한 녹색도시를 자랑한다. 그중 100만평공원인 엥리셔가르텐은 그린시티의 상징이기도 하다. 바이에른주의 주도이자 독일 제3의 도시인 뮌헨은 1972년 뮌헨올림픽으로 잘 알려진 '국제 스포츠도시'이다. 제2차 세계대전 때 도시의 3분의 1이 파괴됐던 뮌헨은 1974년 서독월드컵에 이어 2006년 독일월드컵도 개최했다. 2006년 독일월드컵 결승전이 열린 곳이 올림피아파크의 메인스타디움이다.

뮌헨시로 접어드는 진입로에서 보이는 해발 280m의 올림픽타워가 있는 올림피아파크는 시내 중심가에서 지하철로 10여 분 거리이다. 올림피아파크엔 8.5ha 규모의 메인스타디움이 자리 잡고 있는데 올림픽타워 전망대(해발 182m)에선 멀리 엥리셔가르텐을 포함해 뮌헨시가지를 한 눈에 조망할 수 있다.

메인스타디움의 7~8배 넓이가 되는 올림피아파크는 뮌헨시민에겐 가장 매력적인 레포츠공원으로 인기가 높다. 올림피아호수를 가운데 두고 조성된 구릉녹지는 조깅이나 산책, 자전거와 롤러스케이트를 즐기기에 안성맞춤이다. 그러나 이러한 올림피아파크는 2차 대전 폐허 더미를 녹화하는 데 성공한 대표적인 사례로 알려져 있다.

뮌헨올림픽을 계기로 뮌헨시는 올림피아파크, 오스트파크, 베스트파크 등 대규모 시민공원을 조성했는가 하면 뮌헨 시내로 접어드는 인터체인지 인근 쓰레기산(슈트베르크)도 멋진 녹지공원으로 바꾸었다. 슈트베르크는 2차 대전 당시 폭격으로 파괴된 뮌헨의 폐물(廢物)을 모아놓았던 쓰레기매립장으로 산 높이가 60m인데 이곳도 1972년 뮌헨올림픽을 준비하면서 뮌헨시가 녹지공원으로 조성해 이름도 '올림피아산'으로 바꾸었다. 1990년대 중반에 뮌헨시는 이 산 언덕에 높이 65m의 660㎾급 풍력발전기 한 대를 설치했다. 이러한 뮌헨의 올림피아파크와 슈트베르크는 우리나라의 서울 난지도 하늘공원과 쓰레기매립장을 재생한 대구시 달서구의 대구수목원 등 세계적으로 쓰레기장을 공원화하는 모델로 알려져 있다.

뮌헨을 '그린시티'라고 부르는 데는 도심에 100만평이 넘는 도심공원인 '엥리셔가르텐(English Garden)'이 있기 때문이다. 뮌헨의 대표적인 중심가인 루드비히거리에는 100년이 넘은 버드나무가 가로수로 가

뮌헨시의 중심에 자리잡고 있는 100만평공원인 엥리셔가르텐(ⓒ김해창).

지런히 서 있다. 엥리셔가르텐은 뮌헨의 한 가운데 있는 유럽 최대의
도심공원이다. 미국 뉴욕의 센트럴파크와 영국 런던의 하이드파크와
어깨를 나란히 하는 100만평공원이다. 지하철역에서 5분 내에 갈 수
있고 도심에서 걸어서 20~30분 안이면 닿을 수 있는 '뮌헨의 오아시
스'로 공원 출입구만 사방팔방에 약 30개나 된다.

엥리셔가르텐은 '자유'라는 공기가 흐르는 공원이다. 무료입장에
24시간 개방돼 있으며 축구경기장 400개가 들어설 수 있는 373ha의
공원 곳곳엔 축구, 자전거, 롤러블레이드, 뱃놀이 등을 자유롭게
즐길 수 있다. 공원 한쪽엔 실오라기 하나 걸치지 않고 일광욕을
즐기는 '누드 지역'도 있다. 공원 어디를 둘러보아도 '들어가지 마시
오' '쓰레기를 함부로 버리지 마시오'라는 등의 경고문이나 플래카드
가 없고 승마나 자전거도로 산책로 표지만 있는 곳이다.

엥리셔가르텐은 200년이 훨씬 넘은 독일 최초의 국민공원이다.
1789년 당시 이자르 강변 북쪽 습지의 일부(125ha)를 군대정원으로 개
조한 것이 시초이며 1808년 조경이 대부분 완성돼 일반에게 공개됐다

고 한다. 당시 인구 약 4만이던 뮌헨 외곽의 습지가 200여 년이 지난 지금 인구 130만 뮌헨의 중심부에 자리 잡게 된 것이다.

뮌헨 시내에는 또한 수많은 공원묘지가 들어서 있다. 공원묘지라고 하기 보다는 그야말로 숲이 울창한 공원이며 묘지는 마치 예술품 같다. 뮌헨에는 이러한 시립 공원묘지가 모두 27곳으로 면적은 시 녹지면적의 15%인 420ha에 이른다. 20세기 중반까지 도심에는 묘지가 줄곧 들어섰는데 2차 대전 이후 공원화됐다고 한다. 뮌헨은 'B+R', 즉 바이시클 앤드 라이드(Bycycle & Ride)를 중시하고 있다. 자전거와 대중교통의 연계를 의미하는 것으로 뮌헨 시내에는 자전거 주차장만 2만여 곳이나 된다. 출퇴근시간만 제외하고는 자전거를 전차에 실을 수 있다.

이러한 뮌헨의 오늘날이 있기에는 미래를 보는 눈을 가진 도시경영자가 있었다. 그리고 뮌헨은 이제 지속가능한 도시로 나아가고 있다. 지난 2003년 뮌헨 시의회는 '뮌헨 지속성 목표'를 공표했다. 목표는 모두 9개이다. △지구를 생각하고 지역에서 행동한다 △자연자원에 대한 책임 △생활의 질 △미래에 맞는 경제 △기회균등 △안전한 생활 △문화적 보증 △활발한 시민사회 만들기 등이 그것이다.

뮌헨시는 2006년부터 '바이오시티 뮌헨'을 추진하고 있다. 시는 공공시설의 10%에서 유기농 식단을 짜게 하고, 공공행사시에는 50%를 유기농으로 충족시키도록 노력하고 있다. 뉴뮌헨전시센터(New Munich Exhibition Center)는 연 2.7MW를 생산하는 세계 최대의 태양광발전 시설을 갖추고 있는 등 뮌헨시내엔 1,000여 개의 태양광시설이 있는 '태양도시'이기도다. 뮌헨시는 2030년까지 1990년 기준으로 이산화탄소 배출량 50% 감축을 목표로 갖고 있으며, 2025년까지 모든 공공기관에 RE100(재생가능에너지 100% 사용) 목표를 달성할 방침이다.

도시녹화와 관련해 특색 있는 도시가 칼스루에시이다. 독일 남부의 인구 27만여 명인 칼스루에시는 300여 년 전에 설계한 도시계획이 별다른 변형 없이 현재에 이르고 있다.

성을 중심으로 도시가 펼쳐져 있으며 시민들은 32개의 방사선형 도로를 통해 사방에서 쉽게 도심에 접근할 수 있게 돼 있다. 이 도시는 30%가 숲, 30%가 농토이고 나머지 40%가 거주공간인데, 거주공간의 약 25%(800ha)도 숲과 별개로 녹지공원화돼 있다.

칼스루에는 가로수가 멋진 도시로도 유명하다. 잔디 초지 위에 조성된 가로수가 가로공원이자 생태축의 역할을 단단히 하고 있다. 칼스루에 중심가인 블리헤거리에는 너비 30m, 연장 2km의 녹지대가 조성돼 있다. 1905년 레일을 걷어내고 이를 '녹색길'로 삼은 것이다. 1980년엔 '수목보호조례'가 만들어져 시내의 일정규모 이상의 나무를 보호수로 지정하고 이를 훼손하다 적발되면 벌금이 우리 돈으로 5천만원 수준이다. 1987년부터는 '수목 대부모(代父母)제'를 실시하고 있다. 수목 대부모제는 시민이 시의 가로수나 공원수에 대해 대부모 관계를 맺고 해당나무를 책임지고 관리하는 제도이다.

칼스루에시는 녹지정비계획의 일환으로 종합적 판단을 통해 식물군 보존규정, 지붕녹화, 건물녹화에 대한 권고를 한다. 동시에 이 도시 원예국은 마당 지붕 건물벽면 녹화를 위해 시민들에게 자문과 지원을 아끼지 않고 있다. 시민이 원하면 직접 설계도 초안까지 만들어준다. 건당 우리돈으로 약 500만원까지 지원해준다. 1985년부터 1년에 두차례씩 '뒷뜰가꾸기 경연대회'가 실시되고 있다.

독일 환경수도이자 '태양의 도시'로 잘 알려진 프라이부르크는 또한 대표적인 녹색도시이다. 독일 남부 최대의 삼림지대인 흑림(Schwarzwald) 인근에 위치한 프라이부르크는 인구 20만 명으로 중세 대학을 바탕으로 한 대학도시이자, 관광휴양도시이다. '삼림과 고딕과 와인의 도시'로 알려진 프라이부르크는 독일사람들이 가장 살고 싶어 하는 도시로 손꼽힌다.

프라이부르크는 '원전반대'의 경험을 '에너지자립도시'로 바꾼 것으로 유명하다. 1970년대 초 당시 1차 오일쇼크를 겪은 서독 연방정부와 바덴뷔르템베르크주가 프라이부르크 인근 비일지역에 독일의 20번째 원자력발전소를 건설할 계획이었지만 학생 · 지식인 · 농민들이 들고 있어나 반대운동이 확산됐다. 1986년 옛 소련의 체르노빌원전사고 발생 이후 프라이부르크시와 시의회도 원전포기를 선언하게 됐고, 행정재판에서도 주민들이 승소해 세계적인 '탈원전도시'로 알려지게 됐다. 시는 1972년 자가용 승용차의 사용을 억제하고 자전거전용도로 확충, 시내 전철 유지 확대 등을 골자로 한 '1차 종합교통정책'을 수립했다. 다음해는 옛 시가지내에 승용차 진입을 제한하는 교통규제책을, 1979년에는 환경친화적인 '제2차 종합교통정책'을 마련해 1990년대 초에 '독일 연방의 환경수도'라는 칭호를 얻었다.

프라이부르크는 숲의 도시이다. 독일인의 자긍심을 갖게 하는 흑림을 비롯해 산림면적이 약 6,400ha로 프라이부르크의 43%가 숲이다. 흑림의 서쪽에 해발464m인 슐로스베르크(Schulossberg)는 '언덕 위의 성'이란 뜻인데 1954년 경관보존지역으로 지정돼 있다. 슐로스베르크를 보호하기 위해 프라이부르크시는 2016년에 '생물다양성을 위한 숲, 목초지, 정원' 프로젝트를 시작했다. 학생들의 창의적 제안에서 비롯된 이 프로젝트는 학생들이 참여해 과수원도 만들고, 돌담도 쌓고, 고목 주변으로 서식지도도 만들었다. 지역 전문가들과 유엔의 지원을 받아 이 프로젝트는 2010년 '유엔 생물다양성10년'에 기여한 공로로 '프로젝트상'을 받기도 했다.

프라이부르크가 숲의 도시인 이유 중 하나가 제대로 된 '수목보호법'에 있다는 사실이다. 수목보호법 제2조는 수간(樹幹) 둘레가 80cm 이상인 나무, 성장이 느린 나무는 40cm인 경우 보호대상 나무이다.

수간 둘레 50cm 이상인 나무가 적어도 다섯 그루 이상 열을 지어 서 있다면 이 역시 보호대상이다. 이 법을 어기면 2만5,000유로에서 5만 유로의 벌금이 부과된다. 더 놀라운 것은 수목보호법은 토지를 매매할 경우에는 우선 백지에 나무의 위치와 크기를 그린 후 매매를 진행해야 하고, 집을 지을 때나 도시개발을 할 때도 수목을 표시한 설계도에 따라 단지를 조성하거나 도로를 건설해야 한다는 것이다(소노스, 프라이부르크, 2023).

독일의 녹색도시는 숲의 가치를 이해하는 도시경영자와 숲을 사랑하는 시민들과의 관심과 참여로 만들어진 어메니티 도시임을 한눈에 알 수 있다.

04 이탈리아 그레베 · 오르비에토의 '슬로시티' 운동

"네가 무엇을 먹는가를 말하라. 그러면 내가 너의 사람됨을 말하리라."

18세기 프랑스의 법률가 브리야 사바랭(Jean Anthelme Brillat-Savarin, 1755-1826)이 그의 저서 《미식예찬》(원제: 미각의 생리학〈Physiologie du goût〉)에서 한 말이다.

패스트푸드로 통칭되는 '속도지향의 사회' 대신에 '느리게 사는 사회'를 지향하는 '슬로시티(Slow City)운동'이 유럽의 작은 마을에서 전 세계로 '조용히' 들불처럼 번지고 있다. 그 중심에 있는 도시가 바로 이탈리아의 그레베 인 키안티(Greve in Chianti: 약칭 키안티)이다. 피렌체에서 자동차로 약 1시간 거리에 있는 조그만 시골 도시로 인구라고 해봐야 기껏 1만3,000여 명으로 우리나라로 치면 군단위의 마을에 가까운 이곳이 세계 33개국 288개 도시의 '느림 왕국'의 사실상 발상지이자 세계적인 생태휴양도시로 자리 잡고 있다.

그레베는 '와인과 올리브의 도시'이기도 하다. 해발 500~700m 산간에서 계단식 경작을 하는 포도원과 올리브 농장이 많은 이곳의 포도·올리브·스파게티 공장은 모두 가내수공업이다. 옛날방식 그대로 하기에 생산 공정에서 공해나 쓰레기 발생이 적고 각종 첨가물도 없다. 이러한 슬로푸드는 지역 내에서 소비되고 관광객에게는 비싼 값으로 판매된다.

이곳에선 피자도 패스트푸드가 아닌 슬로푸드이다. 대량생산이 아닌 이탈리아식 전통요리법으로 만들기 때문이다. 식당의 음식도 돼지고기, 토끼고기, 꿩고기 등 지역 토속 요리가 유명하다. 이 지역 고급 레스토랑도 지역산 포도주를 판매하는데 '투스칸 와인'은 세계적인 브랜드가 되고 있다. 매년 9월말 10월초엔 '포도 페스티벌'이 열린다. 슬로시티 그레베에는 대형 승용차나 패스트푸드점 그리고 코카콜라 마크가 잘 보이지 않는다. 청량음료나 인스턴트식품 자판기도 보기 힘들다. 거대자본의 패스트푸드나 대형쇼핑몰의 입점이 허용되지 않기 때문이다. 대신 우리로 치면 생협마트가 있을 뿐이다. 외지인의 부동산매매거래도 원천적으로 봉쇄돼 있다. 시청 광장 주변에는 지역에서 난 흙으로 만든 보도블록이 깔려있고, 쓰레기통도 흙을 구워 만든 테라코타 도자기로 만들어 놓았다. 마을 어디를 가더라도 지역민이 경영하는 작은 상점에는 늘 신선한 식품이 판매되고, 작은 식당에는 슬로푸드를 판매한다.

그레베는 옛 수도원 시설로 지금은 지역 종교예술 박물관이기도 한 성프란체스코성(城)을 중심으로 걸어서 30분이면 중심가를 둘러볼 수 있을 정도이다. 그레베에는 옛 건물을 리모델링한 호텔과 숙소들이 많다. 재미있는 것은 이러한 호텔을 비롯한 숙소에 에어컨이 거의 없다는 사실이다. 에어컨이 없는 이유는 옛 벽돌 건물의 벽이 두꺼워 창문과 셔터를 여닫는 것만으로 냉난방이 가능할 정도로 자연 에어컨

시역에서 생신된 대리고디 디일로 바다을 장시한 그레베시청 광장(ⓒ한국슬로시티본부).

시스템이 잘 돼 있기 때문이라고 한다. 실제 에어컨이 필요하다고 느끼는 날이 1년에 며칠이 되지 않는데다 그레베의 건축법은 에어컨시스템을 창문에 설치하는 것도 허가를 얻어야 하고, 설치비도 비싸다고 한다. 이런 점에서 그레베는 전통의 지혜를 오늘날 되살린 세계에서도 손꼽을 만한 도시인 것이다.

그레베는 이런 것 때문에 생태관광 체험지로 입소문이 퍼졌다. 호텔이나 민박집에서도 밤에는 모기장을 치든지 모기향을 피워야 한다. 그러나 숙소에서 조금만 밖으로 나가면 딱정벌레를 얼마든지 만날 수 있고 호기심이 있는 여행자들은 전갈, 지네, 도마뱀 등도 쉽게 볼 수 있다. 마을 자체가 생태박물관인 셈이다.

슬로시티운동은 지난 1999년 10월 그레베시와 인근의 오르비에토(Orvieto), 브라(Bra), 포시타노(Positano) 등 작은 도시의 시장들이 모여 세계를 향해 '느리게 살자'고 호소한 데서 비롯됐다. 당시 그레베 시장(1990-2004)이던 파울로 사투르니니(Paolo Saturnini, 1950-2020) 씨가 주민들과 세계를 향해 패스트푸드에서 벗어나 지역요리의 맛과 향을 재발견하고 생산성 지상주의와 환경과 경관을 위협하는 바쁜 생활태도를 몰아내자고 강조하고 나섰던 것이다. 처음엔 주민들의 반발을 사기도 했지만 그는 '슬로(slow)'라는 것이 불편함이 아닌 자연에 대한 인간의 기다림이란 사실을 많은 사람들에게 알렸다. 시대를 거꾸로 가는 발상의 전환이었던 것이다.

사투르니니 시장은 1999년 국제슬로시티연맹 초대회장을 역임했으며 2012년 명예회장으로 추대되었다. 사투르니니 시장은 퇴임후 한동안 '투스카나키안티 문화협회' 회장으로 슬로시티운동의 전도사 역할을 했다. 현재 국제슬로시티연맹 본부는 이탈리아 오르비에토에 두고 있으며, 매년 6월 전 세계 슬로시티 회원도시의 시장들이 모여 총회를 열고 있다.

오르비에토는 로마와 피렌체 중간에 위치한 소도시로 중세시대 교통과 군사요충지였으며 900년 된 성벽에 둘러싸인 성곽도시이다. 오르비에토는 지역명을 딴 '오르비에토'라는 이름으로 알려진 이탈리아 내에서도 가장 유명한 화이트 와인의 대표 산지이며 도시부 외곽에는 와인리조트, 포도 농장 등이 즐비하다.

태안신문(2015년 11월 11일)의 '국제슬로시티 발상지 오르비에토를 찾아서' 기획기사는 오르비에토의 모습을 잘 소개하고 있다. 오르비에토에서는 지하동굴이 많은 지역으로 도시기반이 흔들리자 도심의 차량통행을 제한하는 대신 궤도열차(퍼니큘러)를 타고 도심에 진입할 수 있게 했으며 도심은 전기버스로 친환경적인 교통시스템을 구축했다. 쾌적한 마을 환경을 유지하기 위해 외곽 저수지에서 수소에너지를 생산해냄으로써 화석에너지 사용 절감 노력을 하고 있고 엄격한 간판규제 시행으로 병원·약국 등을 제외하고는 네온사인을 사용할 수 없게 하고 있다. 오르비에토시는 100년 이상 내려온 제과점, 수공예, 세라미 등의 전통시장을 유지·장려히고 지역특산품 판매와 작은 음악회 등을 통해 지역주민과 관광객이 어울릴 수 있는 기회를 제공한다. 또한 이탈리아의 전통적인 낮잠인 오후 1시부터 4시까지 '시에스타'와 오후 6시부터 8시까지 오르비에토의 전통인 저녁산책 '파세쟈타'를 시행해 느림과 여유를 갖게 하고 있다는 것이다.

그런데 놀랍게도 인구 2만 명 정도인 오르비에토를 찾는 연간 관광객수가 무려 200만 명이나 된다고 한다. 이 숫자가 얼마나 많은 수인지는 코로나 발생 이전인 2019년 한 해 동안 부산을 찾은 관광객수가 268만 명이고, 2023년 한 해의 경우 180만 명이란 사실과 비교해 보면 알 수 있다. 그레베는 연간 7만 정도의 관광객이 찾고 있다고 한다.

사실 슬로시티운동의 시작은 슬로푸드(Slow Food)운동의 여장서에 나왔다. 슬로시티운동은 '먹을거리야말로 인간 삶의 총체적 부분'이라는 판단에서 우선 지역사회의 정체성을 찾고 도시 전체의 문화를 바꾸자는 운동으로 확대된 것이다. 지난 1986년 이탈리아 로마에 패스트푸드의 대명사인 맥도널드 햄버거가 진출해 이탈리아 전통음식을 위협하자 이탈리아 북부의 작은 도시 브라에서 시작된 것이 슬로푸드운동이다. 슬로푸드의 심벌은 느림을 상징하는 '달팽이'이다. 그래서 광우병이 유럽을 휩쓸 때도 이곳 그레베는 안전했을 뿐만 아니라 오히려 슬로푸드의 중요성을 유럽 사람들에게 환기시켰을 정도라고 한다.

국제슬로시티연맹은 각 슬로시티가 달성하기 위해 노력해야 할 목표나 원칙을 50가지를 제시하면서 이들 도시의 삶의 질 향상을 위해 벤치마킹하도록 하는 역할을 하고 있다. 슬로시티운동의 주요 목적으로는 △도시환경에 사는 모든 사람들의 삶을 더 좋게 만들기 △도시의 삶의 질 향상 △전 세계 도시들의 동질화와 세계화에 저항하는 환경보호 △개별 도시의 문화적 다양성과 독특성 촉진을 위해 보다 건강한 라이프스타일을 위한 영감을 제공하는 것 등이라고 한다.

국제슬로시티연맹은 나라별로 지역본부를 두고 슬로시티 신청을 받고 있다. '7가지 기본규정'을 중시하는데 △에너지와 환경대책 △인프라정책 △도시 삶의 질 정책 △농업, 관광 및 전통예술 보호정책 △방문객 환대 △지역주민 마인드와 교육 △사회적 연대와 파트너십 등의 대분류 아래 상세한 평가기준에 따라 슬로시티를 엄선하고 있다. 전 세계 지자체가 슬로시티 가입 신청의사를 보이면 연맹이 직접 실사 점검을 벌이고, 6~10개월 후 인증여부를 결정하며, 슬로시티 회원도시도 4년마다 재심사를 받아야 할 정도로 까다롭다고 한다.

이런 점에서 슬로시티의 적정 규모는 5만 명을 넘지 않는 것이 좋다고 한다. 대도시의 경우 기초지자체 수준으로 낮춰 구나 동 차원에서 추진할 필요가 있다고 국제슬로시티연맹 관계자들은 조언한다. 전반적으로 시민들의 생활의 속도를 늦추는 반면 여유 공간과 시간을 확대하는 데 초점을 두고 있다는 것이다.

이러한 슬로시티연맹의 취지에 공감해 우리나라의 경우도 2008년 국제슬로시티연맹 한국슬로시티본부가 생겼고, 전남 신안군, 장흥군, 담양군, 완도군과 경남 하동군, 충남 예산군 등 17개 도시가 현재 슬로시티에 가입해 있다.

'슬로시티의 메카'인 그레베시의 고용률은 100%이며 소득수준도 이탈리아의 중소도시 평균보다 훨씬 높다고 한다. 또한 범죄율이 전국에서 가장 낮다는 것이다.

'느리게 살자'는 정책이 오히려 문화와 경제를 살리는 '경쟁력'의 원천이며 지역에서 나는 모든 것을 사랑하고 자연으로 돌아가는 도시. 그레베는 '작은 것이 아름답다(슈마허)' '느린 것이 아름답다(칼 오너리)'는 것의 실제 모습을 보여주는 우리 시대의 '오래된 미래'이다. 멋진 어메니티 도시의 표상이기도 하다.

05 스웨덴 청년 기후운동가 그레타 툰베리의 외침

그레타 틴틴 엘레오노라 에른만 툰베리(Greta Tintin Eleonora Ernman Thunberg). 우리가 아는 스웨덴 청년 환경운동가 그레타 툰베리(Greta Thunberg)의 풀네임이다. 2003년생으로 세계 지도자들에게 기후위기에 대한 즉각적인 조치를 취할 것을 촉구하는 '시대의 예언자' 이기도 하다.

툰베리의 기후운동은 그녀가 부모님을 설득하여 가족의 탄소발자국을 줄이는 생활 방식을 채택하면서 시작됐다. 툰베리는 15살이 되던 2018년 8월 20일 학교를 빼먹기 시작했고, 스웨덴 총선이 끝날 때까지 학교에 가지 않겠다고 맹세했다. 그녀는 스웨덴 의회 밖에서 시위를 벌였고, '기후를 위한 학교결석(Skolstrejk för klimatet)' 팻말을 들고 정보 전단지를 나눠주며 기후변화에 대한 더 강력한 조치를 촉구했다. 그녀는 스웨덴이 2015년 파리기후협약을 준수할 때까지 매주 금요일마다 기후운동을 계속할 것이라고 말했다. '미래를 위한 금요일'이라는 기치 아래 기후운동을 위한 학교파업이 조직됐으며 툰베리가 2018년 유엔 기후변화회의에서 연설한 후, 전 세계에서 매주 금요일 학생들의 기후파업 시위가 벌어졌다. 2019년에는 여러 도시에서 각각 100만 명 이상의 학생들이 참여한 시위가 벌어졌다.

탄소집약적인 비행을 피하기 위해 툰베리는 영국 플리머스에서 무탄소 요트를 타고 뉴욕시로 항해해 2019년 유엔 기후행동정상회의에 참석하고 연설했다. 툰베리는 "생태계 전체가 무너지고, 대규모 멸종의 시작을 앞두고 있는데 당신들은 돈과 영원한 경제성장이라는 꾸며낸 이야기만 늘어놓는다. 어떻게 그럴 수 있느냐"며 세계 지도자들을 꾸짖었다.

세계 무대에서 툰베리의 영향력은 가디언과 다른 언론매체에 의해

'그레타 효과'로 묘사되었다. 그녀는 스코틀랜드 왕립지리학회의 명예 펠로십, 타임지가 선정한 가장 영향력 있는 100인, 올해의 최연소 타임지 인물, 포브스가 선정한 세계에서 가장 영향력 있는 여성 100인(2019년)에 포함됐으며, 노벨 평화상 후보에도 올랐다. 2023년 6월 고등학교 졸업 후, 툰베리의 시위전술은 확대되기 시작했다. 그녀는 시위에서 합법적인 해산명령을 무시하고 경찰과의 평화적이지만 반항적인 대치가 포함되어 체포와 유죄판결로 이어졌다(https://en.wikipedia.org/wiki/Greta_Thunberg).

필자는 2022년 7월 부산 '영화의 전당'에서 '그레타 툰베리(I am Greta)' 영화를 봤다. 제16회 부산국제어린이청소년영화제(2022.7.5~12) 초청작인 영화 '그레타 툰베리'는 환경문제를 주로 다루는 스웨덴의 다큐멘터리 감독이자 사진작가인 나탄 그로스만의 97분짜리 작품으로 2020년에 개봉된 것이다. 이날은 영화가 끝난 뒤 영산대 웹툰영화학과 주유신 교수와 영화토크를 하게 돼 있었다. 토크를 위해 사전에 영화를 한번 보았고, 그레타 툰베리 관련 책도 좀 읽었다. 주 교수는 이 영화를 추천한 프로그래머이다. 프로그래머 노트에 주 교수는 '전 세계에서 가장 유명한 환경운동가이자 최연소 노벨평화상 후보자였던 십대의 그레타 툰베리. 소비만을 추구하는 사회, 발전만을 지향하는 자본주의 그리고 약속을 지키지 않는 정치인들이 지구의 미래를 망치고 있다는 그녀. 이 영화에서 우리는 오늘도 세계 곳곳을 누비며, 지구를 지키기 위해 연대해야 한다는 그녀의 간절하지만 힘 있는 목소리를 들을 수 있다'고 강조한다.

대부분의 영화는 자동차나 지하철 또는 기차역, 아니면 공항이 나온다. 한 도시로 들어가며 이야기를 풀어가는 실마리로 교통수단이 등장하지만 이 영화는 해양영화가 아닌데도 시작과 끝이 엄청난 파도를 가르고 달리는 요트항해이다. 그것은 툰베리가 이산화탄소 배

영화 '그레타 툰베리'의 한 장면. 툰베리가 태양광 요트를 타고 대서양을 횡단하는 모습(홍보용 영상 캡처).

출량이 많은 비행기타기를 꺼려 태양광 요트로 14일간의 힘든 여정을 택했기 때문이다.

　이 영화는 2018년 8월 툰베리의 국회의사당 1인 시위에서부터 2019년 9월 뉴욕 환경정상회의까지의 1년여 간의 기록이다. 16살 중3 나이인 툰베리가 학교를 결석하고 국회의사당 앞에서 '기후를 위한 학교결석'이라는 피켓을 내걸고 1인 시위를 시작했을 때 행인들은 두 가지 반응은 보인다. "얘야, 학생이 공부를 해야지 여기 와 있으면 어떻게 하냐? 아이구야" 반면에 "너 왜 여기 있어? 옆에 앉아도 돼?" 이렇게 해서 툰베리의 이야기를 들어주는 사람이 하나둘씩 늘면서 툰베리의 행동은 사회를 변화시키기 시작했다. 그냥 스쳐가는 사람이 아니라 누군가의 외침을 들어주는 사회였기에 가능했다. 우리사회는 세월호 참사를 비롯해 산업재해, 음주운전, 성폭력, 2022년 이태원 참사 등으로 수많은 사람들이 목숨을 잃었고, 심지어 죽음으로 호소를 하고 있지만 이들의 말을 경청하지 않는 게 문제다. 툰베리의 1인 시위는 그해 9월 9일에 있을 스웨덴 국회의원 선거에 기후위기 대책을 촉구하는 것이었지만 결과는 실망 그 자체였다. 그래서 툰베리가 친구들과 나선 것이 '미래를 위한 금요일 시위'였다. 이 금요일 시위는 이 영화가 나왔을 때는 약 700만 명, 지금은 전 세계 170여 개국 1,400여만 명이 참여할 정도로 그 수가 늘어났다.

어떻게 해서 툰베리가 '기후의 전사'가 됐을까? 툰베리는 초등학교 고학년 때부터 아스퍼거증후군, 거식증, 선택적 함묵증과 같은 장애를 보였다. 그런데 툰베리가 지금과 같이 세계적인 환경운동가로 나설 수 있는 것은 이러한 장애를 인정하고 배려해온 가족의 힘이 크다. 장애가 있었지만 이를 오히려 '특별한 아이'로 만든 가족사랑이 바로 환경실천으로 연결됐다는 것이 놀랍다. 가족어메니티의 힘이라고나 할까.

《지구를 살리는 어느 가족 이야기-그레타 툰베리의 금요일》(2019)은 툰베리 가족이 함께 쓴 책이다. 아버지 스반테 툰베리는 연극 배우였지만 연극 일을 그만두고 가사전담을 하며 딸 그레타를 돌봤다. 엄마인 말레나 에른만은 스웨덴의 유명한 오페라 가수지만 그레타의 요청으로 비행기를 타는 해외공연을 나서지 않는다. 동생 베아타도 ADHS(주의결핍 및 행동장애)를 앓기도 했지만 댄스와 음악은 경연에 나갈 정도로 뛰어난 예술감각을 갖고 있다. 그레타 가족은 조부모때부터 인류애를 높이 치며 늘 어려운 이웃을 돕는 가족문화를 갖고 있다. 그레타 툰베리 가족은 2015년 시리아 난민 가족을 받아들여 자신들의 별장에서 살게 했다.

이런 점에서 툰베리 가족은 장애에 대한 생각도 달랐다. 아스퍼거증후군을 갖고 있던 툰베리를 이해하고 배려하는 가운데 툰베리는 어느덧 자신의 장애를 자신의 개성이자 장점으로 만들어가고 있었다. 툰베리가 환경, 특히 기후변화의 심각성을 인식하게 된 것은 학교교육이었다. 툰베리는 8살 때 기후변화로 인해 북극곰이 굶어죽고, 태평양 한 가운데 있는 쓰레기섬의 영상에 충격을 받아 육식을 하지 않게 됐다고 한다. 특히 아스퍼거 증후군이 있는 툰베리는 책벌레라고 할 정도도 책 읽기를 좋아해 기후변화에 대한 과학지식을 많이 습득했다. 그런데 지구를 집에 비유하자면 집에 불이 났는데도 어른들이 아무런 행동을 취하지 않는데 분개하게 된다. 그래서 어른들의 언행 불일치, 위선, 안이한 인식 및 태도에 엄청난 실망을 했고, 지도자에 대해서는 공분을 드러냈다.

툰베리가 육식에서 채식으로 돌아선 데는 세계농업기구(FAO)의 보고서가 영향을 미친 것 같다. 2009년 FAO가 수정 발표한 자료를 통해 전 세계 온실가스 배출량의 51%가 축산업에서 나오며 교통수단이 13%를 차지한다는 과학적 근거에 따른 행동이었다.

툰베리는 탄소예산(Carbon Budget)이나 티핑포인트(Tipping Point), 기후정의(Climate Justice), 1.5℃의 의미 등을 강조한다. 탄소예산은 평균 기온상승을 2℃ 이내로 막겠다고 하였을 때, 2011~2100년까지 허용되는 전지구적 탄소예산은 1,000Gt으로 추산되는데 매년 50Gt에 가까운 이산화탄소를 배출하고 있기 때문에 IPCC(기후변화에 관한 정부간 협의체)의 '1.5℃ 특별보고서'에 의하면, 2018년부터 계산하였을 때 탄소예산은 420Gt에 불과하다(66%의 확률). 앞으로 8~10년 밖에 시간이 없다. 정말 지구 생존을 위한 '골든타임'에 기성세대, 세계의 지도자들은 도대체 뭘 하고 있는가?

툰베리는 실천을 넘어 제도 개선을 원한다. 툰베리는 생활 속에서 수수함을 강조하고 실천하고 있다. 외면을 내면보다 중요시하는 사회는 결코 지속가능한 사회가 아니라고 말하면서 말이다. 영화 속에서 EU회의의 융커 위원장이 연설할 때는 툰베리와 몇몇 환경운동가들은 헤드기어를 벗어던진다. "유럽의 변기를 친환경적으로 통일하고 작은 것부터 실천하자"는 세계 지도자의 말이 이 절박한 기후위기를 너무나 안이하게 보는데 대한 항의행동이었다. 이와 함께 녹색비행, 청정석탄, 이산화탄소포집 및 저장(CCS) 같은 소위 '그린워시(Green Wash)'의 위험성에 대해 경고한다.

툰베리는 2022년 말 영국에서 《기후 책(The Climate Book)》을 펴냈고 우리나라에는 2023년에 번역서가 나왔다. 〈뉴욕타임스〉 베스트셀러이자 2022년 〈더 타임스〉, 〈파이낸셜 타임스〉, 〈옵서버〉, 〈네이처〉 올해의 책으로 선정된 《기후 책》은 툰베리가 기획해 토마 피케티, 나오미 클라인 등 100여 명의 전세계 지성이 참여해 과학을 기반으로 기후변화에 관한 모든 주제를 엮은 책으로 소개된다. 코로나19로 모든 외부 활동이 중단된 툰베리는 2021년 처음으로 이 책을 구상했다고 한다. 이 책은 해양, 빙권, 육지, 대기와 같은 지구 생태계는 물론 자본주의와 소비산업, 식민주의와 기후정의 등 우리 문명에서 비롯한 기후위기를 총망라한다. 필자들은 다양한 통계자료, 최신 연구를 통해 현재 기후위기의 규모와 속도, 파급력을 적나라하게 전달한다.

그레타 툰베리는 책을 통해 말한다. "희망은 우리가 진실을 말할 때만 찾아온다. 과학이 우리에게 행동해야 할 근거로 알려준 모든 지식이 곧 희망이다. 희망은 우리가 만들어야 한다. 충분히 많은 사람들이 행동에 나서기로 결정하는 순간 모든 일이 우리에게 유리한 방향으로 풀리기 시작하는 사회적 티핑 포인트가 존재한다고 확신한다. 지금 우리는 인류의 가장 역사적인 순간에 서 있다는 사실을 잊어선 안 된다."라고 말이다.

06 미국의 피츠버그시의 '피츠버그 문화 트러스트(PCT)'

'철강왕' 앤드류 카네기가 살았던 곳이며, 《침묵의 봄》의 저자인 생태주의 학자 레이첼 카슨 여사가 활동했던 곳. 또한 우리들에겐 익숙한 미국 슈퍼볼의 영웅 한국계 하인즈 워드 선수가 활약했던 '피츠버그 스틸러스'가 있는 곳. 그리고 2009년 9월 G20(주요 20개국) 정상회의가 열린 곳. 바로 미국 워싱턴 D.C에 인접한 펜실베이니아주 남서부의 피츠버그시이다. 민관파트너십을 바탕으로 수십년에 걸친 '도시 르네상스' 운동을 벌여 녹색문화도시 재창조에 성공한 사례로 높이 평가받고 있는 도시이기도 하다. 공해도시에서 창조도시 · 바이오도시로 거듭난 피츠버그는 2007년 도시평가에서 대학, 의료, 물가, 치안, 교통 부문에서 뛰어난 도시로 미국에서 살기 좋은 도시 1위를 차지하기도 했다.

1758년 세워진 피츠버그시는 인구가 40만 명 정도이지만 인근 9개 중소도시를 합친 '피츠버그 광역권'은 260만 명 정도 된다. 남북전쟁 당시 전략적 요충지였던 피츠버그는 19세기 이후 철강, 알루미늄, 유리산업 등 세계적 공업도시로 성장했다. 그러나 대기오염으로 시민들이 만성 호흡기 질환에 시달려 20여 명이 사망하는 공해사건도 생겼는가 하면 1950년대 이후 쇠퇴의 길을 걸으면서 한 때 '뚜껑이 열린 지옥'으로 공해도시란 오명도 함께 해왔다.

피츠버그는 이러한 위기에 지역 상공인과 지방정부 그리고 지역대학이 피츠버그의 부흥을 위한 민관파트너십을 구축해 공해 탈출과 녹색문화도시 재개발에 성공한 것이다. 창조도시로도 알려진 피츠버그의 재생에는 지역 상공인들의 역할이 컸다. 피츠버그광역권 상공회의소와 지역시민경제단체 연합체인 'ACCD(엘러게니지역개발연합)'는 1980년대 초부터 1990년대 초까지 10여 년간 불황으로 잃어버린 10만여 명의 일자리를 되찾고 공업도시를 문화상업도시로 바꾸는 데 앞장섰다. 피츠버그에는 현재 바이엘, 파나소닉, 노바, 웨스팅하우스전기 등 세계적인 기업 70여 개사의 본사가 자리 잡고 있다. 이들의 전략산업은 생명과학, 의료기기, IT, 첨단 금속, 전자광학 등이다. 이들 기업 주변은 녹색 숲으로 둘러싸여 있다. 피츠버그는 활기찬 문화도시이자 '바이오도시'로 변했다.

하이테크산업을 비롯한 보건, 교육, 금융을 중심으로 한 산업구조 개편으로 지역경제는 재생했다. 2008년 세계 경제 위기에서도 피츠버그는 큰 어려움을 겪지 않았고 오히려 취업률이 높아갔다. 이러한 것이 오바마 미 대통령이 2009년 G20 정상회의 개최지로 뉴욕이 아닌 피츠버그를 선정한 이유이기도 하다.

피츠버그의 성공 요인은 무엇일까. 피츠버그는 무엇보다 공해도시란 이미지에서 벗어나 세계적인 도시의 브랜드 마케팅에 성공했다고 볼 수 있다. 그중 대표적인 것이 '피츠버그 문화 트러스트(Pittsburgh Cultural Trust: PCT)'의 존재이다.

1960년대부터 피츠버그는 공해도시 탈출을 위해 '제1 · 2차 르네상스' 캠페인에 돌입했다. 민관파트너십을 통해 도시 재개발에 나서 수질 · 대기오염 극복, 공공녹지 및 도시경관 조성을 적극 추진했다. 그 결과 오염됐던 도심하천인 앨러게니강에는 20여 년 전부터 송어와 배스 등 50여 종의 물고기가 사는 맑은 강으로 변했다고 한다. 일찍이 녹색에서 대안을 찾는 노력이 서서히 결실을 보고 있는 것이다.

이러한 과정에서 '피츠버그에 사는 101가지 이유'라는 홍보물도 나왔다. '공기가 맑다, 범죄가 적다, 싼 비용으로 새 집 구하기가 쉽다, 골프 치기가 좋다' 등 등 무려 100가지가 넘는 피츠버그의 자랑거리를 시민 스스로 만들어냈다.

PCT는 이러한 '제1 · 2차 르네상스'에 이어 도심지역을 '문화특구

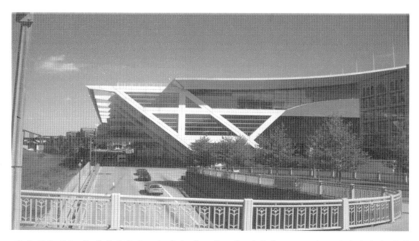

세계 최초의 녹색 컨벤션센터로 유명한 피츠버그의 '데이비드 L. 로렌스 컨벤션센터' 전경
(ⓒ김해창).

(Cultural District)'로 만들자는 운동을 추진했다. 예술을 사랑했던 세계
적인 식품회사인 하인즈그룹의 고(故) 잭 하인즈 회장이 나서 낡은 극
장가를 품격 있는 예술타운으로 만들자고 제창했다. 이를 계기로 지
난 1984년 비영리조직인 PCT가 만들어졌다. 지역경제 발전과 문화진
흥을 목표로 1987년까지 4,300만 달러가 투입된 '문화특구 개발 플랜'
결과 하인즈홀과 컨벤션센터밖에 없었던 중심가가 14개의 문화시설
과 수목으로 가득 찬 공원과 광장 그리고 상가가 들어선 '문화특구'로
변신했다. 한해 1500여 건의 각종 공연 전시 등이 이뤄지고 있는 녹색
문화의 거리, 젊은이들의 명소가 된 것이다. 문화특구에선 문화와 환
경 그리고 경제의 통합을 볼 수 있다. 또한 중심가의 낡은 오피스텔이
아파트 주거지로 바뀌면서 직장과 주거지가 가까이 있는 '직주근접형
(職住近接型)' 주택지를 형성하고 있다.

　피츠버그를 뒷받침하는 중요한 기둥 가운데 하나가 지역대학이다.
피츠버그에는 피츠버그대학(University of Pittsburgh)과 카네기멜런대학

(CMU)이란 명문대학이 있다. 황우석 사태와 관련 줄기세포 연구로 알려진 새튼 교수가 있던 곳이 피츠버그의대이다. 카네기가 설립한 카네기멜런대학은 컴퓨터공학부문에서 MIT보다 더 유명하다고 한다.

피츠버그대 메디컬센터의 고용인원이 2만9,500여 명, 피츠버그대학 1만500여 명(학생수 3만4,000여 명), 카네기멜런대가 4,300여 명(학생수 9,600여 명)으로 월마트(9,000여 명), US에어웨이그룹(4,400여 명)을 능가한다. 카네기멜런대는 공학과 사회과학의 접목 등 학제적 연구가 강하고, 기업과의 협력도 좋아 미국 기업이 가장 선호하는 대학으로 알려져 있다.

피츠버그에는 세계적인 녹색 건축물인 '데이비드 L. 로렌스 컨벤션센터'가 유명하다. 앨러게니강의 '레이첼카슨대교' 인근 9번가에 있는데 이 센터는 '세계 최초의 녹색 컨벤션센터'로 유명한 친환경 빌딩이다. 2009년 9월 G20 정상회의가 개최된 곳도 바로 이곳이다. 이 컨벤션센터는 지난 2003년에 개관했는데 부지가 약 12만㎡이나 된다. 이 건물이 그린빌딩인 이유는 다른 컨벤션센터에선 볼 수 없는 '녹색기술'을 활용해 건립했기 때문이다. 이곳은 자연환기, 일광센서, 일산화탄소센서, 물재활용시스템 등으로 물 소비를 60% 절약하는 등 전체 에너지를 35%나 줄이는 시스템으로 설계된 것이다. 자연채광 지붕과 유리벽은 햇빛으로 온도를 자동조절하며, 전시공간의 75%를 자연채광으로 하고 있다. 또한 앨러게니강에서 올라오는 자연 기류를 빌딩의 통풍이나 냉방에 활용하고 있고 페인트나 카펫 등에 유독화학제품을 일절 사용하지 않았다는 것이다.

피츠버그시는 현재 그린빌딩의 산업화를 적극 추진하고 있다. 피츠버그의 그린빌딩 건축기술은 피츠버그를 비롯한 서부 펜실베이니아에 새로운 경제적 기회를 줄 것으로 예상되고 있다. 피츠버그광역권에는 1,800여 개 건설업체가 있는데 그중 600여 개가 그린빌딩 건축쪽으로 방향을 선회하고 있다는 것이다. 이러한 그린빌딩 활성화를 위해 미 연방차원에서도 세금 우대조치를 해왔다고 한다.

한편 피츠버그시는 지난 2009년 도심을 자전거 전용도로로 출퇴근 하도록 하는 '펜 에비뉴 프로젝트(Penn Avenue Project)' 추진계획을 발표했다. 당시 루커 라벤슈탈 피츠버그 시장은 도심의 교통수단으로 자전거를 중심에 놓고, 16~32 에비뉴에 이르는 시내 주도로에 자전거 전용도로를 내 피츠버그를 '자전거천국'으로 만들겠다는 것이었다. 교통신호에서도 자전거는 자동차에 우선하도록 하고, 자전거 이용자와 보행자의 안전을 중시하는 교통인프라를 구축한다는 것이다. 피츠버그시는 7개년 계획을 세워 당시 3만여 그루인 가로수를 6만여 그루로 늘이는 사업을 추진하고 있다. 피츠버그는 이렇듯 지방정부, 지역상공인, 대학, 시민단체가 유기적 파트너십을 맺고 녹색문화 어메니티 도시 실험을 계속하고 있다.

7 브라질 쿠리치바의 생태수도 만들기

도시의 창조성은 어디에서 오는가? 쿠리치바 하면 박용남 박사가 쓴 《꿈의 도시 꾸리찌바》(2000)가 유명하다. 이 책에서 박 박사는 지속가능발전과 도시의 창조성을 강조했다.

그는 오늘날 지구촌은 '국가의 세기'에서 '도시의 세기'로 이행하고 있는데 특히 환경 · 생태도시, 녹색교통도시, 그리고 '창조도시'가 '도시 세기'의 새로운 주역으로 빠르게 등장하고 있다고 강조한다. 살고 싶은 도시의 성공 사례에는 반드시 탁월한 지도자들이 있고, 정부와 시민사회, 기업, 대학 등의 거버넌스, 즉 협치(協治) 시스템이 구축돼 있다는 것이다.

그는 책은 물론 각종 강연을 통해서 쿠리치바가 창조도시를 어떻게 만들어 갔는지, 지속가능한 도시교통시스템을 어떻게 구축했는지, 하천의 친환경적 관리와 공원·녹지를 어떤 방식으로 창조했는지, 그리고 공동체형 문화도시의 전형을 어떻게 개척했는지를 비교적 자세히 소개해왔다.

오사카시립대 사사키 마사유키(佐々木雅幸, 1949년생) 명예교수는 창조도시를 '인간이 자유롭게 창조적 활동을 함으로써, 문화와 산업의 창조성이 풍부하며, 동시에 탈대량생산의 혁신적이고 유연한 도시경제 시스템을 갖춘 도시이자 21세기에 인류가 직면한 전 지구적 환경문제와 부분적인 지역사회의 과제에 대하여, 창조적으로 문제해결을 할 수 있는 창조의 장이 풍부한 도시'라고 규정했다. '창조적 문제해결' '창조적 소통'이 창조도시의 핵심이라는 것이다.

그리고 제도적 관점에서 창조도시를 관주도형, 민간주도형, 민관협력형으로 세분화하면서 그중 쿠리치바는 대표적인 관주도형 창조도시라고 규정했다. 관주도형이었지만 쿠리치바는 상상력이 풍부하면서도 혁신적이고, 창의적인 방법으로 도시문제를 처리·해결한 지구촌의 대표적인 창조도시의 모델이 된 것은 참으로 '미스터리'하기도 하다. 그 창조성의 비밀에 대해 박용남 박사는 바로 '재미와 장난'에 있다고 말한다. 이 도시를 꿈의 도시로 만든 사람은 바로 자이메 레르네르(Jaime Lerner, 1937-2021) 전 쿠리치바 시장인데 '도시 침술사'로도 알려졌다. '도시침술(Acupuntura Urbana)'이란 도시의 중추신경을 잘 파악해서 문제가 있을 경우 정확한 침술로 소생시키는 기법이라는 것이다. 파라나주의 주도(州都)이기도 한 쿠리치바는 '지구에서 환경적으로 가장 올바르게 사는 도시'(타임), '세계에서 가장 현명한 도시'(유에스 뉴스 앤 월드리포트)라는 찬사 외에도 '희망의 도시' '시민을 존경하는 존경의 수도' '웃음의 도시' 등의 애칭을 받는 참 친근한 도시이다. 바로 어메니티 도시의 전형이기도 하다. 레르네르 시장은 쿠리

지하철처럼 도심을 신속하게 연결하도록 돼 있는 브라질 쿠리치바의 굴절버스의 승강대 모습(ⓒ박용남).

치바 시장을 1971부터 1992년 사이에 세 번에 걸쳐 10년 정도 역임했고, 1994년은 파라나주의 주지사가 됐으며 1998년 재선에 성공했다.

무분별한 도시성장의 문제점을 일찍이 인식한 레르네르 시장이 1970년대부터 간선급행버스, 지구간 순환버스 도입, 1990년대초 직통급행버스체계를 도입한 것 등은 오늘날의 대도시가 안고 있는 고질적인 도시교통문제를 사전에 해결한 탁월한 혜안이라고 하겠다. 지하철 건설비의 80분, 혹은 100분의 1 수준의 비용으로 버스전용차로를 만들어 쿠리치바 교통량의 약 30%를 처리한 것은 놀라운 일이다. 이밖에 '사회적 요금제' 도입이나 교통약자가 전화하면 특수차량이 직접 달려가는 수요반응형 시스템이나 자전거도로망의 완비도 놀랍다. 또한 그곳에는 거리미술제 등 문화공간도 있었고 그래서 오늘날의 쿠리치바는 도시가 하나의 기계가 아닌 인간적인 동네를 가진 그런 도시이기도 하다.

쿠리치바는 녹색도시이다. 하천과 하천변 식생대 모두를 고속도로, 하상도로, 주차장 등을 건설하며 무분별하게 훼손하는 우리나라 도시들과는 아주 정반대이다. 특히 강을 크고 비싼 콘크리트 컨테이너 속으로 상자화하는 대신에 쿠리치바는 작은 도랑을 건설했고, 그 강들의 흐름을 통제할 수 있는 호수를 조성한 것이 국토를 결단내려고 했던 이명박 정부의 4대강사업과는 전혀 다른 발상이었다. 쿠리치바는 다른 도시와는 달리 영구적으로 식생을 보존하는 조치가 마련되어 있고, 불과 30여 년 만에 28개 공립공원을 갖춘 쿠리치바는 놀랍게도 1인당 녹지면적이 0.5㎡에서 현재는 100배 이상이 증가한 52㎡로 바뀌었다. 환경정보를 제공하고, 응급처치 훈련을 받은 녹색 복장의 '공원경찰'이 있는 도시가 쿠리치바다.

꿈의 도시 쿠리치바를 생각하면 아직도 궁금한 점이 많다.

첫째, 자이메 레르네르 전 시장이 어떻게 브라질과 같은 사회에서 시장을 하고, 주지사를 할 수 있었나? 그가 어떻게 창조적 리더십을 키워나갔는지, 그리고 이러한 리더십이 어떻게 쿠리치바에 제대로 적용될 수 있었는지? 관주도형 창조도시를 만들었는데 이러한 것이 지속가능발전으로 이어질 수 있었던 것은 어떤 요인이 있어서 일까? 물론 레르네르 시장이 '도시침술'로 대변되는 노하우로서 '장을 펼치는 기술'이 뛰어났기 때문이라 생각은 하지만.

둘째, 레르네르 전 시장의 리더십과 현재 쿠리치바 시장의 리더십과의 차이는 어떤 것이 있을지 궁금하다. 쿠리치바가 지속가능성을 갖는 것은 전 시장의 시스템 구축에 힘입은 것이 크지만 그 뒤 새로운 시장의 새로운 쿠리치바 만들기도 중요할 것이다. 지금의 라파엘 그레카(Rafael Greca) 쿠리치바 시장도 2023년 전 세계 선도적인 도시혁신

프로젝트에 수여되는 '스마트시티엑스포 월드콩그레스(Smart City Expo World Congress)'에서 최우수상을 수상했는데 레르네르 전 시장이 추진해온 간선급행버스(BRT)시스템 등을 지금도 계속 개선해나가고 있으며 "혁신은 사회적 과정"이라고 강조하고 있다(www.cities-today.com). 지속가능발전 선상에서 쿠리치바 도시경영자의 리더십 혹은 창조성의 계승은 여야 지자체 단체장이 바뀌고 나면 전임 단체장 업적 지우기를 다반사로 하는 우리나라 실정에서 쿠리치바는 신기할 따름이다.

셋째, 아무리 리더가 뛰어나고 헌신적이라고 해도 전 행정이 시민과 거버넌스에 적극적이라는 것은 관료의 속성상 어려운 일일 것이다. 쿠리치바의 거버넌스는 어떠한 것이었을까. 관주도형이면서 지속가능한 거버넌스를 이끌어낼 수 있었던 요인은 무엇이었을까?

넷째, 지속가능발전의 기반은 도시의 창조성인데 이것은 결국 교육과 관련이 있다고 본다. 쿠리치바의 재미와 장난, 상상력을 키우는 장으로서 학교의 역할은 어떠했을까? 일반적인 창조도시와 관련해서는 대학이 창조와 혁신의 중심으로 특히 지역대학의 역할이 중요하다고 보는데 쿠리치바의 경우 대학은 어떤 역할을 하고 있을까?

다섯째, 쿠리치바의 사례가 브라질 내에서는 어느 정도로 전파가 돼 있을까도 궁금하다. 브라질의 녹색당(PV)은 1986년 창당해 현재 약 20명의 주의원(전체 주의원수 1,059명)을 보유하고 있는 것으로 나와 있는데 현실 정치 역량이 어느 정도 되는지 궁금하다. 민주국가에서 여야당이 바뀌면서 평가 잣대가 달라질 수도 있고, 정치적 색깔과 관련해 왜곡될 가능성도 클 것 같은데 '좌파' 룰라 대통령이 재집권한 브라질의 경우 그간의 정치적 질곡과 시민들의 삶은 어떠했는지도 궁금하다.

꿈의 도시 쿠리치바에서 배울 점은 먼저 우리의 삶에 대한 성찰, 도시의 기능에 대한 성찰이 도시경영자의 진정성이라는 바탕위에 이뤄져야 할 것 같다는 생각이 든다. 그리고 이러한 진정성 위에 상호소통이 이뤄지는 도시가 돼야 한다고 본다. 그것은 도시의 지속가능발전을 이끌어가는 큰 축으로는 진정한 재미와 장난을 포용하고 분출케 하는 창조성, 지역의 개성을 존중하고, 상호배려하는 어메니티 풍토를 만들어내는 것이 가장 중요한 것 같다. 이러한 면에서 쿠리치바는 진정 우리가 존경하고 찬탄해야 할 도시가 아닌가 생각한다.

일본의 어메니티운동

01 도쿄 어메니티 시민단체 AMR

'환경사상인 어메니티의 종합연구와 실천을 목표로, 1985년 발족한 시민단체. 환경보전에서부터 환경문화에 이르기까지 광의의 어메니티에 의한 지역 만들기, 교육, 출판을 축으로 전국과 해외에 활동. 일본 국내외의 교수제도도 특색'.

1996년 간행된 일본의 환경사업단 감수·일본환경협회 편《환경 NGO총람》에 어메니티 시민단체인 AMR에 대한 소개이다. AMR이란 '어메니티 미팅 룸(Amenity Meeting Room)'의 약자. 일본 도쿄의 어메니티에 대해 종합적으로 연구하고 실천하는 시민환경단체로 '어메니티 사랑방'으로 번역한다.

AMR은 재단법인이나 사단법인이 아니라 자그마한 볼런티어단체로 시작된 휴먼네트워크이다. 사무소도 별도 건물이 있는 것이 아니라 본부는 당시 회장인 사카이 겐이치 씨의 집이고, 사무국장인 다카하시 가츠히코 씨가 살고 있는 아파트가 사무국이고, 기관지《월간 어메니티뉴스》편집장인 건축가 야나세 에츠지 씨의 건축사사무실이 AMR의 회의실이자 홍보실이었다.

AMR은 발족한 뒤 3년간 한 달에 한 번씩 '어메니티 집회'라는 이름의 어메니티 가정공부모임을 가져왔다. 이때 참석한 다양한 사람들이 일본 어메니티운동의 중심 역할을 했다. 그때 가정모임을 했던 곳

도쿄 AMR이 발간한 1980년대 말의 소식지 표지에 나타난 회원들의 공부모임 그림

이 사카이 회장의 집으로 '어메니티의 작은 방'이란 애칭을 갖고 있었으며, 그 이야기를 동화식으로 담아낸 것이 《어메니티의 작은 방》이란 책이다.

이 단체의 특징은 '프로페서제도'로 회원 중 전문 교수진을 확보하고 있다는 것이다. 일본 국내에서는 도쿄대학, 도쿄농공대학, 니가타공과대학 등 대학 교수, 환경청 전 고위관리, 여류시인 등 다양하며 해외에서는 프랑스 국립사회과학고등연구원 교수, 한국의 대학교수, 영국 켄드대학의 문학박사, 이탈리아의 도시인류학자, 중국 국무원의 현직 고위관리 등이 참여해왔다. 조직은 회장, 부회장, 사무국장, 회계, 편집장이 있고 제너럴 스태프 등 기획과 사전준비를 맡는 스태프진이 있으며 그리고 회원으로 구분된다. 회원수는 200여 명인데 핵심 회원은 30명 정도다.

당시 국제신문 기자이던 필자는 1997~98년 이 AMR에서 1년간 연수생으로 어메니티에 관한 이론·실천에 대한 공부와 취재를 겸했다.

또한 1999년 4월에는 AMR의 자매조직으로 시민휴먼네트워크 형태의 시민환경연구소인 일본어메니티연구소(JARC, Japan Amenity Research Centre)가 만들어졌다.

일본어메니티연구소는 산하에 다양한 연구회를 두고 있다. '어메니티원론연구회' '복지의료어메니티연구회' '생물공생어메니티연구회' '도시어메니티연구회' '어메니티정책연구회' '입의어메니티연구회' '색채어메니티연구회' '어메니티지역만들기연구회' 등 10여 개의 연구분과회가 있다.

AMR은 매년 '일본어메니티상'을 지난 1991년부터 일본 국내외의 어메니티 공헌자에게 수여해왔는데 한국인으로서는 동아대 김승환 교수가 1995년 제6회 일본어메니티상을 수상하기도 했다. AMR은 《어메니티를 생각한다》(1989), 《참된 어메니티란 무엇인가》(1989), 《마을만들기와 시빅트러스트》(1991) 등 10여 권의 책을 간행했다. 필자는 1999년 사카이 회장이 그간 어메니티운동을 정리한 《백억인의 어메니티》(치쿠마서방, 1998)를 우리말로 번역해 《환경을 넘어서는 실천사상-어메니티》(따님, 1998)이란 제목의 책을 펴냈다.

AMR은 2004~05년에 걸쳐 우리나라 시민단체와 국내에서 '한일(韓日) 하천 환경 어메니티 · 워크숍'을 서울, 부산에서 여는 등 한일 시민교류도 적극 추진했다. 이러한 성과를 바탕으로 2007년 서울의 경복궁 · 청계천 어메니티 조사도 했다. 2003년부터 2007년까지 AMR이 중심 역할을 하여 일본 전국수(水)환경맵(Map)실행위원회(실행위원장 오구라 노리오)를 국토교통성 · 하천환경관리재단 · 전문가 · NGO의 협동 네트워크를 통해 4차례에 걸쳐 일본 전국 일제(一齊) 수환경조사를 실시해 전국수환경지도를 만들어 발표했다.

아쉬운 것은 회원 대부분이 고령인데다 새로운 회원 영입을 하지 못해 AMR은 2016년 4월 '어메니티모임 31주년 리바이벌' 행사를 하면서 부흥을 도모했으나 AMR 회장이던 사카이 겐이치 씨가 향년 91세로 2019년 2월 작고한 뒤 따로 회장을 선임하지 못하고 코로나19까지 겹쳐 사실상 휴면상태에 들어갔다고 볼 수 있다.

AMR에서 고 사카이 겐이치 회장(1928-2019)의 비중은 매우 컸다. 사카이 회장은 아사히신문사 편집위원 출신의 언론인, 도시학자, 시인이었다. 필자가 처음 일본에서 사카이 회장을 만났을 때 그분의 연세가 70세였다. 사카이 회장은 문명론에 대해서도 밝았다. 우리민족의 한문명과 페루문명에 대해 신문 기고도 했고, 1989년 영국 시빅트러스트의 일본인 회원 제1호이자 영국 내셔널트러스트 회원이기도 했다. 1998년 9월 사카이 회장의 한글 번역본 출판을 계기로 필자와 함께 서울, 천안, 대구, 부산에서 '어메니티 전국순례강연'을 갖기도 했다. 그가 보는 어메니티란 풍토나 기후, 장소 등 인간이 살기 좋은 쾌적한 환경뿐만 아니라 대인관계나 매너까지를 포함한 개념이다. 반공해는 물론 환경어메니티에서 나아가 문화어메니티를 강조했고, 어메니티 환경을 넘어서 진정 지구를 구할 수 있는 사상이 될 수 있다고 역설한 명실공히 일본 어메니티운동에서 연구와 실천 분야의 1인자였다.

AMR이 이렇게 굴러온 것은 오랫동안 사무국장을 맡았고, 지금은 부회장인 다카하시 가츠히코(高橋克彦) 씨의 헌신이 있었다. 다카하시 부회장은 도쿄 고가네이(小金井)시의 환경공무원으로 은퇴한 분으로 현직에 있을 때 낮에는 환경공무원, 밤에는 시민단체 사무국장 일을 해왔다.

그는 일본 야조회 회원, 영국 하리지 소사이어티 회원, 일본환경회의 회원이다. AMR의 행사나 기관지의 기획·편집을 주로 해왔다. 도시전문가인 그는 우리나라에 자주 왔으며 특히 부산 온천천 생태하천 만들기에 많은 조언을 했다. 2012년에는 전북 완주에서 열린 '지속가능한 농촌, 에너지 자립은 가능하다'를 주제로 한 '제4회 커뮤니티 비즈니스 한일포럼'에 필자와 함께 발표자로 참석했다. 디가하시 부회장은 우리나라의 탈핵운동에도 힘을 보탰다. 2015년 3월 고리1호기 폐쇄부산범시민운동본부가 주최하는 '고리1호기 폐쇄를 위한 시민행진' 19차 행진에 이소노 야요이 도쿄경제대학 교수와 함께 참여해 '후쿠시마는 지금, 고향의 상실, 어메니티의 상실'을 주제로 이야기했다. 그리고 그 뒤에도 후쿠시마원전사고 이후 일본의 사정을 인터넷으로 알려왔다. 그런데 코로나19를 지나며 최근에는 건강이 나빠져 전체적으로 이런 활동에서 거의 손을 떼고 있다고 한다. 세월 앞에는 장사가 없는가 보다. '작은 것이 아름답다'를 실천해온 AMR이 좀 더 '지속가능성'을 갖기를 진심으로 두손 모으다.

AMR회원은 참 다양한 전문가가 많았다. 고 니시고오리 후미요시(錦織文良) 아사히타운즈 전 대표는 필자가 일본 연수 중 아사히신문 자매지인 아사히타운즈에 '한국 기자의 고가네이 일기'라는 개인칼럼을 추천해, 1998년 4월부터 10월까지 30회나 게재하도록 해주기도 했다.

일본 환경청 환경정책심의관 출신으로 (재)국민휴가촌협회 상무이사이던 가지 다카시(加治隆) 씨는 농학 박사로 2006년 AMR의 자매조직인 일본어메니티연구소(JARC) 이사장을 맡기도 했으며 따오기 보호에도 앞장섰다. 오구라 노리오(小倉紀夫) 도쿄농업대학 농학부 교수는 도쿄 환경시민단체인 '물과 녹음연구회'의 대표로 간이 수질측정기구인 팩테스트를 개발해 시민들과 함께 활동해온 환경전문가였다. 《월간 어메니티뉴스》편집장인 야나세 에츠지(柳瀬悦司)씨는 설계사무소 대표이자 '히노(日野)시 지역창조 마스터플랜을 만드는 회의' 의장으로 활동했다. (유)색채환경계획실 대표이자 플래너인 가사이 기미코(葛西紀子)씨는 일본 최초로 어메니티컬러 플래너로 독자적인 분야를 개척했다. 야마구치 가츠야스(山口勝康) 야마구치치과 원장은 '입의 어메니티'라는 말을 만들어내 구강의 쾌적함과 환자의 특성에 맞는 치료를 중시하는 의료어메니티를 주창했다.

나카지마 에리(中島惠理) 씨는 1997년 당시 환경성 엘리트 여성공무원으로 있으면서 AMR회원 활동도 했는데 2013년 나가노현 부지사, 2019년 환경성 탈탄소화이노베이션연구조사실장을 거쳐 2021년 퇴임 후엔 나가노현 후지미(富士見)정에 귀촌해 '나카지마 에리 홈페이지(www.eri-nakajima.com)'를 운영하며 지역에서 SDGs(지속가능발전목표) 실현방안을 제안·실천하고 있다. 메이지생명보험회사에 다니던 당시 30대 초반의 이자와 마유코(井澤真由子) 씨는 1999년 첫아이를 집에서 낳은 뒤 '아기어메니티' 활동가로 변신했다. 제왕절개를 강요하고 모자 격리를 당연시하는 기존의 병원에 의지하지 않고 스스로 출산준비를 해 조산원의 도움만으로 집에서 건강한 아이를 낳은 것이다. 이자와 씨는 그후 모유 수유, 건강한 이유식을 비롯해 1회용 기저귀 안 쓰기, 안전한 유아 장난감 개발 등 육아와 관련된 모든 것을 연구대상으로 삼았고 그 결과를 토대로 사카이 회장과 함께 '아기어메니티 학교'를 열기도 했다.

AMR 해외연수를 통해 필자는 그 뒤 환경전문기자의 길을 걷게 됐고 한 때는 '어메니티 기자'라는 별명을 얻기도 했다. AMR을 보면 어메니티는 자기의 발견에서부터 시작한다. 기본적인 차원에서 어메니티 요소 위에 자신의 개성을 발휘하는 일이 중요하다. 이러한 어메니티를 추구하는 사람들의 사례를 통해 '선례에 의한 발전'을 이끌어 낸다는 사실을 절감한다.

02 초등학교 어메니티수업·학교논·빗물자료관

일본에서 어메니티를 하나의 학습단위로 수업을 하고 있는

'환경어메니티 교육'의 현장으로 소개된 학교가 있다. 도쿄 이타바시 구립 가나자와초등학교 5학년 어메니티 수업이 그것이다.

이 내용은 일본 환경청 심의관, 일본환경협회 전무를 지낸 가지 다카시 씨로 AMR 세미나에서 회원 자격으로 현장르포를 발표한 적이 있었다. 사카이 겐이치 AMR 회장의 《백억인의 어메니티》에도 소개돼 있다.

1996년 2월 가나자와초등학교 5학년 교실에 대한 이야기이다. 야마다 요시히사(山田善久) 선생님과 31명의 아이들이 '어메니티수업'을 시작하고 있었다. 5학년 사회과 학습지도시간이다.

먼저 자신이 살고 있는 거리나 생활에 관해 야마다 선생이 "좋아하는 곳, 싫어하는 곳, 살고 싶은 곳은 어디? 그 이유는?" 하면서 아이들에게 묻는다. 아이들은 곧바로 나무나 생물의 이름을 들면서 길이나 광장을 이런 식으로 바꿔보고 싶다며 마음에 드는 곳을 택해 계속 의견을 펼친다.

아이들의 발언을 정리한 선생님은 인간을 비롯한 모든 생물에게 보다 나은 환경이란 무엇인가, 그리고 그 환경요소가 어메니티라고 하는 것으로 집약될 수 있다며, 칠판에 커다랗게 '어메니티'라고 써놓고 총괄적으로 설명한다. "그러면 이제 지도에 그 이미지를 구체적으로 그려봅시다!"라며 수업을 전개한다.

바닥에 펼쳐진 커다란 흰 지도 위에 그룹별로 나눠 올라앉아 모형 나무나 울타리, 다리 등을 그리고 궁리를 거듭해 어메니티가 풍부한 거리 만들기에 힘쓴다.

이 학교는 1995~96년 이타바시구 교육위원회 연구장려학교로 지정돼 '마음이 풍요로운 아동 육성'이란 연구 주제를 설정해 학교숲 조성계획 및 실천 교정(校庭) 수목 리스트 및 위치도를 정비(73가지 종류 수목 확인)했다. 이 학교의 어메니티 수업모델로 '학년나무 활동'이 있다.

1학년=은행나무, 비파나무/ 2학년=사과나무, 자두나무 식으로 학년마다 수목이 정해져 있다. 아이들은 정해진 수목의 사계절 변화, 모양, 놀이방법, 열매 먹는 법 등을 즐기며 학년이 바뀌면 새로운 수목과의 사귐을 시작한다.

이러한 수목 교대 의식을 '선후배 물려주기 집회'를 통해 시끌벅적하게 행해진다. 전체 아이들이 체육관에 모인다. 1학년생은 곧바로 입학하는 신입생에게, 2학년생은 1학년생에게 수목의 관리를 넘긴다. 이 의식은 랩음악 리듬에 맞춰 진행된다.

자, 여러분 (예!) 알고 있어요? (예!)/ 우리들 학교 자연이 가득/ 커다란 나무 (예!) 작은 나무 (예!)/ 셀 수 없을 정도로 아주 많은 나무/ 그중에서도 소중한 나무 두 그루씩 있는 학년나무 (예!)/ 알고 있어요? (예!) 알고 있어요? (예!)

이어 각 학년의 나무를 구체적으로 담은 노래를 부른다. 체육관이 떠나갈 듯한 이 노래가 끝나면 드디어 '선후배 물려주기'가 시작된다. 각 학년대표가 1년간의 활동성과를 다음 년도의 학년대표에게 물려주는 것이다. 가을에 수확한 씨앗, 열매로 만든 장식품, 수목관찰기록 등 정성들여 만든 작품 가지가지가 손에서 손으로 건네진다.

미야케 기요코(三宅淸子) 교장선생님은 "환경교육의 원점은 자기 주변의 자연을 인식하는 것, 그리고 계속 기록해나가는 데 있다고 생각했다. 이러한 활동 가운데 자연의 작은 변화를 발견하기도 하고 신선한 충격을 접하면서 자연과 인간과의 사귐이 깊어져 환경을 소중히 여기는 마음이 길러질 수밖에 없다."고 말했다.

이 수업의 학습지도안에는 '단원이름: 어메니티 지도를 그리자. 어메니티의 개념에 대해 배우고, 지역의 쾌적환경에 관심을 갖고, 좋은 점을 서로 얘기하도록 한다. 수풀이 있는 곳, 생물을 볼 수 있는 곳, 공원시설 등 조사한 것을 지도에 나타낸다'라고 되어 있다.

요코하마시 시모노가야초등학교 운동장 뒤편에 조성된 학교 논(ⓒ김해창).

이러한 어메니티 수업은 요코하마시 시모노가야(下野ヶ谷)초등학교의 '운동장 논농사'에서도 볼 수 있다. 시모노가야초등학교는 운동장 한쪽에 논이 있다. 학교 곳곳에 작은 연못을 조성하고 사책로를 만들고, 교내에서 벼농사를 지으며 자연을 느끼게 하는 학교이다. 그것은 논이 없는 도심 초등학교에 역발상으로 교내 운동장 뒷편에 논 만들기를 시도한 것이다.

1999년 학교 논 조성을 계기로 이 학교는 '자연생태학교'로 탈바꿈했다. 논의 면적은 가로 4m, 세로 8m, 깊이 80㎝ 정도다. 학교 논을 이용해 생물수업에다, 학생들이 모내기에서부터 추수까지 참여한다. 모내기는 고학년 위주로 부모님과 함께 하고 추수 때는 학부모, 지역주민들과 같이 하고 떡도 만들어 먹는 등 동네잔치 같은 분위기다.

수업으로는 논 관찰 그림그리기, 교실 어항에 올챙이 기르기 등을 하고 여름에 사용하던 풀장에 수초를 가져다 두고 물고기 새끼가 자라나는 것을 경험하도록 한다. 놀라운 것은 이러한 '학교 논'이 '특활'이나 방과후 활동이 아니라 '종합학습시간'이라고 하는 5학년 정규 교과 심화과정에 있다는 것이다.

이 학교 아이들이 가장 좋아하는 곳은 학교와 주거지의 경계에 위치한 산책로이다. 보통 담이 있지만 이곳은 학생들이 직접 만든 나무로 계단을 만들고, 통과하는 문에 작은 문패를 달아놓고 학생들이 이곳을 지나다니게 했다. 아이들에게 학교는 논이자 생태공원인 것이다.

도심에서 쌀을 직접 재배하여 먹어보고, 곤충을 체험하고 부모, 지역주민과 함께 모를 심고, 추수한 쌀로 떡도 해먹는 초등학교.《학교 논의 재미있는 수업》은 2002년에 책으로 발간됐다. 자연과의 공생, 지역공동체와 더불어 성장하는 이 학교는 어메니티학교임이 틀림없다.

또한 일반 학교가 아닌 폐교를 활용해 환경교육을 하는 곳도 있다. 바로 도쿄 스미다구의 빗물자료관(雨水資料館)이다. 빗물이용조례를 제정한 스미다구가 2001년 폐교를 수리해 만든 환경교육관이다. 이곳에선 각국의 빗물 문화와 물 부족 실태, 물의 소중함을 온몸으로 느끼게 해놓았다.

빗물자료관 입구에 들어서면 비와 관련된 각국의 공예품이 전시돼 있다. 죽부인 같이 생긴 긴 나무통을 좌우로 흔들어 보면 빗소리가 들린다. 페루의 것은 선인장의 가시를 빼내고 작은 돌과 옥수수 알을 넣어 빗소리가 나게 했고, 필리핀의 것은 대나무에 못을 박고 그 안에 돌과 곡식을 넣은 것으로 살살 흔들면 다양한 빗소리가 들린다. '수금굴(水琴窟)'은 일본 초가집 모습에 구멍이 하나 있는데 귀를 갖다 대면 그 안의 세라믹에서 마치 동굴에 '똑~똑~' 하며 빗물이 떨어지는 소리가 들린다. 이러한 것은 비를 즐기는 문화를 반영한 것이다.

자료관 한 구석엔 세계의 연간 평균 강수량을 긴 줄로 구슬을 연결해 놓은 설치물이 있다. 강수량 10mm가 작은 구슬 하나로 표시하는데 우리나라는 연평균 강수량이 1,300~1,400mm쯤 되니 제법 구슬도 크고 개수도 많다. 그런데 페루는 10mm 작은 구슬 하나뿐이다. 그래서 페루는 산악지형에 안개가 생길 때 그물 천막을 쳐 안개가 부딪혀 만들어

도쿄 스미다구 빗물자료관에서 무라세 박사가 견학온 사람들에게 빗물의 소중함을 체험하게 하는 교육을 하고 있다(ⓒ심해상).

내는 물방울을 모아 옥수수를 키운다고 한다. 아프리카의 보츠와나는 1년에 비가 4일 정도만 내린다고 한다. 이 나라 국기의 푸른색은 비를 나타내고, 이 나라의 화폐 단위 '플라(Pula)'는 빗방울을 의미한다.

10여 년 전 이 빗물자료관을 방문했을 때 당시 이 빗물자료관의 관장인 무라세 마코토(村瀨誠)(1949년생) 박사는 방문객들을 자료관 마당으로 안내했다. 그곳에는 호박 모양의 대형 물탱크가 있고 그 밑에 물항아리가 놓여 있었다. 무라세 박사는 물이 가득 담긴 항아리를 옆 사람에게 전달하게 했다. 방글라데시에서 주로 쓰는 그 물항아리엔 보통 10 l 의 물이 들어가는데 그곳 아이들이 하루에 4~5시간을 걸어서 길어와 온 식구가 사용하는 것이라고 했다. 그런데 일본이나 우리나라 대도시의 수세식 화장실에서 우리가 한번 내리는 물의 양이 이와 맞먹는다고 했다.

무라세 박사는 스미다구 구청 직원이었는데 빗물 이용과 관련해 박사학위를 받아 '빗물박사'로도 유명하다. 1994년 스미다구에서 '빗물 이용 도쿄 국제회의'를 개최해 실행위원회 사무국장을 맡기도 했고, 2002년 일본 물대상을 수상한 바 있다. 2009년 퇴직 후에도 도쿄 대형 빌딩인 스카이트리 등 도시의 빗물 이용 프로젝트와 방글라데시에 빗물탱크 설치 등 빗물 시스템 보급에 앞장서고 있다.

이 빗물자료관의 영향을 받아 우리나라에선 한무영 서울대 건설환경공학부 교수가 2001년 서울대 안에 빗물연구센터를 설립하고 (사)빗물모으기운동본부, (사)빗물모아지구사랑 등을 만들어 '빗물전도사'로 활약하고 있다. 한 교수는 《지구를 살리는 빗물의 비밀》(2011)이라는 저서와 《빗물을 모아쓰는 방법을 알려드립니다》(일본 빗방울연구회)라는 번역서 등을 출판하기도 했는데 한 교수의 이러한 활동은 무라세 박사와의 교류에 힘입은 것이다.

⃞3 어메니티타운 계획과 어메니티조례 만들기

도쿄도 도시마구는 일본 최초로 어메니티조례를 지닌 구이다. 정식 명칭은 '도시마구 어메니티 형성(形成)조례'라고 하는데 1993년에 만들어졌다. '도시마구 지구별 정비방침'에서 '도시마구 어메니티 형성기본계획'을 거쳐 어메니티 형성조례로 발전됐다. 도시마구는 도쿄도 부도심인 이케부쿠로가 있는 곳으로 역사가 오래된 지역이 넓게 자리잡은 구이다. '어메니티 형성신고'라고도 하는 조례행정의 담당 부서는 도시정비부 '어메니티 추진담당과'이다.

이러한 어메니티 형성조례의 기본이념에 바탕을 두어 제1회 '도시마구 어메니티 형성상'에는 이 지역 조시가야의 옛 선교사관이 선정됐다. '어메니티 신고제도'에 관한 홍보물을 보면 '건축물·공작물·광고물 등에 관해 계획하고 있는 분은 그 규모에 따라 건축확인이나 옥외광고물법 등의 허가신청 전에 어메니티 형성을 위해 신고가 필요합니다'라는 취지가 쉽게 쓰여 있다.

어메니티 형성신고란 건축확인신청 전에 그것이 어메니티에 맞는지 상담·협의를 하게 하는 제도이다. 공사계획이 제출되면 어메니티에 대한 조언이 행해져 각 부서로 의견이 붙여진 채 회람되고 시공자 측과의 '어메니티 형성협의'라는 사전협의가 이뤄진다. 대상은 기존의 수림이나 수목의 보전·활용을 검토하는 '부지이용계획', 건축물의 용도나 전면에 있는 공지의 특성에 따른 외곽 녹화나 주차장, 쓰레기장 등의 공간을 검토하는 '외부구조계획', 외관의 색채 등 건축본체나 간판·광고, 옥외설비, 야간경관 등 부수·관련사항을 검토하는 '건축계획'이다.

어메니티 형성조례는 지역창조 마스터플랜인 도시마구 지구별 정비방침에 이어서 〈도시마구 어메니티 형성 기본계획〉을 만들어 그것에 기초해 시행됐다. 지구별 정비방침에서는 어메니티 형성을 도시정비 방침으로 정해, '계절이나 역사가 느껴지는 거리' '누구나 안심하고 지낼 수 있는 거리' '활기와 매력이 넘치는 거리' 등 세 가지를 기본목표로 들었다(사카이 겐이치, 1998).

그 뒤 일본 정부는 2004년에 경관법을 제정하고 지역 특성에 따라 좋은 경관의 형성을 촉진하는 체제를 확립했다. 도시마구는 이러한 상황에서 지금까지의 어메니티 형성 실적을 바탕으로 경관법에 근거해 그해 3, 4월에 각각 〈도시마구 경관계획〉을 수립하고, '도시마구 경관 조례'를 시행했다.

2016년 3월에는 〈도시마구 경관계획〉이 수립됐는데 이는 〈도쿄도 경관계획〉을 계승하는 것 외에, 개략적인 계획인 도시마구 도시 개발 비전에서 제시하고 있는 '도시개발 비전의 8가지 도시 개발 정책을 구체화한 기본계획'으로서 도시개발 방침에 정해져 있는 '독특하고 아름다운 도시마 공간의 형성'을 지향하고 있다. 〈도시마구 경관 계획〉은 2022년 6월에 최종 개정됐는데 '조시가야 지역 경관 형성 특별지구'가 경관 형성 특별구 목록에 추가되었다. 이처럼 도쿄 도시마 구는 어메니티를 바탕으로 도시경관을 정비하고 있는 모범사례로 알려져 있다.

오사카시는 1990년대에 '건축미관유도기준'이라는 것을 만들어 시행하고 있다.

오사카의 건축미관유도기준에 따르면 빌딩의 신축이나 건물의 2분의 1이상을 개축할 경우에는 ①건물 정면의 폭은 10m 이상, 건축면적은 200㎡ 이상으로 해 소규모빌딩의 난립을 막고 빌딩의 공동화를 추진한다 ②지구에 따라 4층 또는 6층 정도로 높이를 제한한다 ③1층 부분은 도로에서 2m 이상 뒤로 물림 (세트백)해 앞뜰을 만들어 산책길풍의 도로를 조성한다 ④재질이나 색 등 외관을 잘 훼손하지 않는 것으로 한다 ⑤속이 보이는 '그릴셔터'로 한다 ⑥차량 출입구를 가로측에 설치하지 않는다 ⑦세탁물 등이 가로에서 보이지 않도록 한다 등 세부적인 것까지 기준을 정하고 이를 지역주민이 지키도록 하고 있다.

이 같은 방법은 평당 몇 백만 엔에서 몇 천만 엔하는 토지를 사실상 도로로 제공하고 있기 때문에 지주 입장으로 보면 당장은 엄청난 손실이자 희생이라고 생각되겠지만 장기적인 안목으로 보면 그로 인해 넉넉한 산책로 공간이 생기고 근대적 상점가로서 매력있는 거리로 거듭남으로써 고객도 꾸준히 늘어나고 마을의 이익이 되고 있다는 평가를 받고 있다.

이러한 어메니티경관조례는 어메니티타운계획으로 심화되고 있다. 아이치현 이와쿠라(岩倉)시는 〈고조가와(五条川) 어메니티타운 재생계획〉을 추진하고 있다. 이와쿠라시는 대도시 근교의 주택도시로서 협소한 시역 면적인 구마모토시가 지역재생을 도모하는데 있어서,

두시환경의 쾌적성을 높이는 것이 중요한 과제기 되고 있다.

이 때문에 공공하수도와 정화조의 효율적인 정비를 통해 오수처리 인구보급률을 48.7%에서 59.5%로 향상시키고, 오수처리시설을 더욱 촉진함으로써 구마모토시의 매력인 벚꽃과 물의 상징인 고조가와 물 환경 재생과 생활환경 향상을 통한 어메니티가 높은 도시 조성을 추 진하여 교류인구나 거주인구의 확보를 꾀하면서 '보다 질 높은 생활 도시'로 나아가는 것을 목표로 삼고 있다고 한다.

이와 관련해서 이와쿠라시는 오수처리시설 정비교부금을 지원하고, 고조가와초등학교 아동에 의한 고조가와 수생생물 조사를 실시하고 있다.

이렇게 어메니티타운을 만들려고 하면 우선 그 지역을 제대로 보아야 한다. 이러한 것이 시민들이 나서 어메니티타운 트레일이나 어메니티조사를 함으로써 지역 환경에 대한 이해가 높아간다.

야마가타현의 '어메니티 타운 트레일'이 대표적인 사례이다. 야마가타현은 1994년부터 현 전체에 '시정촌 어메니티' '지역 어메니티'를 부르짖으며 〈미래에 전하는 야마가타 만들기 추진플랜〉을 내놓고 첫 실천사업으로 '어메니티타운 트레일'을 강조한 '타운 트레일 콩쿠르'를 전개했다. 마을 형성의 역사나 건축물을 주 대상으로 한 도시관찰이라 할 수 있다.

야마가타현은 전체인구가 125만여 명이며 13시 27정 4촌으로 이뤄져 있는데 트레일이라는 낱말을 다소 확대해석해 '타운 트레일 지도'라는 의미로 사용해 현 내 각계각층으로부터 타운 트레일을 한 결과를 지도로 만든 작품들을 공모한 것이다. 모집대상은 시민들이 손수 만든 지도로 관광지도의 재탕이 아니라 학생들을 포함한 지역주민이 자기 지역을 걸으면서, 마음으로 느끼면서 만드는 사물의 지도이다.

타운 트레일 모집요령에는 '타운(마을)과 트레일(좁은길, 코스)을 합친

말로 마을 안에 있는 건물이나 거리, 자연, 생활 등 여러 가지를 통해 마을의 내력과 현재의 모습을 관찰하면서 찾아보는 코스라는 의미가 있고 특히 이 코스를 나타낸 마을탐사지도 혹은 관찰하면서 마을을 걷는 자체를 타운 트레일이라고 부르고 있다'라고 되어 있다. 현 단위에서 그것도 현 전역에서 행해진 것은 야마가타가 처음이라고 한다.

당시 공모에 참여한 작품은 500여 점이었고 심사를 거쳐 선정된 작품에는 어메니티상이 주어졌고 멋진 컬러판 작품집도 발행됐다. 더욱이 순회작품전이 현 내는 말할 것 없이 도쿄에까지 열렸다.

'어메니티 타운 트레일 야마가타'의 지도만들기는 다음해 이웃 미야기현의 센다이(仙台)시에서는 'AMR센다이지구'라고 하는 시민단체와 미야기현 건축사회 공동주최로 이와 비슷한 '이즈미(泉)구 어메니티 마을탐사 보물지도 콩쿠르'가 열렸다. 다음해에는 나가노현 다카모리(高森)정이 '주민참여에 의한 어메니티 만들기-타운 트레일을 맞이하여'라는 연수강연회를 열어, '마을탐사지도'에 '명소지도'란 이름을 붙였다.

필자도 AMR에 연수를 할 때 사이타마현 고시가야(越谷)시를 방문해 회원 10여 명과 함께 고시가야역 주변에서 어메티티조사를 펼쳤다. AMR이 만든 안전성, 생명성, 기능성, 위생성, 미적성, 문화성, 애착성 등 7개 항목의 어메니티 조사표에 맞춰 체크를 했다.

이러한 어메니티조사로 좋은 사례는 요코하마의 일본 요코하마시의 '캬츠(KYATS)'를 참고로 하는 것도 좋을 것 같다. 캬츠는 '요코하마가나자와지역 연구집단'의 약칭으로 1991년 가나자와구청 직원의 제안으로 시작된 것인데 구민과 함께 '마을걷기강좌' 개설을 시작으로 1992년에는 '신가나자와발굴대(SKOP)'를 발족해, '걸리버지도' 마을 보물찾기 활동을 했다. 1996년에는 요코하마시와 시민 · 대학 · 행정 · 기업 4자 간에 파트너십을 통해 가나자와구의 종합적인 마을 만들기 추진을 목적으로 지역 싱크탱크형 NPO가 됐다. 캬츠는 지역의 자원과 과제를 조사·연구해 종합적으로 파악하고, 다양한 시민들이 공통으로 대화하면서 합의점을 만들어냈다. 이 단체에는 요코하마시립대학 등 8개 지역대학 학생이 환경·복지·역사 등의 주제마다 스태프로 참여했다. 특이한 것은 캬츠 담당 공무원은 향후 부서 이동시에도 '공무원 위원'으로 지속적으로 이 모임에 참여해 활동을 하도록 보장받았다는 사실이다.

어메니티조사의 핵심은 지역 현장을 행정과 시민, 전문가들이 함께 다니며 지역의 개성 특성을 발견하고 이를 정책에 반영하는 것이다. 우리나라에서도 행정이 시민과 함께 지역을 다니면서 어메니티조사를 히는 일이 많았으면 좋겠다.

04 기타큐슈 녹화협정과 지바의 송림공원 만들기

어메니티 도시 만들기의 기본이 녹음이 우거진 도시로 만드는 것이다. 이러한 대표적 사례를 후쿠오카현 기타큐슈시에서 찾을 수 있다. 특히 '녹화협정'제도가 돋보인다.

기타큐슈시는 일본 남쪽 규슈지역 최북단에 위치한 일본 4대 공업지대의 하나로 도시발전과 환경보존과의 관계를 어떻게 해나가야 할 것인가를 잘 보여주는 세계적인 환경모델도시이다. 그것은 지난 1960년대 이래 '잿빛도시'의 오명을 갖고 있었던 세계적인 공해도시가 1990년대 들어서는 세계적인 녹색도시로 변모하는 '환경기적'을 일으켰기 때문이다. 기타큐슈시는 지속적인 녹화 환경정책을 펼친 끝에 1990년 UNEP(유엔환경계획)로부터 '글로벌 500상'을 받는 '환경산업도시'로 탈바꿈했다.

기타큐슈시는 '세계 환경수도의 창조'를 지향하며 저탄소도시 만들기에 앞장서고 있다. 기타큐슈시는 2010년에 아시아저탄소화센터를 설립했는데 이는 지역기업의 환경사업 진출을 지원하는 거점으로 지금까지 아시아 56개 도시에서 일본 기업 89개사와 제휴를 맺어 110개의 프로젝트를 전개했다. 시 환경국 환경정책부에는 '환경수도 추진실'이 따로 설치돼 있다. 그리고 이러한 환경모델도시 만들기는 녹색도시 만들기를 추진해온 기타큐슈의 민관협력 행정에 그 바탕을 두고 있다.

기타큐슈시를 둘러보면 한 눈에 녹색도시임을 느낄 수 있다. 신일본제철 야하타제철소의 인근 전망공원에 올라가 내려다보면 마치 숲 속에 공장이 들어서 있는 것 같다. 이 숲의 크기는 133ha로 녹지가 제철소 전체면적(950ha)의 약 14%를 차지하고 있다. 이곳 숲은 너비 100미터에 연장 2~3km로 이어질 정도로 두텁다. 이런 것이 가능한 열쇠는 바로 기타큐슈시의 '공장녹화협정'에 있다. 지난 1974년 기타큐슈시는 공장입지법을 토대로 신일본제철과 녹화협정을 맺어 공장부지의 10% 이상을 녹화하기로 한 것이다.

신일철이 1978년까지 직접 공장 주변에 상수리나무숲을 조성했다. 시 공원녹지부 녹정과 아래에는 '꽃계(花係)'라는 부서가 있고, 또한 건설국 내에는 '반딧불이계'라는 독특한 부서가 있다. 이러한 노력으로 기타큐슈시는 '별이 보이는 마을 100경'에 선정될 정도로 일본 내에서 공기가 맑은 '환경산업도시'로도 이름을 얻고 있다.

기타큐슈에는 또한 '30세기의 숲' 야마다(山田)녹지가 있다. 넓이가 약 140ha인 이곳 녹지는 과거 탄약고가 들어서 있던 자리인데 1979년 야마다 탄약고 이전적지 이용계획검토위원회가 발족된 뒤 1986년 광역공원으로 지정됐고 1992년에 야마다녹지 기본계획이 수립됐다. '30세기의 숲' 야마다녹지는 일반인의 간섭을 적게 받고 숲을 보전하기 위해 녹지 전체를 보호구역, 보전구역, 이용구역 등 3개 구역으로 나

지바시 이나게해변공원은 시민참여를 통한 송림공원 만들기로 잘 알려져 있다(ⓒ김해창).

뉘 철저히 관리하고 있다.

지바시 이나게(稻毛)해변은 시민들의 손으로 송림공원을 조성한 것으로 유명하다. 이나게해변은 과거 해수욕장으로 유명했던 곳이지만 1940년대 주변이 공장용지로 매립됐다. 1970년대 오일쇼크이후 매립된 백사장을 되살리자는 운동이 일어나 모래를 대량 투입해 일본 최초의 인공해변이 조성됐다. 이때 백사장에 인접한 곳에 송림공원을 조성하자는 운동이 펼쳐졌다.

"1인1구좌 1천엔, 당신도 참여하지 않으시렵니까?"라며 인공해변에 '시민이 참여하는 송림 가꾸기'를 기획해, 참가자를 모집했다. 당초 묘목은 2~3년 생으로 크기는 30㎝ 정도였으나 약 20년 뒤 이곳 공원의 소나무는 10m 정도 크기로 자랐다. 지바시는 참가한 모든 사람의 이름을 조각한 기념비를 세우고 송림공원 가운데 지번을 부여해 자기가 심은 소나무를 나중에도 알아볼 수 있게 했다.

당초 1인당 10그루씩 3,000명의 후원자를 모으기로 했으나 모두

6,000명 정도가 참여했다. 이나게 해변의 송림공원 만들기는 당시 시민들의 마을 만들기 운동이 그리 활발하지 않았을 때 행정이 이를 유도했다는 점이 의미가 있다. 그 뒤 지바녹화협회에서 이 공원을 주로 관리하고 있다. 이러한 지바의 송림공원 만들기 방식은 부산시민공원을 만들 때 많은 시민들이 식수에 참여하는 방식에 활용되기도 했다.

도시녹화는 반드시 나무만 심는 게 중요한 것이 아니다. 도시의 아파트를 어떻게 가꾸고 재개발 또는 재건축할 때 아파트단지에 녹음을 어떻게 살리는가도 매우 중요하다. 이러한 점에서 도쿄 무사시노시 미도리마치단지의 '함께 짓는 아파트 만들기' 사례는 시사하는 점이 많다.

무사시노시 미도리마치단지는 우리가 흔히 생각하는 아파트단지와는 달리 만들어졌다. 즉 '레디메이드'가 아니라 주민들이 함께 아파트를 만들어 갔기 때문이다.

이러한 사례를 만들어내는 데는 《창조적 주거만들기 마을 만들기: 모여서 사는 즐거움을 알고 있습니까》(1994)라는 책을 펴낸 엔도 야스히로(延藤安弘) 구마모토대학 교수와 같은 전문가의 적극적인 참여가 있었기 때문이다.

주민참가에 의한 단지재건축계획을 추진한 도쿄 무사시노시 미도리마치단지는 1986년 임대주택의 재건축사업에 주민들이 뜻을 모아 대책위원회를 구성해 자체적으로 재건축계획안을 내서 창조적인 주거단지를 만든 것이다.

이러한 창조적인 공동주택의 기본적인 특징은 ①실비로 건설하고 ②입주자 각각의 가족구성원이나 취향에 맞는 공간설계가 가능하고 ③결함 없는 안전한 주택을 얻을 수 있고 ④모두가 모일 수 있는 광장이나 공동시설도 만들 수 있고 ⑤입주 전부터 입주자끼리 서로 알게 돼 공동생활의식은 물론 새로운 지역사회가 형성된다는 것이다. 게

다가 개방적 환경구조에 환경을 살리고 노인늘을 소외시키시 않으며 집을 소유개념보다는 이용한다는 개념으로 접근해 철마다 소식지를 만들고 단지축제를 하는 등 그야말로 '함께 사는 기쁨'을 누리도록 아파트단지를 조성한 것이다.

모두 78,000여㎡에 1,019세대라는 큰 규모의 아파트를 지으면서도 당초 10층 이상 고층을 계획한 공급자안에 반대해 주민들이 직접 대안을 제시해 5층 정도로 낮추고 단지의 녹지를 최대한 늘였다. 그리고 이 같은 것이 자칫 단지 내 주민들의 이기주의로 비치지는 않을까 염려해 단지 밖의 다른 지역주민들에서 개방적인 단지로 다가갔으며 지역사회에 적극 참여하는 등 아파트단지 조성의 모범사례로 손색이 없었다.

전체적으로 중저층을 유지하면서 녹음이 어우러진 살기좋은 아파트가 된 미도리마치단지는 도쿄에서도 손꼽히는 명품 아파트단지로 알려져 있다. 주민들이 자연환경과 이웃을 중시하고, 단지 내 사회적 약자를 배려하면서 재건축을 추진했다는 점이 놀랍고, 입주 주민이면서 스스로 건축 전문가가 적극적으로 볼런티어정신을 갖고 참여했기 때문에 가능한 일이었다.

05 아쿠아토피아 사이조 · 요나고물새공원 · 이즈미 두루미센터

어메니티 도시는 숲과 더불어 '물의 도시'이기도 하다. 지자체가 지역의 특성을 알고 철저히 계획을 수립해 가는 형태가 있는가 하면 시민운동으로 지역 하천이나 습지를 살려가는 사례도 많다. 에이메현 사이조시는 '아쿠아토피아 구상'으로 유명하고, 도쿄 '노가와'나 지바현 이치가와시의 '교토쿠 조수보호구', 돗토리현 요나고물새공원, 가고시마현 이즈미시 두루미관찰센터의 경우 시민들이 나서 지역 하천과 습지를 지키는 운동을 전개해 성공한 사례로 잘 알려져 있다.

사이조(西條)시는 에히메현의 동부지역, 세토나이가이에 접하고 있는 서일본 최고봉(해발 1,982m)인 이시즈치산(石鎚山)이 있는 산지에 자리 잡은 도시이다. 이 산이 발원지인 가모가와(加茂川)의 천연 자연환경으로 인해 예로부터 '물의 도시'로 잘 알려져 있다. 해안부는 1970년대 중반 매립지에 반도체 공장 등 첨단기업이 들어선 공업지대가 형성돼 있고 세토나이대교 개통 등으로 시코쿠(四国)의 교통, 유통의 중심 역할도 하고 있다. 이 도시가 '물과 녹음과 문화를 주제로 한 윤택하고 활력 있는 쾌적환경도시'로 어메니티를 살린 도시 만들기를 추진해왔다.

사이조시 도시 만들기의 소재는 '물 · 샘물' '사이조축제' '이시즈치산' '가모가와'로 시민들이 자부심을 갖고 있는 것들이다. 어메니티를 살린 마을 만들기의 출발점은 환경청이 창설한 '명수(明水)백선'에 '샘물'이 선정된 것이고 이어서 사이조시 〈도시정비기본구상〉(1983) 중 물을 살린 마을 만들기란 관점에서 제안된 프로젝트가 1985년 건설성이 실시하는 '아쿠아토피아구상'이었다. 1986년 환경청의 '어메니티타운' 지정을 받았고, 그 다음해 〈쾌적환경도시(어메니티타운)정비계획〉을 수립했다.

에히메경제동우회가 나서 '물과 녹음 · 역사를 살린 마을 만들기'를 목표로 '아쿠아토피아정비사업'이나 '워터스퀘어플랜(하수도물녹음경관모델사업)' 등을 추진, 친수도시 창조에 행정 · 주민이 하나가 돼 노력한 결과 '제3회 아름다운 마을 만들기상'을 받기도 했다. 아쿠아토피아는 하수도정비를 하면서 모습이 사라진 수생생물을 되살리고, 맑은 수변을 부활시키는 구상이었다.

어메니티 도시 만들기를 위해 사이조시는 우선 전 직원을 대상으로 어메티니 교육을 실시해 어메니티플랜을 수립하도록 노력했고, 공민관에서 모두 20여 자례의 시민 공부모임을 통해 시민참여를 이끌어냈다. 사이조시는 1986년 어메니티타운정비계획 조사를 통해 시민 2,000명을 대상으로 어메니티 만들기 관련 시민앙케이트를 실시했다. 그 결과 '앞으로 마을 만들기에 적극 노력해야 한다'에 64%의 시민이 1위로 응답했다. 쾌적한 이미지로는 '지하수가 풍부할 것(17%, 1위)' '산, 강, 바다 등 대자연이 있을 것(16%, 2위)'을 들었다.

또한 도시경관형성모델도시 사업으로는 시 전역을 10대 경관지역으로 분류하고 중점지구를 지정했다. 중점지구의 가로사업은 도로기능 외에 보도를 컬러 포장하고 조각, 벤치, 수로 등을 배치해 도시경관의 형성, 어메니디공간의 창출이란 관전에서 시행했다. 가모가와의 하천정비를 통해 1988년 일본 35대 하천에 지정됐다. 이러한 과정에 시민들의 의식이 바뀌고, 자발적으로 시민단체가 만들어져 대대적인 도시 청소활동도 이뤄졌다. 사이조시는 마을 만들기를 하면서 사회적 자본의 정비, 시가지 재편성, 지세를 최대한 활용하는 정책을 폄으로써 지역 주민들의 적극적인 참여를 이끌어내고 민관거버넌스를 통해 진정한 어메니티를 살린 도시 만들기에 성공했다는 평을 받고 있다.

도쿄도 고가네이(小金井)시는 '노가와(野川)'라는 하천을 두고 매년 한두 차례 지역주민과 공무원노조가 힘을 합쳐 '노가와 클린작전'이란 이름으로 하천청소를 해오고 있다. 이러한 계기가 된 것은 지금부터 30여 년 이상 거슬러 올라간다.

고가네이 시가 1989년 '노가와'라는 도심하천의 호안공사를 하면서 친수공간을 조성한다며 물가로 내려갈 수 있도록 둑의 사면에다 콘크리트 디자인블록을 깔았다. 그런데 이에 대해 지역 주민단체가 들고 일어난 것이다. 시민들은 콘크리트 디자인블록의 철거를 요구하고 나섰고, 시는 협의를 거친 뒤 80m나 되는 디자인블록을 다시 걷어냈다.

"친수공간이라고 하는 것은 물가까지 흙이나 풀이 있어야지 블록으로 대체해서 될 일이 아니다."라는 것이 이들 주민의 주장이었다. 그 뒤 '노가와 클린작전'은 연례행사가 됐다.

지바현 이치가와(市川)시의 '교토쿠(行德)조수보호구'는 당국의 개발계획에 맞서 부단히 싸워온 시민운동의 결실이다. 정식 명칭은 교토쿠 근교녹지특별보호지구이다. 이 지구는 과거 철새서식지로 이름 높았던 '신하마'지역이 매립되는 과정에서 일부 남은 지역으로 귀중한 자연보호구이다. 전체면적이 약 83ha로 넓은 곳인데 보호구 주변은 너비 20m, 연장 2km의 숲으로 둘러싸여 있다. 1974년 이치가와시가 조성한 이 일대는 흑송 등 60여 종의 나무 수만 그루가 숲을 이루고 있다. 이곳 주변 숲은 새가 있었기에 숲이 가능했다고 해 '새들이 만든 숲'이라고 한다.

하스오 스미코 씨는 이러한 습지보전운동의 산증인이다. 1967년 고교졸업반이었던 하스오씨는 교토쿠 앞 갯벌이 매립될 무렵 '신하마를 지키는 모임'에 가입해 매립반대 서명운동에 앞장섰다. 그러한 주민운동의 결과 1973년 닥친 오일쇼크의 여파로 시는 매립예정이었던 1,000ha 가운데 195ha를 제외하고는 매립계획을 일시 중지했다. 그 뒤 이곳은 1979년 조수보호구로 지정됐고 이들 회원은 '교토쿠 야조 관찰사우회'를 결성했다. 1980년대 들어서 이들은 오염된 조수보호구의 수질 살리기에 적극 나섰다. 도요타재단의 지원금을 받아 이곳 하천에 수차를 설치해 수질정화에 성공함으로써 이곳을 일본 습지운동의 메카로 만들었다.

또한 이곳에서 약간 떨어진 지바현 이치가와시와 후나바시시에 걸친 '산반제(三番瀨) 갯벌'은 일본 도쿄만에 남아있는 약 1,600ha의 갯벌과 천해수역이다. 도요 물떼새류, 오리류 등 많은 철새가 날아오는 도쿄만에 남은 중요한 철새들의 서식지인데 에도시대로부터 매립이 행해졌고, 특히 2차 대전 후 경제성장 과정에 약 9할의 갯벌이 사라졌다.

산반제도 일부 매립에 다시 740ha(1999년에 101ha로 수정)의 토지조성이 계획돼 있었다. 지바현은 삼반제를 매립해 폐기물처리, 하수처리장, 해변공원 등 용지 조성을 계획했지만, 자연보호단체 등의 강력한 매립반대운동으로 계획을 대폭 축소한 수정안을 냈지만 동의를 얻지 못했다. 이러한 과정에 지바현 지사선거에서 갯벌매립 반대 공약을 내건 도모토 아키코(堂本曉子, 1932년생) 의원이 2001년 3월 현지사로 당선된 뒤 5개월 뒤 종전의 매립계획이 백지화됐다. 그 뒤 산반제 재생을 목표로 주민참여 하에 '산반제 재생계획검토회의(산반제 원탁회의)'가 발족돼 보전에 관한 기본적인 방침이 논의돼 그에 따른 보전계획이 추진되고 있다.

돗토리현 요나고(米子)시의 나카우미(中海)호 또한 반개발 시민운동을 통해 요나고물새공원으로 거듭났다. 나카우미호 요나고물새공원은 1,000마리 이상의 고니들이 겨울을 나는 서일본 최대의 고니서식지로 '고니의 낙원'이다. 나카우미호는 일본에서 다섯번째로 큰 호수로 지난 1974년 이래 국가지정 조수보호구이다. 그중 히코나간척지와 그 주변은 지금까지 모두 223종의 조류가 확인됐으며 일본 조류의 43%가 이곳에서 확인되고 있다. 고니의 경우 이곳은 지구상에서 집단월동의 남방한계지로 알려져 있다. 2024년 요나고물새공원은 개원 27주년을 맞는데 나카우미호와 인근 신지호는 2007년 11월 우간다 람사르총회에서 각각 1,551번째, 1,556번째의 람사르습지로 등록됐다.

요나고물새공원은 원래는 국책인 나카우미간척사업으로 호수의 20% 정도가 매립되고 하구둑 건설이 추진됐으나 요나고 시민환경단체들이 물새 서식지 보호를 강력히 주장하고 나서 개발사업이 철회되고 핵심지역이 공원화된 것이다. 재단법인 나카우미물새국제교류기

가고시마현 이즈미시의 이즈미평야에서 새벽을 일깨우는 재두루미떼의 모습(ⓒ김해창).

금재단이 물새공원을 운영하고 있다. 이곳 공원은 조사연구, 국제교류, 교육 및 홍보사업, 볼런티어활동에 힘을 쏟아왔는데 지난 1997년 3월 고니에 발신기를 장착해 철새 루트 조사를 실시한 결과 고니가 동해를 종단하는 사실을 밝혀내기도 했다. 2003년 1월에는 한국 서산 천수만 등을 방문해 한국과도 첫 교류를 가진 뒤 2004년부터는 부산대학교 생물학과와도 교류를 갖고 있다.

가고시마현 이즈미(出水)시의 두루미관찰센터는 한 농부의 겨울철 두루미 먹이주기에서 시작돼 이즈미시의 생태관광의 거점이 됐다. 이즈미평야는 '두루미천국'이다. 흑두루미와 재두루미 1만여 마리가 시끄럽게 새벽잠을 깨운다. 전 세계 두루미 15종 가운데 흑두루미, 재두루미, 검은목두루미, 캐나다두루미, 시베리아흰두루미, 쇠재두루미 등 7종이 이곳 이즈미지방에 살고 있다.

실제로 이곳은 두루미를 '사육'하고 있다. 매일 오전 소형트럭으로 관리원들이 밀, 보리 등 먹이를 둑길에 뿌린다. 이즈미평야가 보이는 곳에 두루미관찰센터가 있고, 여기서 자동차로 15분 정도 거리에 두루미박물관이 있다. 이들 두 시설로 인해 이즈미는 '두루미의 도시'로 일본 국내외 생태관광객들을 끌어들이고 있다. 두루미가 있는 이즈미 벌판에서 나가사키를 지나 줄곧 바다를 건너가면 한반도이다. 이곳에서 부산까지 거리가 약 500㎞이기에 두루미의 비행속도를 시속 70km로 잡으면 8시간 정도 걸린다.

이즈미의 두루미관찰센터가 있기까지는 지금은 작고한 마타노 할아버지라는 분이 있었다. 마타노 쓰에하루(又野末春, 1924-2009) 할아버지는 2007년 필자가 이즈미를 방문했을 때 연세가 83세였는데 그 당시 50여 년 전부터 이곳 두루미에게 먹이주는 일을 해왔다고 했다. '두루미할아버지'로 잘 알려진 그는 두루미관찰센터 옆에 1975년부터 '두루미보는 집'이라는 민박집을 운영하고 있었다.

마타노 할아버지가 두루미에게 먹이주는 일을 하게 된 계기는 이랬다. 어릴 적 초등학교 때부터 두루미를 보면서 자랐는데 두루미가 농사를 해쳐 아버지가 두루미를 쫓아내라고 했다는 것이다. 당시 두루미는 200~300마리였지만 농사일을 하던 마타노 씨는 '상서러운 새'인 두루미와 공존을 고민하다 1954년 30대 초반에 일본야조회 가고시마지부에 가입했고, 그 뒤 새에게 먹이주는 일을 계속해왔다고 한다. 이러한 마타노 씨와 다른 몇명 농민들의 노력으로 지난 1972년 두루미와 함께 이즈미평야 일대가 천연기념물로 지정되고 나서는 두루미가 1,200~1,300마리로 늘었고, 지금은 1만 마리를 넘어선 '두루미천국'이 됐다. 마타노 씨는 1981년에는 철원지역 청년회의 초청으로 한국을 방문해 철원들판에서 두루미 먹이 주는 법 등을 지도한 적도 있다고 했다.

06 고베시 신고난시장 부흥계획 · 센다이 아라마치공화국

어메니티 마을 만들기에서 중요한 것이 그 지역의 생업을 일으키는 것이다. 고베대지진의 대참사에서 지역 상가를 부흥시킨 시민들의 노력은 눈물겹다. 바로 고베시 신고난(新甲南) 시장의 부흥이야기이다.

1995년 1월 17일 이른 아침, 고베시를 직격한 효고현 남부지진, 즉 고베대지진은 건물의 붕괴에다 화재피해도 엄청나 대참사를 빚었다. 특히 전전(戰前) · 종전(終戰) 직후에 지어진 목조 임대주택이 밀집한 나가타(長田), 스마(須磨) 등 3개 지구에 피해가 집중됐다.

고베대지진은 '도시를 만드는 것은 행정이 아니라 시민'이라는 명제를 가져다 줬다. 고베시는 대지진후 2개월 만에 주민의 의사를 무시한 부흥도시계획을 결정했지만 주민 반발을 받아 들여 계획을 수정했다. 행정의 움직임에 무관심했던 사람들도 극한상황에서 도시 만들기에 적극적으로 참여하려는 자세로 바뀌었다. 전문가네트워크도 생겼다. 시민주도의 도시 만들기 운동이 싹트는 계기를 마련한 것이다.

고베대지진으로부터 1년 반이 지난 1996년 하반기에 고베시의 이미지를 대표하는 기타노(北野) 옛 거류지에서는 '거리를 다음시대에 넘겨주자'고 하는 시민운동이 성과를 거두기 시작했다. 고베시 히가시나다(東灘)구에 있는 '신고난시장'의 가설점포 인근 상점주들은 도시문제경영연구소의 플래너들과 논의해 지진으로 무너진 낡은 점포를 8층 빌딩으로 신축하기로 했다. 가설점포에서 열 집의 정육점이 1995년 여름과 연말연시에 '고베육' 등의 공동기획세트상품을 내놓았는데 "맛이 좋다."며 주문이 끊이지 않았다. 이러한 성공에서 상점주들은 크게 원기를 찾았다. "장사를 재개하는 것이 거리를 재건하는 것과 연결된다. 우리들도 공존하도록 힘을 더하고 싶다."고 다케모토 마사노리(竹本成德) 당시 생협고베 이사장은 말했다.

　JR나가타역 북측 구획정리구역의 일각에 계획된 '아시아타운'에서는 1996년 4월 '국제바자'를 시작해 약 2,000㎡의 토지에 한국·베트남·필리핀 요리의 포장마차가 즐비하게 들어섰다. 이것을 출발점으로 '구두공방거리' '아시아이벤트광장'도 만들었다. 이곳의 지역라디오방송인 'FM와이와이'가 아시아의 각 언어를 사용해 생활정보를 전해줬다.

　신고난시장의 성공은 새로운 거리를 만드는데 기억에 남는 경관을 재현하는 것이 중요하다는 인식에서 나왔다. '선조의 삶' '역사적인 환경자산'을 계승하는 시험이 있어야 지속가능한 도시가 형성될 수 있다고 주민들이 믿고 있었던 것이다.

　아키다현 오다테(大館)시는 시와 청년회의소 그리고 시 직원노조가 힘을 모아 '패션고장 만들기'에 성공한 사례로 유명하다. 아키다현 북부와 아오모리현 경계에 위치한 인구 약 7만 명의 오다테시는 쌀 생산지이자 일본의 천연기념물인 아키다견(犬)의 고장이기도 하다. 주요산업이었던 동광산(銅鑛山)이 급격한 엔고로 쇠퇴해 지역경제에 타격을 주었다. 정부로부터 '불황특정지역'으로 지정돼 그 보조정책에 의해 새로운 봉제공장이 진출했다. 상점가의 지역간 경쟁격화는 상점가의 체질개선 필요성을 낳았다.

　1988년 11월 말 시 중앙공민관에서는 '마을 만들기 21세기계획 심포지엄—어떻게 할 것인가 오다테의 얼굴 만들기'가 개최돼 기본구상이 발표됐다. 이 심포지엄은 시와 청년회의소 그리고 시 직원노조가 공동주최한 것이었다. 이 지역 활성화 노력으로 1989년부터 오다테시의 5대 과제로 ①패션의 거리 만들기 ②지역산업 부흥 ③고령자문제 해결 ④역전 재개발 등 지역창조 ⑤관광종합개발을 도출했다. 1989년에는 '오다테 마을만들기협의회'의 설립총회를 가져 '패션의 마치즈 쿠리'를 실행단계로 옮기는 것이 중심과제로 결정됐다.

오다테시에는 대기업의 자본 진출로 소매업계가 타격을 받아 대책 마련에 고심했지만 남아있는 약 50개의 봉제기업을 중심기업으로 삼기로 했다. 이에 지역 봉제기업을 살리는 '패션의 지역창조 오다테'의 지역 만들기 구상을 하게 됐다. 일본 패션의 중심지 오다테를 만들자는 생각이었다.

패션분과회는 먼저 ①오다케시 섬유공업회, 시, 상공회의소와 협의 ②봉제기업, 봉제기업 본사와의 협의 ③상점가의 유통조사 ④협업도매상사의 설립 ⑤패션센터 상설전시장의 설치 ⑥패션전문학교의 설치 ⑦패션이벤트 개최에 관한 조사 ⑧도쿄 시부야구와 제휴교류 ⑨단계적 실시방법 등을 검토했다.

특히 패션이벤트는 전국적인 이벤트로 뉴뮤직콘서트와 패션쇼를 가지며 스포츠점과 협동으로 스포츠패션을 도입하고 전국적인 언론 홍보를 강화하고 시내의 '패션숍지도'를 작성해 역이나 공민관, 병원 등에 비치했다. 이러한 과정을 거쳐 오다테시는 일본에서 이름있는 패션도시로 발전하고 있다.

미야기현 센다이(仙台)시의 아라마치(荒町)지역은 상점가 부흥을 위해 독특한 발상으로 마을 만들기에 성공했다. 아라마치상점가진흥조합 이사장인 이즈모 고고로(出雲幸五郎) 씨가 1993년 '아라마치공화국'을 선언해 대통령에 취임한 것이다. 그는 문방구점을 경영하고 하면서 매주 문방구나 상점가에 자신의 '카피'를 써 내걸었다. 'J리그 돈으로 움직이는 프로야구' '오늘 당신은 정말 멋집니다'와 같은 글을 써 내걸었다.

'아라마치공화국' 선언을 계기로 이즈모 '대통령'은 상점가 회의를 하기 위해 상가 주인들 모임을 공화국의 '국회'로 소집하기도 했다. 방송을 통해 이러한 것이 소개되면서 상점가가 관심을 끌기 시작했다. 어기서 '아리미치 상인헌징'도 나왔다. '우리들은 아라마치 상인임을 자랑스럽게 생각하며 책임감을 느낍니다. 적극적으로 참여하고 상점에서 일할 때 기쁨을 느낍니다. 문화의 향기가 넘치는 마을을 만드는데 앞장서겠습니다'라고 다짐했다. 그리고 공화국의 정책으로 '노인들에게 대중교통이용권, 서비스권을 드린다. 담배를 함부로 버린 사람들에겐 벌금을 매긴다. 점포의 서터에 시를 써 붙여놓는다. 노인에게 복지도시락을 배달한다. 또한 마을극장을 건설한다' 등 다양하다. 마치 지자체 단체장의 선거공약 같은 일이 지역 상점가에서 펼쳐진 것이다.

이러한 발상은 상점가를 넘어서 학교, 병원, 공민관, 일반 주민도 참가하는 공화국으로 점차 늘어났다. 1993년 1월에는 도쿄 AMR 주최로 아라마치 '타운워칭' 행사가 있었다. 40여 명의 전문가들이 마치 우주인이라는 신선한 관점에서 상점가와 마을을 둘러보고 그 결과를 '우주인 아라마치 탐험대 어메니티 선언'이란 것을 했다. 아라마치공화국은 상점가를 중심으로 한 새로운 지역 활성화, 지역공동체의 혁신의 신선한 충격을 주었다.

지금은 아라마치공화국이란 이름대신 '역사와 미래가 있는 거리-아라마치상점가'(www.aramachi.info/top_english)로 통일돼 영어로도 정보를 발신하고 있다. 아라마치상점가는 400년 가까운 역사를 갖고 있는데 에도시대에는 누룩독점판매권이 있어 '누룩의 거리'로 유명했다고 한다. 요즘도 아라마치상점가는 '아라마치산책 제3탄(2022년 3월)' 'AR(증강현실) 포토콘테스트(2024년 2월)' 등 다양한 이벤트를 개최하며 '원더랜드 아라마치통신'을 통해 매일 상점가 풍경과 소식을 알리고 있다.

마을공동화(空洞化) 현상이 심각한 지역 상점가 활성화를 위한 새로운 아이디어로 아오모리현 하치노헤(八戶)시의 '하치노헤 소문' 프로

젝트를 들 수 있다. 하치노헤시의 오랜 역사를 가진 하치노헤(八戸) 상점가 사람들이 "이대로는 안 된다."는 위기감에서 '마을사람'에게 홍미를 유발할 이벤트를 궁리한 것이다. 2011년 마을 활성화 목적의 '하치노헤 포털 뮤지엄 핫치(ハッチ)'가 문을 열었다. '핫치'는 마을 만들기, 문화예술, 관광, 물건 만들기, 자녀양육 활동을 종합적으로 지원하는 시설이다. "상점가 사람들이 바뀌지 않으면 마을은 바뀌지 않는다."고 생각한 핫치의 디렉터 요시카와(吉川) 씨가 상점 사람들과의 커뮤니케이션을 바탕으로 한 '하치노헤의 소문' 프로젝트를 기획·실행한 것이다.

아티스트인 야마모토 고이치로(山本耕一郎) 씨의 '마을의 소문' 프로젝트를 하치노헤시 중심가 100여 곳의 점포에 적용했다. 한집 한집 취재를 통해 마을 사람들의 자랑거리, 취미, 고민 등을 '말풍선' 형태의 실에 인쇄해 점포나 사무소에 붙였다. 말풍선 수는 약 700개. '지하 도시락으로 3kg 살이 빠져요!' '둘이서 게를 먹으면 사랑이 이뤄져요!' 등등. 소문의 말풍선은 소통의 계기를 형성했다. 이 '마을의 소문' 프로젝트는 그 뒤 가와사키(川崎)시 노보리토(登戸)나 센다이(仙台)시 상점가 등으로 확산되고 있다.

한편 도농교류 통한 그린투어리즘 마을의 대표적인 사례는 '일품일촌운동의 발상지'라고 하는 오이타현의 아지무(安心院)정을 빼놓을 수 없다. 아지무정은 '30년 전 고향마을을 체험할 수 있는 시골마을' '일본 농가민박의 시초로 도농교류의 성공 사례' '마을을 관광 상품화하는데 성공한 사례' 등으로 유명하다.

아지무는 쌀농사를 하던 전형적인 시골마을으로 인구가 감소하고, 농가소득도 일본농촌 평균보다 낮았다. 가축과 화훼 등 부수적인 수입원을 찾아봤지만 한계가 있었다. 이러던 차에 1996년 민간이 주축이 돼 '그린투어리즘연구회'를 발족했다. 이 연구회는 마을이 가진 것이라고는 논밭과 농촌의 전형적인 낡은 가옥 그리고 농민뿐이지만 낡은 농촌 자체를 상품으로 내세우기로 하고 '팜스테이' 즉 농가민박을 생각해낸 것이다. 농가를 개조하지 않은 채 기존의 빈방 1~2칸을 이용해 관광객에게 농가체험을 하게 하는 것으로 도시인들에게 고향체험 마을 만들기를 시도한 것이다.

2001년 아지무정이 그린투어리즘 전담계를 만들어 민간주도의 연구회의 행정적 뒷받침을 해주었다. 농가민박은 숙박업법이나 식품위생법 등 엄격한 관련 법률의 제약을 피하기 위해 회원제를 도입하고 농가를 간이숙소로 취급해 조리장 설치 및 영업허가 없이도 식사제공이 가능토록 했다. 이러한 '아지무 방식'은 2003년 후생성 등 일본 정부가 전국기준으로 이를 인정했다. 지금은 쌀과 포도단지, 딸기·화훼농업 등이 유명하다.

한 번 방문한 관광객을 그린투어리즘연구회 회원, 이른바 '친척 되기 회원'으로 가입시켜 농촌문화 체험료 명목으로 회비를 받고 농가가 제공하는 음식도 함께 조리해 시식하는 형태를 취했다. 특히 30여 년 전 생활양식을 그대로 재현한다는 의미의 '고향 체험마을'로 가족 단위의 숙박객을 연간 6,000명 이상을 유치하고 그중 중고교생의 수학여행 숙박이 50%이상을 차지했다. 아지무는 농가민박을 통해 대등한 도농 문화교류를 이끌어내는 데 성공했다.

이와 함께 외부 개발자본에 매이지 않고 '문화·생태관광의 메카'로 자리매김을 한 사례로 우리에게도 익숙한 오이타현 유후(湯布)시를 들 수 있다. 아직도 유후시보다는 유후인(湯布院)이란 말이 더 익숙하다. 2005년 유후인정은 하사마(挾間)정·쇼나이(庄内)정과 합쳐 유후시가 됐다. 후쿠오카시에서 규슈 신칸센으로 1시간 정도 거리에 있는 온천 휴양지인 유후인. 이곳은 마을 한가운데를 가로지르는 하천을 중심으로 자연산책로를 형성하고 산책로를 따라 시골 가옥을 살린 다양한 소규모 갤러리가 즐비해 일본의 여성들이 가장 가고 싶어 하는 관광지이다. 마을 전체가 거대한 자연과 예술품이 어우러진 생태마을이자 마을박물관이기 때문이다.

그러나 1980년대까지만 해도 유후인은 이름 없는 가난한 마을에 불과했다. 더욱이 인근의 벳부(別府)라는 대규모 온천관광지의 그늘에 가려 있었다. 벳부와 같은 거대한 호텔과 온천수를 끌어올릴 자본이 없었기에 마을 주민들은 과감한 발상의 전환을 하기에 이르렀다. 대규모 남성관광객을 대규모 온천시설에 수용하는 형태의 벳부와는 반대로 소그룹 여성 관광객들을 유치해 마을 구석구석을 돌아다니게 하면서 장기체재로 이어지게 하는 전략을 택한 것이다. 그래서 마을에 크고 작은 미술관 30여 개를 건립해 관광객들의 문화 향유 욕구를 충족시켜주고 있다.

유후시는 2022년말 현재 인구가 약 3만2,000명인데 연간 관광객이 331만 명을 넘을 정도로 단일 기초지자체로는 일본 최대의 관광지로 손꼽히고 있다. 유후인은 '자산자소(自産自消)'운동을 전개해왔다. '지역에서 생산해서 지역에서 소비하자'는 일반적인 '지산지소(地産地消)' 운동과 같은 의미이지만 주민을 중심으로 토착자본과 지역산업의 보호를 중시하는 '지역 스스로'의 의미를 더 부여한 말이다. 지역의 여관 및 식당 주방장 등도 '유후인 요리연구회'를 결성해 지역 특산 요리 연구를 해오고 있다고 한다. '마을 자체가 박물관'인 유후인은 지역의 개성을 살리고 자연과 문화를 보전하면서 생업을 만들어가는 어메니티마을의 모델이라고도 할 수 있을 것이다.

07 만요슈(萬葉集)의 고장 사쿠라이 · 쓰마고이촌의 아내사랑

어메니티 도시 만들기는 그 지역의 역사와 문화를 재창조하는 노력이 들어간다. 나라현 사쿠라이(桜井)시의 '역사 브랜드' 만들기나 구마모토현 구마무토시의 '1구좌 성주(城主)제도' 그리고 군미현 쓰마고이(嬬恋)촌의 '아내사랑(愛妻)의 성지' 만들기 등이 좋은 사례라 할 수 있다.

일본 고대문학 중에 유명한 것으로 《만엽집(萬葉集, 만요수)》이 있다. 우리나라로 치면 《삼국유사》에 해당할 정도로 일본의 뿌리를 담은 고서이다. 나라현 사쿠라이시는 '만요슈의 마을'로 유명하다. '만요슈의 마을'은 1지역 1관광운동의 대표적인 사례인데 사쿠라이시는 '야마토 옛길 기행'을 일본 철도회사인 JR의 관광상품으로 추진해 성공했다. 아스카시대 이전부터 교통의 요지였던 사쿠라이시에는 6개 옛길이 남아있었는데 주변의 역사적 건조물이나 자연경과, 문화유적을 정비해 '옛길 기행 하이킹 코스'를 개발한 것이다.

당시 승객 감소로 고심하던 JR서일본측이 여행상품으로 개발했는데 JR주변 공중화장실과 역사적 건조물이나 유적지 등을 정비해서 관광자원화에 성공했다. 1997년 이래 '야마토 옛길 기행 가이드맵'은 2만 부 이상 발행했고, 2003년 한 해 방문 관광객 수만 744만 명을 기록했다.

사쿠라이시는 야마토 왕권의 탄생으로부터 아스카시대 이전의 일본 고대국가 성립 시대에 그 근거지가 된 중요한 지역으로, '일본국의 고향' 또는 '일본인의 마음의 고향'으로 일본의 '원풍경'을 가진 도시이다.

사쿠라이시는 2015년 3월 시의 역사나 풍토 등에 근거해, 장기적인 관점에서 〈사쿠라이시 역사문화기본구상〉을 수립했다. 시내에 산재한 문화재를 비롯하여 귀중한 역사문화유산을 발굴하고, 이를 시대별·장르별·지역별로 정리해 스토리화하고 관광·산업의 지역자원으로 활용하며, 지역의 역사문화를 활용한 마을조성에 가이드라인으로 삼기 위한 것이었다.

이 기본구상은 '일본국의 고향 사쿠라이'가 기본이념이다. 이 기본구상은 당시 나가마쓰 쇼고(松井正剛) 시장이 추진했는데 〈제5차 사쿠라이시 종합계획〉에서 '관광·산업 창조도시'를 비전으로 내세웠다. 문화재행정뿐만이 아니라, 마을 만들기와 관련된 여러 정책과 연계해 역사문화를 보존·활용하고 시민들에게 지역의 자긍심 고취를 중시했다.

사쿠라이시는 《고사기(古事記)》나 《일본서기(日本書紀)》에 나오는 연고 있는 지명이 지역의 산 둘레길 주변, 특히 오가미(大神)신사나 옛 야마토 왕권 초기 궁터 등에 남아 있다. 특히 도마리세(泊瀨), 구라다이(倉梯), 미와(三輪) 등의 지명은 '만요슈'에 등장하는 지명으로 현재도 시내에 존재한다.

사쿠라이시는 '일본 최초의' 역사 타이틀을 단 장소를 자랑한다. 그중 하나가 '일본 예능의 발상지'라고 한다. JR사쿠라이역에서 800m 정도의 떨어진 사쿠라이공원 안에 '흙무대(土舞台)'라 부르는 언덕이 있는데 이곳이 일본 최초의 '국립연극연구소'와 '국립극장'을 설치한 곳이라고 한다. 《일본서기》에 따르면 서기 612년에 백제인 미마지(味摩之, 미마유키)가 일본에 귀화해 당시 섭정을 하던 쇼토쿠 태자(聖德太子)가 그의 '기악무'라는 것을 보고 사쿠라이의 '흙무대'에서 소년을 모아 배우게 했다고 기록돼 있다는 것이다.

사쿠라이시는 사쿠라이가 일본 국기인 씨름, 즉 '스모의 발상지'라는 것이다. 스모는 원래 쌀농사에 딸린 신앙행사로 농작물을 해치는 나쁜 영혼을 억누르는 예절이었다고 한다. 서기 3세기 말에 일본 궁내에서 일왕이 보는 앞에서 스모를 했다는 기록이 있으며 그곳이 바로 츠치카이(纏向)의 '가타야케시'라는 곳이라고 한다.

사쿠라이는 또한 일본 국호의 발상지라는 자부심을 갖고 있다. 스

사쿠라이시의 논 인근에 있는 만엽가비(사쿠라이시 홈페이지).

신(崇神)일왕의 도읍지인 시키노미즈카키노미궁(磯城瑞籬宮)이 있었던 곳이 사쿠라이의 시키노미즈시마(磯城島)인데 이 지명이 나중에 일본을 상징하는 야마토(大和)가 됐다는 것이다. 《만엽집》에 '시키노미즈시마의 야마토 나라야말로 참 행복의 나라죠'라는 내용의 노래가 있다고 한다.

사쿠라이는 《만엽집》의 본 고장이라고 한다. 사쿠라이시 하쿠산(白山)신사 동북 언덕에 제21대 유즈쿠(雄略)일왕의 궁터가 있었는데 이곳에서 《만엽집》 20권 4,516수 중 개권(開卷) 제1수목(第1首目)에 이 야마토 왕국이 언급돼 있다는 것이다. 거기에 나오는 노래는 초봄 궁정 부근 언덕에서 열무를 따던 처녀에게 구혼을 하는 내용이라고 한다. 사쿠라이는 《만엽집》 노래의 보고로 이 지역과 관련된 노래가 240수나 있다는 것이다.

사쿠라이시는 또한 '불교전래의 땅'이라고 한다. 사쿠라이시 가나야(金屋) 일대는 고대 교역시인 쓰바이치(海柘榴)시가 있던 곳인데 《일본서기》에 따르면 6세기 긴메이(欽明)일왕 때 야마토가와(大和川)로도 불리는 하츠세가와(初瀬川)를 통해 백제 성왕으로부터 불상과 경전이 전해졌다는 것이다. 이 하츠세가와 주변에는 3.8m짜리 '불경전래지(佛教伝来地) 현창비'가 세워져 있다.

1971년 사쿠라이 지역에 '만엽집 노래비' 건립운동이 전개됐다. 노래비 건립은 당시 이케다 에이사부로 시장과 노벨상 작가인 가와바타 야스나리 등 일본의 문화예술인들이 뜻을 모아 만들었다. 1972년에 34기, 1974년에 10기, 1978년에 5기 등 현재 시가 건립한 게 49기, 민간이 건립한 게 17기 등 모두 66기의 만엽집 노래비가 시내 곳곳에 세워져 있다고 한다.

2012년은 《고사기》가 완성된 지 1300년, 2020년은 《일본서기》가 완성된 지 1300년이 되는 해라고 한다. 이에 나라현은 2012년부터 9년에 걸쳐 '일본의 원풍경'을 상기시키는 '기키 · 만요(記紀万葉) 프로젝트'를 추진하기도 했다. 사쿠라이 기키 · 만요프로젝트추진협의회는 2013년 고사기, 일본서기, 만엽집 등 '사쿠라이의 남겨두고 싶은 곳'에 대해 시민 공모를 실시해 응모된 399건에서 100건을 선정했다.

구마모토현 구마모토(熊本)시는 시민참여를 통한 구마모토성 복원을 추진하고 있다. 그 핵심은 '1구좌 성주(城主)제도'에 있다. 1997년은 구마모토성 축성(1607년) 400주년이 되는 해였다. 축성 400주년을 겨냥해 구마모토성 복원계획이 시작됐다. 가토 기요마사(加藤清正, 1562-1611)가 축성한 성곽 전체(98ha)를 30~50년 걸쳐 정비한다는 계획이었다. 가토 기요마사는 임진왜란 때 조선을 침략한 일본의 선봉장이었다.

이 구마모토성의 대대적인 복원(제1기)에 필요한 비용은 당시 약 89억 엔으로 추산됐다. 시가 부담할 가용예산은 45억 엔 정도로 절반밖에는 여유가 없었다. 이에 약 15억 엔의 시민모금을 추진하기로 한 것이다.

구마모토시 직원이 구마모토성 '1구좌 성주(城主)제도'를 제안했다. 1구좌 1만 엔 성주로 영대장(永代帳)에 이름을 영구히 보존하고 천수각 (天守閣) 방명판에 게시하기로 했다. 그 뒤 10년간 약 2만7,000명의 성주를 모집해 총 12억6,000만 엔의 모금에 성공했다.

구마모토성은 2008년에는 입장자수가 200만 명을 넘어 입장자수 일본 제일의 성이 됐다. 2009년부터는 새로이 '1구좌 성주(城主)제도'를 시작했다. 모금 대상은 일본 국내외 개인, 법인, 단체 등을 대상으로 했다. 1만 엔 이상을 기부하면 '1구좌 성주'로 '성주증(城主證)'이 발행되고, 천수각에 방명판이 게시된다. 1회에 10만 엔 이상 기부한 사람에겐 감사장도 증정된다. 성주증을 가진 사람에겐 '성주카드'가 주어져 시내 14개소 유료시설을 무료입장할 수 있다고 한다. 당시 목표액은 10년간 7억 엔이었고 2011년 현재 4억5,000만 엔을 모금했다고 한다.

그런데 2016년 구마모토지진으로 구마모토성은 성곽 석축이 무너지거나 천수각이 파손되는 등 막대한 피해를 입었다. 당시 오니시 가즈후미(大西一史) 구마모토 시장은 "구마모토성의 복구공사는 2052년까지 계속될 전망이다. 20년 후에는 지진 전의 모습으로 되돌리고 싶다. 복구비용은 적어도 600억 엔은 들 것"이라고 밝혔다. 그래서 나온 것이 기존의 '1구좌 성주'제도를 '부흥성주' 제도로 바꿔 참여하면 혜택을 늘리고, 다른 하나는 '구마모토성 재해복구지원금' 제도를 마련했다.

'부흥성주' 성주증이 있으면 여러 혜택이 주어진다. 구마모토성 입장료 1년간 무료를 비롯해 구마모토시가 관리하는 16개 유료시설의 입장료가 무료이고, 구마모토현 물산관이나 협찬점 등에선 구입가격의 5% 또는 10% 할인이 된다. 지진 이전에는 천수각에 방명판이 마련됐지만 지금은 공사중이어서 디지털방명판이 있고, 구마모토성 내 홍보실에 영상으로도 소개된다.

반면에 '구마모토성 재해복구지원금' 제도는 기부금으로 별도 혜택은 없다. 지역은행에서 수수료없이 계좌이체를 할 수 있게 돼 있고, 유증(遺贈)도 받을 수 있게 해놓았다. 이 기부금은 '구마모토시의 고향납세'나 법인세법상 손비처리 등으로 기부금 공제가 가능하다.

구마모토성의 '1구좌 성주제도'는 그 뒤 교토(京都)부의 니조성(二条城), 후쿠이(福井)현의 오바마성(小浜城) 등의 복원으로 확산되고 있다.

전통적인 역사문화가 있어야만 마을 만들기가 가능한 것이 아니다. 새로운 의미를 발견하는 것도 어메니티 도시 만들기의 한 방법이다. 군마현 아가쓰마(吾妻)군 쓰마고이(嬬恋)촌의 '아내사랑(愛妻)의 성지' 만들기가 좋은 사례이다. '아가쓰마'군 '쓰마고이'촌이라는 지역 이름이 바로 '내아내'군 '아내사랑'촌이란 말이다. 쓰마고이촌은 또한 일본에서 여름철 양배추 산지로 가장 유명한 곳이다. 쓰마고이촌의 양배추는 일본 전국 총출하량의 절반을 차지할 정도라고 한다. 그런데 쓰마고이촌도 지자체의 재정위기를 겪고 있었다.

그런데 이곳 마을에서 새로운 관광아이템 개발에 나섰다. 이 마을의 이름인 '쓰마고이촌'의 옛 문헌에 나오는 '죽은 아내 추모' 이야기를 스토리텔링해 관광자원화를 추진한 것이다.

'"내아내(吾妻)사랑마을" 쓰마고이촌 애처가성지(愛妻家聖地)위원회'를 발족했고 때 맞춰 일본애처가협회도 발족했다. 쓰마고이촌을 '애처가의 성지'로 추진하기로 한 것이다. 이들 회원은 모두 공통 디자인 명함을 갖고 있는데 이 명함에는 애처가협회의 주소가 '일본애처가협회본부(쓰마고이촌 애처과)'로 돼 있다. 뒷면에는 '아내라고 하는 가장 가까우면서 생판 남인 사람을 소중히 하는 사람이 늘어나면 세계는 좀 더 풍요롭고 평화로워질지도 몰라'라는 슬로건에다 유머러스한 활동

내8, 에치기 필독 '5가지 해본다' 원칙이 씌어서 있다.

①해본다 아내가 기뻐하는 집안일 한 가지 ②내본다 깨달았을 때 감사한 마음 ③들어본다 세상이야기와 오늘 일어난 일 ④버려본다 겉모습, 쑥스러움, 체면, 눈치 ⑤돼본다 사랑할 때 사귀던 기분

이들 회원은 '세상의 중심에서 사랑을 외치다(세카츄)'라는 일본 유명 영화의 제목을 패러디하여 '양배추밭 중심에서 아내에게 사랑을 외치다(카베츄)' 프로그램을 만들었다. '사랑'을 테마로 브랜드화하니 전국 언론이 관심을 가졌다.

이러한 이벤트로 쓰마고이 브랜드는 일본 전국으로 확산됐다. 부부암(夫婦岩)이 있는 미에현 이세(伊勢)시도 "부부암(夫婦岩, 메오토이와)의 정(町)"을 중심으로 아내에게 사랑을 외치다(메오츄)'라는 이벤트를 열었다. 모래언덕을 가진 돗토리현 돗토리(取鳥)시에서는 '모래언덕의 중심에서 사랑을 외친다(사큐츄)'라는 이벤트를 개최하는 등 전국으로 '부부사랑' 이벤트가 확산되고 있다.

우리나라의 어메니티운동

01 부산어메니티플랜과 수영강 · 온천천 · 백만평공원 · 낙동강 하구 어메니티

어메니티는 나의 발견이자 내가 사는 마을에 대한 발견이기도 하다. 부산은 1994년 우리나라 최초로 〈부산어메니티플랜〉을 수립했다. 1995년에는 〈수영강어메니티플랜〉으로 수영강변 지하차도화 시민제안이 나왔다. 1998년에는 '온천천어메니티'로 한수 이남 최초의 자연형 하천 만들기가 추진돼 콘크리트를 걷어냈다. 1999년부터는 '어메니티 100만평공원'이 범시민운동으로 추진되고 있다.

1994년 12월 부산시는 부산의 어메티니 개선을 위한 마스터플랜인 〈부산어메니티플랜〉을 수립했다. 부산일보(1994년 12월 13일)는 '도시계획에 환경개념 적극 도입…〈삼포지향(三抱之鄕)〉 인간도시 미래상 제시'라는 기사를 내보냈다.

'기존 도시계획에 환경의 쾌적성을 도입해 여유 있고 조화 있는 도시로의 전환을 모색하는 〈어메니티플랜〉이 우리나라에서는 처음으로 부산에서 실시된다. 부산시는 13일 시청 회의실에서 〈21세기를 향한 부산 어메니티플랜 연구용역 최종보고회〉를 갖고 시의 중장기 발전계획에 어메니티 플랜을 적극 도입할 계획이다. 이에 따라 을숙도 환경생태공원 조성 및 신평 · 장림공단 공원화, 낙동강 운하 및 나루터 개설, 하야리아부대 도심공원 조성, 친수공간 개발, 임시수도 및 영도 옛 전차 종점 기념광장 조성 등 다양한 시범사업이 실시된다.

도시발전연구소(소장 권철현)가 제출한 최종보고서는 〈3포지향(三抱之鄉)의 르네상스: 인간도시 부산〉을 미래의 어메니티상으로 제시하고 있으며 이를 위해 △살기 좋은 도시 △활기찬 도시 △아름다운 도시 △개성 있는 도시를 기본 목표로 설정하고 있다.

부산시가 펴낸 〈부산어메티니플랜 요약보고서〉(1994년 12월)는 어메니티상의 정립에서 시작된다. 부산시민의 어메니티 의식조사에서 가장 긍정적인 반응은 '사람의 기질'과 '자연'으로 나타났다. 다혈질이고 거칠며 무뚝뚝하지만 화끈하고 화통하며 인정이 많다고 평가된 '활기찬 기질'과 삼포지향의 바다, 산, 강 등 아름다운 자연으로 대표된다. 그리하여 어메니티상은 '삼포지향의 르네상스: 인간도시 부산'으로 잡고 이를 바탕으로 질(質, quality), 태(態, behavior), 미(美, beauty), 상(像, image)이라는 주요 4가지 구성요소를 중심으로 살기좋은 도시, 활기찬 도시, 아름다운 도시, 개성있는 도시를 기본목표로 설정한다.

이에 따른 수단으로는 살기 좋은 도시는 △건강한 도시환경 창출 △편리한 도시서비스 공급체계 확립 △안전한 도시환경 창출이며, 활기찬 도시는 △사회교류의 장 확보 △도심 보행자 공간·루트 확보 △관광휴양도시로서의 질 제고이다. 아름다운 도시는 △경관자원 보전 및 창출 △도시경관 개선 △경관자원에의 접근성 제고이다. 개성 있는 도시는 △수도(水都) 이미지 제고 △부산의 뿌리찾기·알기·익히기·심기 △자치구별 대표적 고유 이미지상 정립이었다.

이 보고서는 도시공원으로 하야리아부대의 이전 적지를 부산의 센트럴파크로 조성해야 한다고 주장했는데 하야리아부대 이전 적지가 부산시민공원으로 바뀐 지금 보면 선견지명이 있었다.

〈부산어메니티플랜〉을 비롯해 부산의 어메니티운동을 주도한 사람은 김승환 동아대 명예교수이다. 그는 일본 츠쿠바(筑波)대학 유학

시절 '어메니티'에 꼽혔다. 도쿄 AMR을 알게 됐고, 회원활동을 하면서 학문의 깊이를 더했던 것이었다. 1987년 2월 그의 박사학위 논문 '자연환경보전에 관한 한국과 일본의 비교연구—자연환경보전에 대한 국민의식과 보전제도의 전개'는 어메니티를 중심 개념으로 사용한 것이었다.

우리나라에서 어메니티라는 말을 최초로 공식 학술용어로 도입한 사람도 김 교수이다. 1988년 무렵 '쾌적한 도시 환경창출을 위한 도시 어메니티 구조의 해석에 관한 연구'라는 논문을 한국조경학회지에 투고했을 때, 논문심사회로부터 "어메니티는 영어이기 때문에 가령 쾌적함이라든지 적당한 한국어로 번역해야 마땅하다."는 지적이 있었단다. 그때 김 교수는 "어메니티는 아직 새로운 개념이고 쾌적함만으로는 어메니티의 본질적인 의미를 나타내기 어렵다. 적당히 번역하는 것보다는 일정한 연구를 통해 적절한 용어를 찾아야 할 것이다. 우선 어메니티를 그대로 사용하는 것이 바람직하다."고 반론을 제기해 게재가 한동안 미뤄지기도 했으나 결국 공식인정을 받게 됐다고 한다.

김 교수는 동아대 조경학과 교수로 1989년 6월 사단법인 도시발전연구소에서 어메니티분과위원장을 맡아 '도시와 어메니티'를 주제로 발표했다. 이것이 우리나라에서 최초의 어메니티 연구발표라고 할 수 있다. 1991년에는 도쿄에서 AMR·도시발전연구소 공동주최로 '한국·일본의 도시어메니티를 생각한다'라는 주제의 포럼을 열었다. 김 교수는 1993년부터 2015년까지 도시발전연구소 소장을 맡으면서 부산어메니티플랜과 시민운동을 주도했다. 김 교수는 또한 1990년대 동아대 대학원에 '어메니티론'을 개설했다.

이러한 어메니티 도시 만들기는 부산지역 시민단체로 확산됐다. 2002 부산아시안게임을 앞두고 '환경아시아드'로 만들자는 운동이 일어났다. 1995년 5월 부산경실련 환경분과위원장이던 고 오건환 부산대 지리교육과 교수는 "부산아시안게임의 성패는 대기환경 등 도시의 쾌적성에 달려있다. 부산시 시민단체 학계인사들로 구성된 가칭 〈부산아시안게임을 준비하는 환경대책위원회〉 구성이 시급하다."고 주장했다(부산일보, 1995년 5월 27일).

1999년 12월 '부산어메니티 100경'이 나왔다. 부산어메니티 100경은 오륙도 일출·동백섬 등 자연자원 23개, 태종대·이기대 등 공원 녹지자원 18개, 범어사·금정산성 등 역사자원 21개, 부산국제영화제·복천동 고분군 등 문화자원 19개, 자갈치시장·달맞이고개 등 생활자원 19개 등이다. 부산시는 그동안 구군에서 기초 조사한 1,656개소를 대상으로 전문가 토론과 여론조사 등을 거쳐 100경을 확정했다. 2005년 3월 부산시는 '부산어메니티 100경'을 새로 선정했다. 영도 절영해안산책로, 기장 테마임도, 부산국제록페스티벌, 해운대 벡스코, 광안대교 야경, 조선통신사 행렬 등 9건을 추가하는 대신 괴정동 회화나무·북극곰 수영대회 등 12건을 제외했다.

1995년 삼성지구환경연구소와 도시발전연구소(소장 김승환)가 공동 보고서 〈수영강 르네상스 2010-수영강의 친수공원화〉, 일명 '수영강어메니티플랜'을 내놓았다. 김 교수의 제안 중 탁견이었던 것이 바로 지금의 부산 해운대 센텀시티 인근의 강변고속도로를 지하화하자는 것이었다.

보고서는 수영교 상류~회동교 하류 구간 4km를 지하화하고 윗부분을 공원 및 상업지역으로 활용하는 방안을 제시했다. 이 구간을 지하화할 경우 소요예산은 약 1,200억 원으로 지상공사보다 1,000억 원이 더 소요되지만 민자유치를 해 지하도로 상부 60% 가량에 강변 몰과 저층상가를 조성, 사업의 경제성과 친수환경의 다양화를 이룰 수 있을 것이라고 주장했다.

부산시는 지하화 추가공사비가 든다는 이유로 받아들이지 않다가

김 교수를 비롯한 시민단체가 나서 부산시에 청원서를 제출하는 등 끈질긴 설득 끝에 강변도로 전체 2km 중 1km구간을 지하화하기로 계획변경을 해 그나마 오늘의 나루공원이 탄생하게 된 것이다. 2013년 '영화의 전당' 지하도 설계용역을 하고도 부산시는 예산 투자가 어렵다고 장기로 추진하겠다는 입장을 밝혔다가 2023년에야 지하화 추진이 가시화됐다. 국제신문(2023년 2월 26일)은 '영화의전당 앞 도로 지하화 10여 년 만에 본격화'라는 제하의 기사에서 부산시가 센텀중~신세계센텀시티 358m, 총사업비 467억원을 투입, 2024년에 착공하여 2026년에 완공할 예정이라고 밝혔다.

김 교수는 수영강 생태복원에도 앞장섰다. 김 교수는 부산시로부터 2012년 10월 민관협치기구인 '수영강 생태복원위원회' 위원장으로 선임됐다. '수영강 생태복원 2020 프로젝트'는 연어가 돌아오는 생태하천 조성을 위해 2020년까지 총 1조654억원을 투입하는 사업으로 수질개선사업에 분류식 하수관거 신설사업 조기시행, 유지용수 공급확대, 차집시설 개량 및 통합관리시스템 구축사업 실시, 하천 준설 등을 추진하는 것이었다.

이와 함께 어메니티운동은 그동안 죽은 하천으로 인식됐던 온천천의 자연형 하천 복원운동으로 이어졌다. 2000년 10월 지역 주민들에 의해 '온천천축제'가 열렸다. 이 축제는 온천천축제추진본부(공동본부장 김인태 김승환 박관용 조태원)가 1998년 이래 온천천의 수질이 계속 좋아지고 있으며 물고기가 되돌아오는 등 온천천살리기운동이 효과를 거두고 있다는 판단 아래 이 운동을 확산시키기 위해 20여 개 지역주민단체가 힘을 모아 마련한 것이었다. 축제 전날, 온천천 복원을 기념하는 학술행사도 열렸는데 동아대 승학캠퍼스에서 일본 AMR의 사카이 겐이치 회장과 다카하시 가츠히코 사무국장을 초청해 '시민 그랜드 어메니티파크'와 '일본의 하천어메니티운동'을 주제로 강

(사)100만평문화공원조성범시민협의회가 2003년 공원 부지로 매입해 만든 부산 강서구 둔치도 내 생태언못에서 아이들이 미꾸라지 잡기를 하고 있다(ⓒ100만평문화공원조성범 시민협의회).

연회를 열었다.

부산지역에는 2000년을 전후로 '공동체 담장 허물기' 운동이 확산됐다. 1999년 11월 부산 서구청이 처음으로 청사 외곽 40여 m의 담장을 허물고 그 자리에 자연석 화단의 쌈지공원을 조성했다. 부산서구청은 2000년 10월 전국체전이 열리는 서대신동 구덕운동장 외곽담장 50여 m도 허물어 소공원을 조성했다. 그해 부산동구청도 청사담장을 허물어 주민쉼터를 만들었다.

김승환 교수는 부산 강서구 지역에 '그랜드 어메니티파크' 만들기 운동에 20여 년간 매진하고 있다. "2002년 부산아시안게임을 눈앞에 두고 있던 상황에서 '한국 제2의 도시' 부산에 아시안게임 기념공원은 물론 상징적인 평지 대공원 하나도 없다는 현실이 부끄러웠습니다. 그래서 20년 정도의 장기계획을 갖고 우리 시민들의 손으로 100만평 공원을 만들어 보자. 지금 때를 놓친다면 이러한 꿈은 영원히 사라질

(사)100만평문화공원조성범시민협의회가 2018년 부산벡스코에서 "부산에 제1호 국가도시
공원을!!"이란 캐치프레이즈를 내걸고 국가도시공원 파트너즈 모집 활동을 벌이고 있다
(ⓒ100만평문화공원조성범시민협의회).

지도 모른다는 절박함에서 시민들이 나선 거지요."

　김 교수는 100만평문화공원조성범시민협의회를 만들어 사무처장
을 맡았다. 1999년 9월 도시발전연구소가 〈공원유원지 정비 및 개
발계획 용역보고서〉를 통해 100만평문화공원을 부산시에 제안했고,
2000년 7월 '100만평시민문화공원추진본부'를 결성한 데 이어 이듬해
5월에 '100만평문화공원조성범시민협의회'로 확대했다.

　처음엔 '희망사항'이라고만 여겨왔던 대부분의 시민들도 협의회
가 32만 명의 서명을 받아 부산시장에게 100만평공원의 꿈을 전달하
고 3년 만에 1,800명이 참여하는 3억여 원의 시민모금을 해냈다. 2002
년 7월 협의회는 토지담보 대출 등을 통해 공원예정지의 일부인 둔
치도땅 약 1만4,000평을 7억7,000만 원에 매입, 내셔널트러스트운동
의 좋은 사례를 남겼다. 물론 협의회는 도심소공원의 중요성을 간과
하지 않는다. 도심에 '빽빽하게' 소공원을 만들자는 '100*100플랜'도

추진하고 있다.

김승환 교수는 2015년 퇴임했다. 그는 한국건설신문의 조경칼럼(2022년 12월 12일)에 '2050년의 국가도시공원에 대한 상상과 소망'이란 제목의 칼럼을 쓰기도 했다. 2010년 그가 주창한 '낙동강하구 국가도시공원 지정'운동에 힘입어 2016년 국가도시공원법이 공포·시행됐다. 국가균형발전을 위한 지역 맞춤형 프로젝트 개발의 대상으로 '낙동강하구 국가도시공원'이 정부의 국비지원 과제로 선정됐다.

2022년 6월 부산시는 낙동강하구 국가도시공원 및 맥도100만평그린시티 조성을 위한 '낙동강하구 도시공원 기본구상 및 도시관리계획(공원) 결정용역'과 '맥도그린시티 타당성 조사 및 기본구상 용역'을 발주했다. 이 용역은 2024년 10월 마무리될 예정이다. 부산시도 '공원 속의 도시 부산' 만들기를 위해 푸른도시국을 신설하고, 국가공원추진과를 신설하는 조례개정안을 입법예고한 상태이다.

나아가 김 교수를 비롯해 김정환 부산YWCA 사무총장, 안도 부산불교환경연대 대표, 오문범 부산YMCA 사무총장, 주기재 부산대 생명과학과 교수, 박중록 습지와새들의 친구 운영위원장 등이 뜻을 모아 2023년 10월 '낙동강하구 세계자연유산 등재 범시민운동 추진위원회'를 공식출범시켰다. 추진위는 오는 2025년 1월까지 정부가 유네스코 세계유산센터에 제출할 '한국의 갯벌 2단계 세계유산 등재 신청서'에 낙동강 하구가 포함되도록 하는 데에 주력할 것이라고 한다.

김승환 교수의 어메니운동은 '어메니티 투쟁'에서 시작해 장기적인 '플랜'의 실천으로 이어지고 있다. 그의 노력을 보면 우공이산(愚公移山)이란 고사가 생각난다. 《열자(列子)》 탕문편에 나오는 우화로 우공이라는 한 늙은이가 태항산과 왕옥산을 옮기는 이야기 아닌가. "비록 나의 대에는 안 되겠지만 자자손손 이어 나가노라면 안 될 것이 뭐란 말이오?" 이러한 우화를 현실로 옮기고 있는 사람이 바로 김 교수이다. 그러한 그의 어메니티의 힘이 부산의 미래를 바꿔갈 것으로 믿는다.

02 충남 서천군의 '미·감·쾌·청 어메니티 서천'

충남 서천군은 '어메니티 서천'을 적극 추진해왔다. 특히 2000년대 초 나소열 군수가 재임하던 시절 '어메니티 서천'은 서천의 브랜드가 됐다.

서천과 어메니티는 어떤 관계가 있을까. 정답은 서천(舒川)이란 말 안에 있다. 어메니티를 우리말로 '쾌적성(快適性)'이라고도 하는데 중국말로는 '서적성(舒適性)'이라고 한다. 서천의 '서(舒)' 자와 어메니티의 '서(舒)적성'이 딱 들어맞는다. 서천은 바로 '어메니티의 고장'인 것이다.

'어메니티 서천' 만들기의 컨셉은 2003년 삼성경제연구소가 작성한 〈서천군 경제사회개발 5개년계획〉에서 나왔다. 2002년 나소열 군정 출범 이후 서천을 새롭게 평가하고 설계한 밑그림의 완성이 바로 '어메니티 서천'이다.

뉴스서천(2004년 4월 19일)은 '어메니티 서천' 추진 1년을 맞아 '어메니티 서천, 하는 데까지 해보자'라는 기획기사를 내놓았다. 핵심은 다음과 같다.

서천군은 2003년 6월 '어메니티 서천' 선포식을 갖고 의지를 다지며 '서천어메니티'를 '미(美)·감(感)·쾌(快)·청(靑)' 네 글자에 압축했다. 그 첫 번째가 '디스커버리 어메니티(Discover Amenity) 메신저 사업'이다. '서천은 곧 어메니티'라는 이미지를 부각시켜 서천군 자체를 상품화하겠다는 것이다. 둘째는 '어메니티 라이스(Amenity Rice)상 제정'으로 쌀 농업을 기반으로 둔 서천은 쌀 생산·가공·판매자를 대상으로

시상제를 도입해 어메니티쌀을 세계적으로 브랜드화 한다는 전략이다. 셋째 '어메니티마을 가꾸기사업'으로 급격히 도시화하고 있는 농촌마을을 '농촌다운 농촌마을'로 만들어 가겠다는 취지다. 넷째 '서천 어메니티포럼 창설'로 어메니티 서천의 실천을 위해 민·관이 함께하는 시스템을 만든다는 것이다. 다섯째 '어메니티 친환경농업관(서천쌀문화센터)의 건립'이다. 직불제, 기능성 쌀 육성, 농업테마파크 조성 등 서천의 친환경농업을 부각시키고 이를 관광으로 연계한다는 전략이다. 여섯째 '어메니티레스토랑 오픈'으로 서천에서 생산되는 친환경먹을거리를 통해 생산과 소비를 동시에 추진한다는 전략이다. 일곱째 '어메니티 문화·복지 콤플렉스(Complex) 건립사업'이다. 군의 중심에 녹지, 휴게시설을 겸비한 서천문화거점을 조성한다는 것이다. 마지막으로 '어메니티 서천 만들기를 위한 과제 실천사업'으로 서천의 갯벌보전을 위한 프로그램, 친환경농산물의 전자거래 구축, 아름다운 항구 만들기사업들을 담고 있다.

필자는 2003년 8월 서천군의 초청으로 월례조례 때 서천군 간부 공무원들을 대상으로 '어메니티 서천, 어떻게 만들 것인가'라는 주제로 특강을 하며 여러 가지 제안을 한 적이 있다. 어메니티 서천 만들기를 위해서는 먼저 '어메니티서천 추진위원회'를 구성하고, 어메니티과와 같은 전담부서를 설치하는 것이 좋을 것이다. 어메니티 서천 만들기를 위한 고찰로 먼저 〈서천군 경제사회발전 5개년계획〉과 '어메니티 서천'과의 관계에 대한 이해부터 출발해야 한다고 강조했다. 서천군 5개년계획에서 어메니티 서천의 비전을 만들어낸 주체는? 실현할 의지는? 다른 군의 '5개년계획'과의 차이점은? 구체적인 실천프로그램의 유무 등이 중요하기 때문이다.

그리고 나서 서천군 경제사회발전 5개년계획의 비전과 전략에 대한 나름의 제언을 덧붙였다.

첫째, 지역산업 및 인프라 면에서이다. 교통여건을 확대해 군산-대전-서울권 3개 문화권 특성을 공유함으로써 어메니티 서천의 전국화·국제화를 추구하기 용이하다. '일품일촌' 이미지를 적용할 수 있을 것이다. 군장공단은 생태공단으로의 이미지 전환이 절실하다. '들어와 살고 싶은 고향' 만들기. 한산모시 서천쌀 브랜드 파워를 높여야 한다. 인터넷을 적극 활용해 지역홍보를 할 필요가 있다.

둘째, 농어업 면에서이다. 서천군은 쌀과 김·주꾸미·전어·꽃게 등 농수산물 '1.5가공'에 주력해 지역특산물센터의 수도권 진출 등을 집중 공략할 필요가 있다. 환경단체 등과 연계하면 효과적일 것이며 농어업 노령인구를 청소년 환경·노작교육 현지 강사로 활용하고 어메니티팜을 육성하거나 팜스테이를 활성화할 필요가 있다.

셋째, 관광 면에서다. 서천군은 춘장대해수욕장, 희리산 자연휴양림, 마서면 갯벌체험, 신성리갈대밭, 금강하구철새도래지 탐조 등을 패키지상품으로 활용할 필요가 있다. 수도권의 환경단체와 연계하고 생태교육 프로그램을 적극 유치해 지역생태가이드 육성이 절실하다. 또한 이색, 이상재 등 역사인물과 청소년 교육을 연계하고 한산모시제를 '참여축제'로 만들고 한산모시와 관련된 특성고나 전문대학을 유치할 필요가 있다.

넷째, 지역마케팅 면에서다. '미·감·쾌·청-어메니티 서천' '인정과 자연이 살아있는 어메니티 서천' 등으로 이미지를 간결하게 통일할 필요가 있다. 한산모시, 서천쌀 등 개별 브랜드를 '서천 한산모시' '서천 어메니티 쌀' 등 서천 이미지를 제고해야 한다. 한산 모시를 중심으로 옷문화, 패션디자인 지역으로 재생할 필요가 있다. 한산소곡주+세모시 받침보+공작선=서천 한산소곡주(풍류) 세트화, 자하젓+까나리액젓, 서천김, 꽃게장, 죽염장=서천 해산물세트화를 하는 것이다. 이 경우 기존의 업체와 협의해 '서천한산주식회사'와 같온 민관합동회사를 구성하는 것도 하나의 방법이다. 재래시장을 '인정을 파는 시장' '향수를 불러일으키는 시장'이 되도록 소프트웨어를 개발할 필요가 있다.

다섯째, 환경 및 경관관리 면에서다. 금강하구 검은머리물떼새(천연기념물 제32호)를 '군의 상징 새'로 만들 필요가 있다. 현재 군조인 까치는 너무 일반적이다. 군목인 은행나무는 그냥 두되 군의 꽃인 개나리도 '동백꽃'으로 하는 것이 좋을 듯하다. 이와 관련해 군내 가로수 혹은 거리에 은행나무나 동백나무를 집중적으로 심고 가꿀 필요 있다(그 뒤 서천군의 상징 새는 검은머리물떼새, 상징 꽃은 동백꽃으로 바뀌었다). 하구둑 인근 금강환경교육센터 등에 겨울철 전국의 탐조객을 적극 유치하고 지역NGO를 육성하는 등 지역환경을 재발견할 필요가 있다. 전국 NGO와 연계해 NGO 전국대회 유치 프로그램을 개발하는 것도 중요하다.

여섯째, 문화 및 복지 면에서다. 주부들의 순수시 모임인 '여랑시' 등을 적극 홍보할 필요가 있다. 또한 청소년수련관 및 도서관 시설 확충으로 청소년 학습기회를 증진시키고, 노인대학을 활성화해 전국 노인대학 세미나나 심포지엄 혹은 전국노래자랑 및 장기자랑 경연대회 등을 유치하는 것이 바람직하다. 노인병원 및 요양시설을 적극 유치해 '노후가 쾌적한 고장' '노후에 살고 싶은 마을' 서천으로 만드는 것이 중요하다. 이와 함께 서천군의 출향인사에 대해 지역사랑 프로그램을 적극 개발하고 무엇보다 공무원의 주민 서비스를 제고할 필요가 있다.

참고로 어메니티 서천을 주도했던 나소열 전 서천군수는 2010년 삼선에 성공해 12년간 군수를 역임했으며, 지역특산물인 한산모시를 자주 입었던 것으로 유명했다. 2017년 6월 문재인 정부시절 대통령비서실 자치분권비서관으로 발탁됐으며, 2018년 8월부터 1여 년간 충남 정무부지사·문화체육부지사를 역임했다. 문제는 이러한 어메니티 정신이 후임행정에서도 지속적으로 발전할 수 있는가 하는 점이다.

뉴스서천(2012년 10월 8일, 10월 15일)은 창간기념특집으로 2차례에 걸쳐 "'어메니티 서천 10년' 서천은 지금?"을 내놓았는데 되돌아볼 점을 지적하고 있다. 그 보도의 요지는 '넘쳐나는 해안쓰레기, 외지인들 볼까 겁난다' '국립생태원 공공법인화, 생태도시 기본전략 흔들' '장기 요양기관 난립 양상, 부실 우려' '갯벌매립이 어메니티? 혼란스러웠던 군민들, 산단대신 국립생태원 조성' '국립생태원 공공법인화 이윤 추구 수단 전략 우려' '저서생물 말살하는 습지보호지역의 갯벌체험' '줄어드는 자연 해안선' '직강화되는 라궁천. 생태하천과는 거리가 멀다' '바다를 죽이는 어민들, 당국의 지도 단속 절실' 등이다. 결국 외형으로 드러난 도시어메니티의 부작용을 적나라하게 지적하고 있다.

서천군은 2018년 6월 슬로시티 회원도시로 가입했다. 생태슬로시키, 슬로라이프 실천, 슬로투어리즘, 슬로시티푸드 활동에 나서고 있으며 슬로시키 행정지원 조례가 제정돼 있으나 슬로시티 전담팀 구성이나 슬로시티시민협의회 조직은 제대로 구성돼 있지 않다(한국슬로시티본부, 한국슬로시티녹서(綠書), 2023).

어메니티 완성은 결국 주민들이 해야 한다. 어메니티 서천은 단체장 주도로 지역브랜드 차원에서 추진되었으나 단체장이 바뀐 이래 주민들의 능동적인 참여, 민관거버넌스가 없이는 살맛나는 진정한 어메니티 도시 만들기가 쉽지 않음을 여실히 보여주고 있다.

03 부산 해운대구의 '해운대어메니티'

"해운대구의 새 시대를 열어가겠습니다." 2018년 5월 민선 7기 구정을 시작한 홍순헌 부산 해운대구청장은 "사람중심 미래도시

해운대'를 비전으로 내세웠다. 그중 행정분야는 주민과의 적극 소통을 위한 'OK! 공감구청장실' 운영을 비롯해 쾌적한 해운대 조성을 위한 어메니티 3대 구민운동, 카카오톡 해운대신문 발행 등으로 신뢰받는 공감행정의 추진을 들었다.

홍 구청장은 2020년 10월 '2020 대한민국 자치발전 대상'(기초부문, 단체장)을 수상했다. 해운대구청은 △소통공동체 활성화(OK 공감 구청장실, 100인 원탁회의, 온라인소통망 다모이소, 고독사 예방 123 프로젝트) △참여공동체 실현(도시재생대학, 마을지기사무소 운영, 사회적경제기업 발굴, 해운대 별밤학교, 해운대 참시민학교, 해운대 어메니티 추진) △주민주도형 혁신공동체(주민자치회 운영, 해리단길, 갈등조정협의체 구성, 주민참여예산제) △안전하고 오래도록 머물러 살고 싶은 해운대 조성(구민안전보험, 빌딩풍 예방 용역, 방과후 프로그램 지원, 저출산 고령사회 대비책) 등에서 좋은 점수를 받았다.

부산대 건설융합학부 교수 출신인 홍 구청장은 도시전문가답게 '도시 발전의 중심에 사람이 있다'는 도시경영 철학을 갖고 해운대 우동~재송동 지역을 '도시어메니티 중심축'으로 조성하겠다고 밝혔다. 그는 2021년 들어 매달 쾌적한 도시환경 조성을 위한 '어메니티 데이'를 운영했다. 어메니티 실천운동의 일환으로 해운대구자원봉사센터로 사전 접수한 뒤 자기 집앞, 자기 가게 앞 주변을 스스로 청소하자는 제안이었다.

홍 구청장은 2021년 2월 '온 도시가 어메니티로 물든다~어메니티 드림(Dream) 해운대' 추진계획을 세우고, 그해 4월 어메니티문화확산협의회를 갖고 '해운대어메니티'를 본격 선언했다. 해운대어메니티란 사람중심의 쾌적한 도시환경으로, 높은 자긍심과 만족감 증진을 통해 계속 머물러 살고 싶은 도시 조성이라고 한다.

추진방향은 △경쟁력 있는 사업으로 주민이 머물며 살고 싶은 전략사업 추구 △시너지효과 극대화를 위해 모든 구정업무 복합적 상호

작용 필요 △미래도시 구상사업 위주의 어메니티 사업화 추진이다.

해운대구만의 경쟁력 있는 사업으로 주민이 머물며 살고 싶은 전략사업 추구는 △주민의 안전성, 전문성 및 자족성을 담보한 정주성 제고 전략 강화 △해운대 고유의 소재와 지역주민의 지혜 간 상호작용 속에서 거주의 쾌적성과 삶의 질을 향상시키는 사업 발굴이다. 어메티니 드림(Dream) 해운대는 29개 부서, 56개 사업이다. 2020년 우수부서 평가 결과 최우수는 늘푸른과, 우수는 교통행정과와 도시재생과가 받았다.

최우수 평가를 받은 늘푸른과는 △장산구립공원 지정 △장산마을 생태계 복원 △국립 도심형 숲속야영장 조성 △국립 해운대 도심형 숲체원 조성 △미세먼지 차단 가로화단 조성 △거미줄공원 리모델링 사업 △신시가지 일원 돌출뿌리 정비사업 △가로화단 및 녹지대 정비공사 △가로등 꽃걸이 장식사업의 9개 과제이다. 교통행정과는 △스마트 교통시티 해운대 조성 △빠르고 편리한 도로교통체계 구축사업 △교통약자 및 보행자 중심의 안전한 교통환경 조성사업 △구민과 함께 하는 선진 주차질서 확립 △스마트 모빌리티(전동킥보드) 안전관리 강화 △함께 만드는 방치자전거 없는 해운대의 6개 과제이다. 도시재생과는 △지속가능한 자족형 도시재생뉴딜사업 추진 △경관가이드라인 수립 △해운대온천길 특화거리 조성(간판개선사업) △불법 유동광고물 근절 시스템 확립 △마을공동체 활성화로 살기 좋은 마을환경 구축의 5개 과제이다.

2021년 사업발굴 5대분야는 ①편리성 ②환경성 ③심미성 ④문화성 ⑤경제성인데 구체적인 추진 예시는 다음과 같다. 기초지자체 차원에서 실천에 참고할 만한 것들이 많다.

①구민의 생활을 편리하게 해주는 도시 조성이다. 해당 주요부서는 재무과, 세무1·2과, 민원여권과, 교통행정과, 안전총괄과, 토지

정보과, 인문학도서관 등이다. △주민과 소통하고 공감하는 스마트 구정 실현(현 청사·행정복지센터 공간 활용 주민편의 향상, 무료와이파이 확대 구축) △납세자 중심의 세무상담 지원 및 편리한 납부 서비스 제공(복잡해진 취득세 세무상담, 모바일 납부 등 언택트 납부 제도, 지방소득세 세무서 민원창구 운영, 지방세 환급금 기부제도 등) △고객이 체감하고 신뢰하는 민원서비스 제공(원스톱 통합 민원서비스, 온라인 출생신고 등 비대면 민원 처리, 사회적 배려대상자 맞춤형 여권 서비스, 24시간 열린 서비스 운영) △안전하고 편리한 도로교통 체계 구축 및 사람중심 미래지향적 교통환경 조성(해운대 지능형교통시스템 HITS 추진, 안전한 교통시설물 설치, 맞춤형 주차공간 확충, 효율적 주차단속 및 성숙한 주차문화 조성, 점심시간 주정차단속 유예 확대, 교통약자 보호구역 정비사업) △유형별 재난대응 체계 확립 및 구민안전 확부(재난통합방재 컨트롤타워 체계 개선, 구민안전보험 활용성 증대, 재난 유형별 방재체제 확립, 재해저감사업, 관제시설 확충 및 고도화) △부동산행정서비스 및 정보제공, 정확한 지적 관리(부동산 무료상담 및 투명한 부동산 거래 지원, 건전한 중개업 육성, 정확한 지적조사 및 QR코드 토지경계 확인 서비스) △도서관 인프라 확충 및 고객중심의 도서관 운영, 독서문화 조성(스마트도서관 운영, 생활밀착형 독서환경 조성, 생애주기별 인문학 교육 및 프로그램 운영, 독서문화 정보 제공)

②구민의 오감을 만족시키는 도시 조성이다. 해당 주요부서는 소통협력과, 환경위생과, 자원순환과, 도시재생과, 늘푸른과, 건축과 등이다. △구민협력으로 참여와 나눔문화 확산(기업·단체·주민주도형 환경정비 활동 강화, 우수 자원봉사자 지원, 공유부엌, 생애주기형 봉사단 운영 등 맞춤형 자원봉사 활동, 공공체육시설 인프라 확충, 생활 체육활동 활성화) △기후변화 위기 선제대응으로 그린뉴딜 실현(기후안전도시를 위한 탈탄소 녹색환경, 온실가스 제로화 추진, 건강한 생태도시 조성, 안전하고 쾌적한 약수터 조성, 환경오염물질 관리 강화, 환경서비스 확대, 고농도 미세먼지 저감대책, 안심식당제 운영, 공중위생업소 체계적 안전 관리) △사람중심의 쾌적한 청정도시 조성(생활주

변 쾌적한 이면도로 조성, 무단투기지역 체계적 관리, 잔반 제로 챌린지, 글로벌 화장실 문화 조성, 주택 재활용 정거장, 아이스 팩 재사용 시범사업 추진) △선제적 도시정책 추진을 통한 균형잡힌 지역발전 도모(일자리·문화·교육 분야 지속가능한 도시재생 뉴딜사업 추진, 센텀2지구 첨단산업단지 조성, 해운대터널 건설) △주민이 공감하는 주거문화 조성 및 신뢰받는 건축질서 확립(공동주택 주차장 설치, 안전취약 보수 등 각종 관리 지원 사업 추진, 투명하고 공정한 재개발, 재건축 정비사업 추진) △지속가능한 친환경 생태도시 환경 조성(송정옛길 2단계 추진 및 여가녹지 조성, 임도개설 및 숲속야영장 조성, 생활권 산림교육, 맞춤형 치유 프로그램 운영 활성화, 디지털·비대면 산림서비스 및 녹색공간 조성 추진)

③미적 감각을 충족하는 도시 조성이다. 핵심 주요부서는 관광문화과, 도시재생과, 도시관리과, 늘푸른과, 건설과, 건축과, 관광시설관리사업소, 문화회관 등이다. △매력있고 아름다운 관광인프라 확충(좌수영교 및 APEC나루공원 수변로 야간경관 조성, 마린시티~달맞이 관광거리, 해리단 원도심길 도보관광코스 개발, 해수욕장 친수공간 조성, 해양레저관광 거점도시 조성) △도심과 조화로운 도시디자인 수립(도시디자인 탐사단 운영, 구정접목 공공디자인 발굴 등, 비관 저해 불법 간판·광고물 근절, 안전한 고정광고물 관리 강화) △안전하고 쾌적한 도시공간 조성(도시미관 저해 시설물 정비, 공중선 지중화 및 보행환경 개선, 가로등·친환경 조명등 설치, 야경이 아름다운 명품도로 조성, 하천·하수관로 정비, 체계적이고 안전한 펌프장 및 지하차도, 수문관리) △쾌적하고 품격있는 도심녹지 환경조성(고가교 하부 도시바람길숲, 자녀안심 그린숲 등 주민체감형 도시숲 조성, 도심 속 정원 꽃도시, 옹벽 입체녹화 조성, 쌈지공원 리모델링, 공원 화장실, 주차장 정비 및 어린이공원 안전 보수) △관객과 소통하고 감동을 주는 문화예술공간 구현(민관 공동기획 콘텐츠 개발, 공연장 시설개선 및 확충, 커뮤니티형 공연 및 수준 높은 공연 유치, 맞춤형 문화사업 추진)

④다른 도시와 차별화되어 구민의 자긍심 고취하는 도시 조성이다. 핵심 주요부서는 기획조정실, 감사담당관, 행정지원과, 소통협력

과, 관광문화과, 관광시설관리사업소 등이다. △미래지향적 구성기획으로 구정비전 완성 지원(해운대2040비전과 전략 수립, 주민참여 활성화, 열린 재정 운영) △청렴문화 조성 및 적극적인 민원해결로 주민불편 해소(청렴시책 강화 및 청렴구민감사관 운영, 규제개혁 과제 발굴) △주민과 소통하는 현장중심 열린행정 추진 및 주민자치 실현(주민참여형 현장중심 행정, 주민주도형 실질적 주민자치, 홈페이지 콘텐츠 강화 및 고품질 공공데이터 개방 확대) △평생학습과 미래인재 맞춤형 교육 지원(수요자 중심 고품격 강좌, 평생학습문화 확산 및 성과 공유, 해운대형 다행복교육지구 운영 및 지원센터 구축) △혁신과 참여로 소통하는 해운대 조성(주민참여 비대면 콘텐츠, '해운대야 놀자' 등 SNS 구민소통 활성화, 구정 주요 정책 기획보도, 모바일 해운대신문 운영) △관광자원 및 콘텐츠 개발로 고품격 관광도시 조성(관광자원·상품 개발과 관광산업 육성, 관광마케팅 강화, 해수욕장 사계절 프로그램 강화, 해수욕장 편의시설 개선, 청년축제 코디네이터 운영, 위드 코로나 프로그램 운영) △소통하고 함께 누리는 문화도시 조성(달맞이길 문화관광 특화구역 육성, 버스킹과 놀이문화 활성화, 찾아가는 음악회 개최, 지역자원을 활용한 문화예술 행사 추진)

⑤지역활성화 추진, 구민 모두가 잘사는 복지도시 조성이다. 핵심 주요부서는 일자리경제과, 복지정책과, 생활보장과, 노인장애인복지과, 가족복지과, 도시재생과, 보건행정과, 건강증진과 등이다. △서민경제 안정을 위한 안정적 일자리 창출기반 조성(일자리거버넌스 구축 및 계층별 맞춤형 일자리 취업 지원, 권역별 일자리 설명회, 기업지원 설명회, 채용박람회 개최) △청년정책 지원 및 소상공인 자생력 강화(청년정책위원회, 청년창업공간 제공, 청년맞춤형 일자리 지원, 스마트 소상공인 육성, 골목상권 살리기 프로젝트) △선도적 전통시장 구축 및 지역경제 활성화 추진(시장경영바우처사업, 웰빙먹거리 등 문화관광형 사업 추진, 사회적경제기업 육성, 스마트상점 등 비대면 주문서비스 지원) △공동체 활성화로 살기좋은 마을환경 조성(마을공동체 주민역량 강화 및 마을지기사무소 운영서비스 확대, 도시재생예비사업 추진,

동네 사랑방 지원프로그램 운영) △아이가 행복한 가족튼튼도시 해운대 조성(다함께돌봄센터 및 국공립어린이집 확충, 공동육아나눔터 조성, 아동학대조사 공공화 추진 및 보호전담 인력 확충, 청소년수련시설 운영 개선, 청소년 흡연골목 정화 프로젝트) △즐겁고 활기찬 노후지원 및 맞춤형 복지안전망 확대(노인복합시설, 경로당 환경개선 등 노인여가복지 인프라 확충, 노인일자리 및 어르신맞춤 돌봄서비스 지원, 고독사 예방 지원) △주민과 공감하는 보건행정 구현 및 신속한 감염병 대응체계 확립(출산희망 릴레이, 임산부·영유아 건강관리, 헌혈의 날 지정 운영, 감염병 사전예방 안전망 구축, 친환경 방역소독 실시, 호흡기전담클리닉 설치 운영, 의료기관·의약업소 안전관리 실시) 등이다.

해운대구청은 매년 부서별 어메니티 사업 발굴과 어메니티 추진상황 보고회를 갖고 우수부서 평가를 해왔다. 2022년 6월 홍순헌 구청장의 임기도 끝이 났다. 아쉽게도 해운대구청의 해운대어메니티는 어메니티 단계로 보면 가장 기초적인 안전이나 공중위생 수준에서 머물러 있었다. 단체장이 바뀌더라도 이러한 해운대어메니티의 사고는 해운대구청의 전반적인 행정에 녹아들고, 더욱 발전됐으면 하는 바람이다.

4 '창의도시 진주'의 도시어메니티

경남일보(2019년 11월 7일)에 강현숙 진주미술협회 문화정책위원장이 '진주가 빚는 도시어메니티'라는 글을 기고했다. 이 글의 요지는 이렇다.

글로벌사회에서 문화경쟁은 곧 경제적 경쟁과 직결되어 문화가 경제인 시대가 되었다. 과거에 일과 생산이 도시경쟁력의 중요한 부분을 차지했다면 현재는 여가와 소비중심의 도시경쟁력 강화가 중요한 이슈로 떠올랐고 문화, 여가, 소비, 도시 '어메니티'는 새로운 패러다임이 되었다. 진주시도 진주의 정체성이 담긴 독특한 문화자원을 지역의 이미지 제고를 위한 중요한 매체로 인식하고 지역의 문화자원 발굴과 콘텐츠 개발에 초점을 맞춰 중·장기 발전 전략을 내놓고 지역경제 활성화 방안을 모색하고 있다. 천혜의 수변경관 진양호를 비롯해 도심을 가로지르는 남강을 중심으로 펼치는 친환경 레저, 테마가 있는 문화공간조성은 진주의 도시어메니티, 중심축으로서 진주의 상징가치 중추로 꼽히게 되었다.

진양호 근린공원사업을 비롯해 수려한 호수 경관과 힐링이 함께하는 진양호반 순환둘레길, 진양호 노을과 함께하는 '친환경 진양호 가족공원'은 진주시가 생태도시, 매력적이고 쾌적한 도시 '진주어메니티' 구상을 실현하는 대표적인 모델이다. 진주시가 도시발전을 위한 전략으로 어메니티개념을 적용하여 도시재생을 시도하는 부분은 매우 혁신적이다. 진주만의 강점 인프라와 진주의 '도시어메니티'에 양질의 소프트웨어를 창조적으로 버무리고 빚어서 진주를 찾은 관광 소비자들의 관광욕구를 자극하고 관광동기를 유발함으로써 관광소비자가 관광을 행동으로 옮기는 관광의 선순환 구조가 만들어져 지역경제에 활력이 되기를 바란다고 끝을 맺고 있다.

진주는 예로부터 '인권과 교육의 도시'이다. 진주는 진주성싸움(1592-3), 진주농민항쟁(1862), 형평사운동(1923)을 겪으면서 인권의 고장이 되었다. 또한 진주는 남명학파의 근거지로 서부경남의 교육의 중심지이고, 소년운동(1920)의 발상지이다. 진주는 대표적인 문화예술의 도시이다. 20세기 초 전국 제일의 전문예술단체가 진주를 기반으로 전국적으로 활동하였으며, 한강 이남에서 가장 큰 전통예술학교가 있었다.

진주는 전통공예의 도시이다. 가장 많은 전통가구 제작자(소목장)들이 진주에서 활동하고 있으며, 장도장과 두석장도 전승되고 있다. 진주는 우리나라 차문화의 발상지이기도 하다. 인근 하동 등지에서 생산되는 좋은 차를 바탕으로 진주사람들은 차문화를 즐긴다. 진주에선 1949년 한국 최초의 문화예술축제가 개최되었다. '문화예술을 통해서 지역의 문화와 경제를 가꾸어 가자'는 슬로건으로 국내에서 가장 큰 문학 · 미술 · 음악분야 예술경연대회를 열어 많은 예술가들을 배출했다.

이러한 진주시민들의 창의성과 지역의 문화자산을 바탕으로 진주시는 2019년 11월 유네스코 창의도시 네트워크(UNESCO the Creative Cities Network)의 회원도시에 가입하게 된다. 예술교육을 통해서 시민들의 창의성을 일깨우는 유네스코 창의도시가 된 것이다. 진주시는 2019년 5월에 제1회 공예 · 민속예술 비엔날레를, 2021년에는 진주전통공예비엔날레 행사를 개최했다.

유네스코가 국제적인 창의도시 네트워크를 만들자는 논의를 시작한 것은 2004년이다. 유네스코 창의도시 네트워크는 공예 및 민속예술, 문학, 영화, 음악, 디자인, 미디어예술, 음식 등 7개의 분야를 가지고 있으며 신청 도시의 문화적 특성과 환경, 선호에 따라 이들 분야 중 하나를 선택할 수 있다. 2022년 현재 유네스코 창의도시 네트워크에 참여하고 있는 도시는 총 93개국 295개 도시이다.

우리나라에서는 서울(디자인, 2010), 이천(공예 및 민속예술, 2010), 전주(미식, 2012) 부산(영화, 2014), 광주(미디어아트, 2014), 통영(음악, 2015), 대구(음악, 2017), 부천(문학, 2017), 김해(공예 및 민속예술, 2021)가 가입해 활동하고 있다. 진주시는 2019년 유네스코 공예 및 민속예술 창의도시로 공식 지정되었다.

유네스코 창의도시 진주 홈페이지(www.creativecityjinju.kr)를 보면 창의도시 진주는 '역사와 문화를 품에 안고 미래산업을 가꾸어 가는 창의도시'로 나아가고자 한다고 밝히고 있다. 이 창의도시는 '환경의 쾌적함과 문화의 매력을 즐길 수 있는 도시'이고 '창의인재가 살기 좋고, 창의활동하기에 좋은 도시'이며 '네트워킹하고 창의적 사고를 나눌 수 있는 도시'이다. 바로 환경의 쾌적함과 문화의 매력을 즐길 수 있는 어메니티 도시를 지향한다는 말이다.

진주시는 창의도시 진주를 세계적으로 알리기 위해 노력하고 있다. 더팩트(2023년 3월 30일)는 '진주시-일본 가나자와시, 유네스코 창의도시로 하나되다'라는 제목의 기사를 소개하고 있다. 조규일 진주시장을 단장으로 한 진주시 국제교류도시 방문단이 2023년 3월 30일부터 이틀간 일본의 대표적인 전통문화·정원도시이자 유네스코 공예분야 창조도시인 가나자와시를 방문한다는 기사다. 가나자와시는 인구 46만 명의 이시카와현청 소재지로 일본의 옛 모습을 그대로 간직한 대표적인 전통도시이자 유네스코 공예 창의도시로 '제2의 교토'로 불리는데 2009년 유네스코에서 선정하는 창의도시(공예분야)로 지정된 바 있다.

진주하면 요즘 빼놓을 수 없는 사람이 있다. 바로 어른 김장하 선생(80)이다. "어른은 없고 꼰대만 가득한 시대, 당신은 어떤 사람이 될 것인가?" 경남 사천과 진주에서 60여 년간 남성당한약방을 운영해온 한약사 김장하 선생. 20대부터 장학사업을 시작해 혜택받은 학생이 1,000명이 넘을 정도로 전 재산을 어려운 이웃을 위해 나눠줬다. 마흔 살에는 명신고를 설립하고 그 학교를 국가에 헌납했으며, 옛 진주신문이 창간하자 운영비로 매월 1,000만 원씩 10여 년을 지원하고 형평운동기념사업회, 진주문화연구소 등 인권·문화예술·학술연구·환경분야의 지역 민간단체를 물심양면 도왔다. 이런 선행에도 언론 인터뷰에 한 번도 응하지 않은 사람. 정작 자신은 낡은 양복에 뒤축이 닳은 구두를 신었고 여럿이 있어도 늘 구석진 자리에 앉았다.

'어른 김장하'는 2023년 초 MBC경남의 기획특집으로 제작돼 전국적으로 알려졌다. 카메라는 김장하 선생의 일대기를 추적하는 김주완(전 경남도민일보 편집국장) 기자의 뒤를 쫓지만 선생은 쉽사리 인터뷰에 응하지 않고 침묵한다. 영화는 선생보다는 주변 사람들을 삽삽이 탐문하며 그들의 옛 기억과 구술을 조각조각 맞춰 선생의 서사를 더듬는다. '어른 김장하'는 그해 11월 중순에는 영화로 거듭나 전 국민에게 울림을 줬다.

한겨레(2023년 11월 26일)에 '어른 김장하 현상'이란 제목의 칼럼을 쓴 권영란 진주 '지역쓰담' 대표는 어른 김장하 현상을 이렇게 적고 있다.

희한한 일은 계속 일어나고 있다. 전국 각지에서 진주를 방문하는 이들이 잇달았다. 삼삼오오 진주에 와서 폐업 후 셔터가 내려진 남성당한약방 앞에서 인증샷을 찍는가 하면 주변 자전거포, 식당을 기웃댔다. 대형버스를 대절해, 김주완 기자가 쓴 책 '아름다운 부자 김장하 취재기' 《줬으면 그만이지》를 들고 '김장하 루트'를 탐방하는 단체도 있다. "우리 사회는 평범한 사람들이 지탱한다."는 선생의 말을 되뇌며 좀 더 좋은 어른을 꿈꾸고 스스로를 응원하는 걸음이다. 많은 사람들이 '어른 김장하'에 스며드는 중이다.

어메니티는 결국 사람으로 귀착된다. 어메니티 사람이 어메니티 도시를 만든다. 창의도시, 어메니티 도시는 이런 사람들의 삶으로 완성된다.

05 어메니티과학연구회 · 어메니티과학실험방 · 생태유아교육공동체

'사랑과 생명을 품고 있는 환경실천 사상'인 어메니티(Amenity) 정신을 과학에 접목시킨 '어메니티과학'이 20여 년 전부터 부산지역 학교를 통해 전국적으로 확산돼 왔다. 1999년 6월 부산시역 중등과학교사 10여 명이 모여 어메니티과학연구회를 발족했다. 이 연구회가 지향하는 것은 '어메니티과학'이다. 어메니티과학이란 과학을 바람직한 사회·윤리적 가치관 위에 서 있도록 한 휴머니즘에 바탕을 둔 과학, 자연친화적인 과학, 자연을 탐구하여 자연을 닮고자 하는 과학이라고 말한다.

이 모임이 만들어진 계기는 부산지역 과학교사들의 '어메니티'와 '신과학' 공부모임에서부터 출발했다. 당시 동아대 조경학과 김승환 교수와 국제신문사 환경전문기자로 있던 필자, 그리고 일본 AMR의 사카이 회장과 다카하시 사무국장으로부터 '어메니티' 개념을 알게 됐고,《피라미드 에너지》의 저자인 허창욱 박사,《신과학이 세상을 바꾼다》의 저자인 방건웅 박사로부터 '신과학'을 접하게 됐다고 한다. 그 뒤 이들은 부산대 보육종합센터(센터장 임재택)에서 개최하는 '생태강좌' 강연 등을 통해 어메니티, 환경, 생명, 과학의 정체성 등을 주제로 회원 자체 연수를 가진 뒤 에메니티과학연구회를 만든 것이다.

이 연구회가 강조하는 것은 '어메니티과학실험'이다. 이들 회원은 자연의 주제를 물, 불, 흙, 바람, 지렁이 등 10개 주제로 나누고 이들을 '확인'하고 '특성'을 이해하고 '이용'하는 실험을 개발했다. 그리하여 대한민국 과학축전, 지역 과학축전, 그리고 환경과 문화 관련 행사나 단위 학교 과학행사 때 이러한 과학실험들을 선보여왔다.

어메니티과학연구회의 주축은 당시 남산고 화학교사이던 김옥자 선생으로 초대 회장을 맡아 10여 년간 이 모임을 발전시켰다. 부회장은 부산진고 화학교사이던 심정애 선생이었다. 김 교사는 1992년에 이미 뜻있는 교사들과 함께 '부산과학교사모임'을 만들었고, 1994년에는 '환경을 생각하는 부산교사모임'을 만들어 초대 회장으로 활동하는 등 학교환경교육에도 열성이었다.

이 연구회는 또한 어머니들을 위한 '다살림과학교실'을 열어 유치원, 사회복지관, 도서관 등의 사회교육프로그램에 참여해 어메니티 과학실험을 소개해왔다. 이와 함께 1999년 10월엔 이러한 실험공간으로 다살림과학교실(회장 신수경)과 함께 부산 동래구 온천동에 20평 규모의 '어메니티과학실험방'을 마련했다.

당시 국제신문(1999년 11월 1일)은 어메니티과학실험방 개소를 이렇게 소개하고 있다.

"과학실험방에 올 땐 반드시 흙 한 줌씩 가져오세요." 이들 두 단체는 개소식 참석자들에게 반드시 흙을 한줌 들고 오도록 초청장에 써넣어 이날 참석자들은 손에 흙을 한 봉지씩 들고 입장했다. 개소식 '어메니티과학실험쇼'에서는 흙의 왕성한 촉매작용을 실험을 통해 보여주기도 했다. 또 손수건갖기운동의 일환으로 치자, 양파, 포도 껍질 등을 이용한 천연염료 손수건을 직접 만들어 기념품으로 나눠줬다. 20평 남짓한 어메니티과학실험방은 '하늘' '땅' '사람'을 주제로 한 각종 '실험파일'을 뽑아 학생 스스로 실험을 할 수 있도록 되어 있다. 사랑방강좌도 가졌다. 어메니티과학실험방은 평일 오전 10시-오후 6시까지 무료개방되며 흙을 한 봉지 정도 준비한 사람들에게만 입장이 허용된다.

이들 회원은 2004년부터 2015년까지 10여 년간 주말을 이용해 '어메니티 환경학교'를 열었다. 어메니티 환경학교는 학교 밖 연합동아리를 대상으로 한 프로그램이다. '자연 속으로'의 생태기행과, '이야기 속으로'의 이야기꾼을 모셔 놓고 조상들의 삶의 지혜를 듣는 초청강연과 그리고 '실험 속으로'의 어메니티과학실험 체험 등의 세 가닥으로 풀어 나갔다. '자연 속으로'는 자연을 있는 그대로 느끼는 과정으로 현장학습과 체험학습, 생태기행을 강조한다. '이야기 속으로'는 현재의 자연이 있기까지의 역사와 현재의 자연의 모습 뒤에 숨어있

과학축전 행사의 어메니티과학연구회 부스에서 어메니티환경학교 학생들이 어메니티과
학실험을 시연하고 있다(ⓒ어메니티과학연구회).

을 자연의 본 모습에 대해 앞서 살아 온 선조들의 이야기를 듣고 자
료를 모으는 과정이다. '실험 속으로'는 앞서 관찰, 조사한 내용을 내
손끝에서 조작적인 방법으로 파헤쳐 보는 분석적인 과정이라고 한다.

어메티니과학연구회는 어메니티과학실험을 교육현장에서 풀어낼
수 있는 교사 직무연수도 실시했다. 2001년에는 유치원 교사들을 대
상으로 학점인정 자율연수(40시간)를 실시하였고, 2002년에는 초등교
사들을 대상으로 어메니티실험연수(37시간) 프로그램을 실시하였다.
이 연구회는 〈어메니티 어린이 과학실험교실 자료집〉〈어메니티 주
말 과학실험교실 자료집〉〈교사용 어메니티과학실험 연수 자료집〉
등 다양한 자료집도 펴냈다. 이 연구회는 중등학교 교과서에 나오는
실험을 어메니티적으로 바꾸는 일을 시작했고 교과서에 나오지 않는
흥미 있는 어메니티과학실험도 계발하는 데 나섰다. 이들 연구회 회
원은 지역하천 살리기에도 적극 나섰다. 2000년도부터 온천천 축제가

있을 때마다 거의 매년 '물, 공기, 흙, 대장간, 도깨비, 어메니티 과학쇼' 등을 열어왔다.

2012년 9월 사직고 화학교사이자 (사)전국과학교사협회 회장이던 김옥자 교사는 부산진구 초읍동 어린이대공원 인근으로 어메니티과학실험실(113평)을 옮겨 '어메니티과학연구회'와 '어메니티 환경학교'를 계속했다. 김 교사는 옮기는 학교마다 교내 과학동아리를 만들어 대한민국과학축전을 비롯 부산·울산·제주·경북 과학축전 등 전국의 과학문화행사에 참여했다. 그는 또 청각장애학생들을 위한 과학수업 교재 및 모형개발에 나서 '손의 과학! 느낌의 과학' '마술 속의 과학' '놀이 속의 과학' '고정 관념을 깨자!' 등 장애학생과 비장애학생들이 함께하는 특수학급 대상 학생의 과학교육 프로그램도 개발해 실천했다. 김 교사는 2008년 대한화학회가 주는 '올해의 화학교사상'을, 2010년에는 교과부와 한국과학창의재단이 주는 '이달의 과학문화인상'과 '올해의 과학교사상'을 수상했다. 김 교사는 어느새 전국 과학교사의 대모가 돼 있었다. 이러한 어메니티과학을 심화하는 과정에서 김 교사는 2012년 8월 대구대 대학원 과학교육과에서 교육학 박사학위를 받기도 했다.

국제신문(2012년 9월 24일) 인터뷰 기사에서 김 교사가 생각하는 과학이란 어떤 것인가 하고 묻는 기자의 질문에 "'가르치며 즐겁고, 배우며 즐거운 과학실험' '시간과 물자를 절약할 수 있는 과학실험' '환경오염을 줄이는 과학실험' 등을 중시하는 것으로 한마디로 '어메니티과학'"이라고 말했다. 김 교사의 신념은 '과학은 생활이며 곧 삶이어야 한다'는 것이었다.

김 교사는 2015년 2월에 40년간의 교직생활을 마치고 정년퇴임했다. 그리고 지역환경단체인 '습지와새들의 친구' 이사장을 맡고 있다. 퇴임 후 김옥자 박사는 국내외 과학교육 봉사활동에 적극 나섰다. 대한민국과학축전은 시작부터 지금까지 참가해 '열려라! 즐거운 화학세상'을 10여 회째 주관하고 '과학앰배서더' 강연, 각종 과학실험연수강사, 어메니티과학실험 연수 주관 등 다양한 형태로 과학인구의 저변 확대에 노력하고 있다. 2010년부터 시작한 동티모르 과학봉사활동은 지금도 계속되고 있다. 2014년에는 한국과학창의재단과 KOICA(한국국제협력단)가 진행하는 베트남 과학봉사활동에 참여해 과학교사연수 프로그램을 개발하고 지원했다.

어메니티과학연구회와 어메니티과학실험방은 다살림과학교실과 함께 2015년부터는 부산역 인근 건물에 50평 규모의 공간을 마련해 일반인에게 공개하고, 학생들이 자유탐구활동을 하는 공간으로 활용하고 있다. 또한 어메니티환경학교에 참여했던 고교연합동아리 출신들이 그 뒤 '그루터기'라는 모임을 만들어 활동해왔는데 올해 들어 어메니티과학연구회와 '그루터기(1기 회장 계성훈)'가 뜻을 모아 지금의 어메니티과학실험방에 '사단법인 사제동행 어메니티 도서관'을 꾸미기로 함과 동시에 지역과학문화축제를 준비하기로 했다고 한다. 어메니티과학실험은 지금도 진행중이다.

김옥자 박사의 어메니티과학실험과 함께 빼놓을 수 없는 것이 부군인 임재택 부산대 명예교수의 '생태유아교육공동체'운동이다. 임재택 부산대 명예교수는 지금은 부산 해운대에서 사단법인 한국생태유아교육연구소 이사장으로 있다. 임 교수는 부산대 유아교육과 교수로 35년간 근무하다 2014년 2월 정년퇴임한 후 2016년 9월 한국생태유아교육연구소를 설립했다.

임 교수는 일반 교수가 생각할 수 없는 다양한 일을 '끊임없이' 만들어 해왔다. 그의 대표적인 활동을 연대기적으로 간단히 살펴보면 이러하다. 부산유아교육학회 회장(1988-2002), 우리 아이들의 보육을 걱정하는 모임 회장(1990-1995), 부산대 보육종합센터 관장(1994-2020),

한국유아교육학회 부회장(1994-2002), 부산대 부설 어린이집 원장(1995-2007), 유아교육 공교육체제 실현을 위한 범국민연대모임 상임공동대표(1997-2004), (사)생태유아공동체 이사장(2002 2011), 한국생태유이교육학회 회장(2002-2016), 한국건강연대 공동대표(2004-2010), 현장귀농학교 교장(2006-2009), 아이건강국민연대 상임공동대표(2007-2009), (사)한국숲유치원협회 회장(2010-2015), (사)부모애숲 이사장(2015) 등이다.

교수에다 학회장은 물론, 어린이집 원장, 현장귀농학교 교장, 생태유아공동체 이사장, 연대 공동대표 등 직함이 다양하지만 임 교수는 궁극에는 생태유아교육을 위한 이론과 실천, 그리고 연대로 이어진다. 특히 생태유아공동체는 '아이살림, 농촌살림, 생명살림'의 기치를 내걸고 2002년 창립했다. 생태유아공동체는 생명농업에 바탕을 두고 유치원, 어린이집은 물론 초등학교와 중학교에 친환경농산물을 공급하는 친환경급식을 견인하였고, 오늘날 친환경급식 보편화의 초석을 마련하였다고 평가할 수 있다.

임 교수는 2010년 5월 (사)한국숲유치원협회를 설립하여 초대, 2대 회장을 맡으면서 '한국형 숲유치원' 모델을 제시해 전국적으로 확산시켰다. 임 교수는 2013년에는 '즐거운 부모·행복한 아이'라는 주제로 영·유아부모와 예비부모들을 대상으로 '좋은부모 자격증반'을 열어 현대사회에서 진정한 부모의 모습을 바로 세우기 위한 나름의 고육지책을 펴기도 했다. 2015년 4월에는 (사)부모애숲을 설립해 이사장을 맡아 종래 생태유아교육을 생태부모교육으로까지 발전시켜나갔다.

임 교수의 제자인 김은주 부산대 유아교육과 교수는 2014년 2월 임교수의 정년퇴임식에 다른 제자들과 함께 기록앨범을 만들어 임 교수에게 헌정하였는데 다음과 같이 스승의 업적을 평가하였다.

"우리의 스승인 임재택 교수는 참살이꾼으로서의 삶, 교육운동가로서의 삶, 학문연구자로서의 삶, 생명운동가로서의 삶을 살아오셨습니다." 그는 어메니티를 이해하면서 유아교육의 발상을 바꿔 한국식 어메니티 생태유아교육을 만들어냈으며 이를 현장에서 실천하는 멀티플레이어의 삶을 살고 있다.

⏸6 경남 밀양 흥사단 밀양지부 · 종남산 남동홍도화마을의 어메니티

밀양하면 언뜻 떠오른 게 밀양아리랑이나 영화 '밀양'이다. 근데 이곳에 '밀양어메니티' 운동을 하는 사람들이 있다. 흥사단 밀양지부장을 오래 해왔고 사단법인 애기애타(愛己愛他)의 이사장이기도 한 조점동 씨가 그 중심에 있다. 조 이사장은 '밀양어메니티' 운동을 민간 차원에서 펼쳐온 드문 인물이다. 사단법인 애기애타 · 밀양흥사단 · 애기애타작은도서관이 펴내는 계간 소식지 〈모든 이의 행복을 위하여-애기애타〉에는 밀양어메니티 이야기가 빠지지 않는다.

1948년생으로 전북 임실에서 초등학교를 졸업한 뒤 가나안농군학교를 수료한 그는 부산에서 국제상사에서 근무할 때부터 시민사회운동을 하면서 독서운동을 줄곧 해왔는데 올해로 만 60년째라고 한다. 1984년 부산 남구에 사단법인 기러기문화원을 창립해 20여 년간 원장을 하였고, 1997년 부산 남구자원봉사센터를 설립해 센터장을 맡았으며, 2005년엔 사단법인 나눔재단을 만들어 이사장으로 활동했다.

그러다 조 이사장은 2007년 아무 연고가 없던 밀양시 상남면 남동마을로 귀촌했다. 남동마을은 밀양의 진산인 종남산 정남향에 자리잡아 아름답지만 밀양의 3대 오지란 말을 들을 정도로 교통이 나쁘고 불편한 산동네였다. 40여 가구이던 마을은 2000년 초에는 10가구 정도로 줄었다가 2007년부터 조 이사장을 비롯한 귀촌인들이 들어오

밀양 종남산 자락에 자리잡은 남동홍도화마을 전경(ⓒ조점동).

면서 28가구로 늘어났다. 이곳 마을에는 천주교 공소가 있다. 1973년 흙과 돌담으로 지은 6평짜리 건물이었는데, 조 이사장이 2009년에 리모델링해 도서관 겸 기도실로 사용하고, 천주교 피정이나 연수 교육장으로도 쓸 수 있게 새 공소를 신축하였다. 그때부터 어메니티운동을 생각했다고 한다.

남동마을은 종남산 앞자락 지형지세가 '매화낙지혈(梅花落地穴)'이라 왕기가 서려 있어 옛 스님이 아홉 번 합장배례를 올리고 갔다고 하여 구배리(九拜里, 구배기)라고 했다는 설화도 있단다. 이순공 시조 시인이 저술한 《아름다운 밀양산하》(밀양문화원)에도 기술되어 있다.

홍도화 나무는 오래전에 이 동네에 한 그루가 있었는데 번식하여 15그루 정도가 되었다. 귀촌한 조 이사장과 부인 배묘연 씨가 2008년 봄 텃밭에, 이웃인 김자야 씨가 주워다 준 홍도화 씨를 심어 모종 40여 그루를 생산해 홍도화 묘목을 동네 곳곳에 심고 귀촌한 사람들에게도 나눠줬다. 그 뒤 10여 년이 지나자 동네는 진홍색 홍도화 꽃동네가 되어 아름답게 물들었다.

2022년 10월 이곳 마을은 주민총회를 열어 밀양시의 마을공동체 육성을 위한 마을 만들기 사업을 추진하면서, 동네 이름을 '남동홍도화 마을'로 부르기로 했다. 조 이사장이 페이스북으로 홍도화마을을 소개하고, 종남산 진달래 군락지 등산객들이 입소문을 냈다. 3, 4년 전부터는 사진작가들과 드론 사진가가 방문해 홍도화마을을 촬영하여 전국적으로 유명해지기 시작했다.

조 이사장은 2018년부터 밀양에 어메니티운동을 본격적으로 펼치기 시작했다. 흥사단 밀양지부장으로 활동하던 조 회장이 필자를 2018년 5, 6월 두 차례나 초청해 '밀양에 어메니티를 심다'라는 대 주제로 '시민 주체의 어메니티 도시 밀양 만들기' 강연을 부탁했다. 그리고 2020년 8월에는 밀양 동명고 학생들을 대상으로 '청소년의 어메니티 실천활동'이라는 주제로 강연을 할 기회를 가졌다. 동명고는 어메니티라는 개념을 알고 있는 전영선 선생이 학생들에게 '오락(五樂)아카데미' 활동을 추진했다. 말씀듣기, 독서하기, 동네걷기, 영화보기, 여행가기라는 독특한 프로그램으로 다섯 가지 즐거운 학습활동을 전개하였다.

2019년부터 밀양의 자랑인 위양지의 환경보전과 생태문화 관광지를 만들기 위하여 뜻있는 시민들이 '위양지 사람들(대표 홍창희)'이란 모임을 만들었다. 위양지는 신라시대 축조되어 밀양의 진산인 화악산에서 흘러내리는 물을 받아 농사에 써온 신성한 저수지이다. 임진왜란 후 허물어진 위양지를 주민들이 다시 쌓을 때, 각자 좋은 나무들을 가져다 심었다는 이야기도 전해진다. '위양지 사람들' 모임은 생태환경과 어메니티운동에 관심을 갖게 된 (사)애기애타의 홍창희 부이사장(밀양시가족센터 센터장, 숲해설가)이 중심이 되어 추진해왔다. 위양지 사람들은 매월 위양지 환경보호 활동 및 환경조사를 실시하고, 위양지 주변의 '밀양요' 뒷산에 숲길을 만들어 위양리 들녘에 서 있는

370년 수령의 팽나무인 '장군나무'까지 생태길을 조성해 관리하고 있다. 10월초에는 위양지를 출발하여 위양의 가을 들녘을 걸어 장군나무 아래서 작은 음악회를 진행하는 '함께 걸어요 위양생태길'을 진행하고, 10월말에는 위양지의 가을풍경을 배경으로 '위양지 환경문화제'를 열고 있다.

2022년에는 '밀양어메니티100경'이 나왔다. (사)애기애타는 밀양시 문화도시센터의 지원에 힘입어 2022년 11월 창립 3주년 때 '밀양어메니티100경선정위원회'를 구성했다. 위원장은 조점동 이사장이, 부위원장은 홍창희 부이사장, 실무위원은 조상권 사무처장, 위원으로는 여문숙(숲해설가), 정창균(애기애타 이사 · 밀양홍사단 부회장) 씨 등이 참여했다.

밀양어메니티100경은 크게 △동부권-산내면 단장면 지역(표충사, 밀양댐 이팝나무길, 도래재 자연휴양림, 운문산, 밀양한천, 얼음골 등) △중부권 시내권-부북면 상동면 산외면(영남루, 밀양관아, 달빛쌈지공원, 남포리 석양, 신안 운심문화마을, 위양못, 아리랑대공원 등) △남부권-상남면 하남읍 삼랑진읍 지역(종남산 진달래, 남동홍도화마을, 명례성지, 검범우 묘, 만어사와 경석 등) △서부권-초동면 무안면 청도면 지역(꽃새미마을, 표충비각, 사명대사 생가유적지, 남계서원, 구기리 당숲 등)으로 나눠 선정됐다. (사)애기애타는 《밀양어메니티100경》을 1,000권 발행해 배포했고, 어메니티100경 일일답사 코스 개발, 사진전, 100경 인기투표 등을 기획하여 홍보활동을 펴고 있다.

조 이사장은 '어메니티 전도사'라고 해야 할 것이다. 그의 어메니티는 도산 안창호 선생과 맥이 통한다. 도산 선생이 어메니티 실천전문가라는 사실을 최근 발견하고 무릎을 쳤다는 것이다. 동포들의 가정과 생활 주변을 깨끗하고 아름답게 청소하고 살기 좋은 환경을 만들고 인사를 잘 하고 꽃을 심고 가꾸며, 잘 씻고 단정한 차림으로 살아가는 것이 어메니티 활동이었다는 것이디.

(사)애기애타는 도산 선생의 유묵으로 '너도 사랑하기를 신천하고 나도 사랑하기를 노력하면 서로 사랑하는 세상이 될 수 있다'는 뜻을 담은 '애타애기(愛他愛己)'에서 나온 것이라고 한다. 도산 사상의 핵심은 '무실(務實) 역행(力行) 충의(忠義) 용감(勇敢)'이다. 사단법인 애기애타는 나눔을 실천하는 '밀양사랑운동'을 전개하고 있는데 '나눔생활 10계명'에 어메니티의 마음이 다 담겨있다고 강조한다. ①나눔은 마음으로부터 시작하라 ②나눔은 미루지 말라 ③나눔은 하나부터 시작하라 ④나눔은 계산하지 말라 ⑤나눔은 받는 사람을 위해서 하라 ⑥나눔은 기쁜 마음으로 하라 ⑦나눔은 대상을 가리지 말라 ⑧나눔의 내용과 방법을 가리지 말라 ⑨나눔은 변화형으로 하라 ⑩나눔은 누구나, 언제나, 무엇이나 하라는 것이다.

요즘 조 이사장과 홍창희 위양지 사람들 대표는 밀양의 폐광산을 공원화한 아북산공원의 활성화에 시민들과 뜻을 모으고 있다. 과거 광산개발로 훼손됐던 경남 밀양 내일동에 위치한 아북산공원이 새로운 휴식공간으로 탄생했는데 이곳을 어떻게 하면 주민들이 자주 찾고 편안한 어메니티 공원이 될 수 있을지 고민하고 있다. 조선시대 밀양 읍성 관아의 북쪽에 있는 산이라 하여 아북산이란 이름이 붙여졌고, 1974년 공원으로 지정돼 현재 밀양시에서 관리하고 있다. 아북산공원은 한 때 광산개발로 인한 훼손지였는데 밀양시가 2015년 환경부 공모사업으로 선정돼 총 27억원을 투입해 생태복원을 추진해왔다. 게다가 2019년 아북산 도시생태휴식공간 조성사업이 국고보조사업에 선정돼 총사업비 30억원으로 2021년 착공해 2023년 6월에 공원이 준공됐다. 아북산의 도시생태휴식공간 중에는 피암(避巖)터널 형식의 에코로드와 내부의 경관타일이 눈에 띈다. 에코로드 내부의 개방된 창으로 밀양 시내가 한눈에 들어와 사진촬영의 명소로 기대되고 있다.

밀양 아북산 생태휴식공원의 활성화를 위한 공론 모임이 2023년 7월 밀양홍사단 강당에서 열렸다. 이날 주제는 '아북산 생태휴식공원 활성화방안—시민의 손으로!'인데 크게 2가지이다. △가고 싶은 휴식공간의 조건은? △아북산 생태휴식공원을 효과적으로 활용하려면? 으로 나눠 분임토의가 행해졌다.

분임토의에서 나온 질문은 △아북산 생태휴식공원은 밀양시민에게 어떤 존재인가? △어떤 공원이 되길 원하는가? △어떻게 해서 매력적인 공원으로 만들 것인가? △어떻게 좀 더 쉽게 접근하게 할 수 있을 것인가? △어떤 프로그램을 운영하면 좋을 것인가? △누가 중심이 돼 활성화를 할 것인가? △밀양시는 어떤 일을 해야 하는가? 민관협력을 어떻게 할 것인가? △아북산 공원과 밀양시의 다른 관광명소와 어떻게 연결할 것인가? △아북산 공원을 어떻게 널리 알릴 것인가? 등이었다.

이에 대해 이날 참여한 시민들은 밀양 시민들이 바라는 아북산 공원의 모습, 있어야 할 것이 있어야 할 곳에 있어야 하는 것이 있다는 어메니티를 바탕으로 전개해야 한다. 접근성이 좋고, 볼만한 게 있어야 한다. 시민이 주체가 되고, 시가 적극 지원해야 한다. 생활권 공원으로 밀양 시민들이 휴식을 위해 언제든지 찾을 수 있는 공원접근성 제고가 중요하다. 도심공원 안의 과거의 납석광산터를 고려해 '광석박물관' 조성이 필요하다. 밀양읍성, 관아 북쪽의 아북산, 밀양의 역사를 담은 공원, 밀양의 역사를 느낄 수 있는 영남루, 읍성, 관아가 연결된 관광코스로서의 공원으로 만들 필요가 있다는 이야기가 나왔다.

밀양의 어메니티운동을 열정적으로 해온 조점동 이사장은 2021년 《작은 샘물도 세상을 적실 수 있다》(도서출판 밀양)라는 책을 썼다. 부제가 '도산 안창호 선생의 가르침 실천기'인데 표지날개에 적힌 저자 소개 글의 첫 문장은 '내가 있는 곳에는 내가 그 자리에 있으므로 해서 그 자리가 좀 더 좋아지게 살자'였다. 이는 그의 좌우명이 됐다고 한다. 부산에서 30년 가까이 시민사회운동가로 활동했고, 17년 전 경남 밀양 종남산 남동마을 산동네로 귀촌하여 남동홍도화마을의 대표로 '밀양어메니티'를 꿈꾸는 그는, 70대 현역 어메니티 실천가임에 틀림 없다.

07 대구 삼덕동 · 통영 동피랑 · 광주 북구의 어메니티

어메니티 마을 만들기를 할 때 주체는 매우 중요하다. 주민주도형 마을 만들기이냐, 시민단체 주도형 마을 만들기이냐, 행정주도형 마을 만들기냐에 따라 지향하는 것에 차이점이 있을 수 있을 것이다.

고려대 환경생태공학부 이영창 · 영남대 조경학과 김근호 교수의 '지역 어메니티 촉진을 위한 마을 만들기 운영사례 비교연구'(농촌계획, 제19권 제2호, 2013)는 지역주민들이 지역사회를 만드는 데 능동적으로 참여해 지역환경의 개선 주체로서의 역할을 수행하며 동시에 어메니티 촉진을 유도하려는 움직임에 대하여 주목했다.

이들은 마을 만들기의 주도유형에 따라 주민주도형 마을 만들기, 시민단체 주도형 마을 만들기, 행정주도형 마을 만들기 사례를 분석했는데 대구시 중구 삼덕동, 경남 통영시 동피랑, 광주시 북구의 3개 지역을 선정해 마을 만들기의 현황과 각종 프로그램 추진과정, 운영방식 등을 비교분석했다.

대구시 삼덕동 마을 만들기는 주민주도형 마을 만들기 수법의 대표적인 사례로 소개하고 있다. 주민주도의 참여로 시작하여 정부와 함께 개발하면서 마을 만들기란 이름으로 시작된 우리나라의 초기단계의 사례이다. 삼덕동은 인구 5,800여 명의 일반 주택가 마을로 예전부터 학교 관사가 많고 일제 점령기의 건물과 한옥들이 일부 현존하고 있다. 1998년 대구YMCA 시민사업국장인 김경민 씨가 자신이 살던 집의 담장을 허물면서 골목 주민들과 소통하기 시작했다. 이를 시작으로 주변 주민들이 하나둘씩 자신의 집 담장을 자발적으로 허물기 시작하였으며 마을의 소통 공간인 '마을 만들기센터'에서 회의를 통해서 다양한 프로그램을 발전시켰다.

담장이라고 하는 헐린 공간을 활용해 마을사람들 간의 소통이 싹트기 시작했고, 개개 인간의 단절돼 있던 동네에 하나의 공동체가 형성되었다. 또한 담장허물기 1호인 삼덕동 201번지는 여러 차례 기능이 바뀌었지만 현재는 지역아동센터와 마을만들기센터로 사용되고 있다. 딸린 점포는 녹색가게로 이용되다가 일부공간은 2008년부터 희망자전거수리센터로 사용되고 있다.

삼덕동 마을 만들기의 효과는 세 가지로 △다양한 종류의 골목길 벽화의 시도(벽화작업을 통해 그 결과 삼덕동 주민들은 문화적 자긍심과 지역에 대한 애착심을 가지는 계기를 마련) △공간적 매개체 역할을 하는 주요 공간 시설(빗슬미술관, 희망자전거제작소, 마을미술관, 버스 마을이동도서관이 커뮤니티 공간으로 역할) △주민과 함께 하는 마을축제(청소년쉼터 주변 골목 등을 활용, 삼덕동축제 공연장화)를 들고 있다.

경남 통영시 동피랑 마을벽화사업은 시민단체 주도형 마을 만들기 수법 사례로 손꼽힌다. 통영은 조선업의 성장으로 1960-70년대 많은 사람들이 들어왔으며, 가난한 사람들이 비탈길에 주로 집을 짓기 시작하였다. 세병관을 중심으로 동쪽에 있는 비탈 동피랑과 서쪽 비탈 서피랑이 있는데 동피랑 마을은 통영시 정량동과 태평동 일대의 산비탈마을로 23가구가 모여 사는 가난한 사람들의 오랜 주거지역이다. 벽화가 그려지기 전 동피랑마을은 낡은 건물이 많은 곳으로 2006년 통영시는 도시계획을 통해 재개발하기로 결정했다. 또한 통영시는 경관개선을 이유로 마을을 철거하고 동세영의 누각 '농포루'를 복원하려고 계획하였다.

지역단체 '푸른통영21추진위원회'는 재개발 저지를 위해 2007년 10월부터 시장에게 1년의 유보와 시간을 요청하였고, 높은 지대에 있기 때문에 어디서든 눈에 띄는 동피랑마을의 특성을 살려 각 주택들의 담장을 활용해보기로 하였다. 이에 따라 '푸른통영 21'은 마을 철거를 막기 위해 "서민들의 애환이 서린 골목문화를 보존하자"며 '색과 그림이 있는 골목'이라는 주제로 1차 벽화공모전을 벌였다. 그 뒤 철거계획이 미뤄지자 동피랑이란 장소를 살리기 위해 벽화를 그리러 오는 미술가들의 발길이 이어지게 되었고, 2008년 7월 재개발 대상지에서 보존대상지로 변경되었다. 이로 인해 통영시는 당초 동피랑 마을의 23가구 전체를 매입해 동포루를 복원하고 주변에 공원을 조성해 관광명소를 꾸미려던 계획을 취소했다.

한편 통영의 청소년문화모임인 '드러머'의 자원봉사단도 주민동의를 거쳐 함께 일주일 동안 19채의 집과 골목 담벼락마다 벽화를 그렸다. 2010년 4월 약 1주일간 '동피랑 블루스'라는 주제로 제2회 벽화공모전이 개최되었다. 1차 때와는 달리 통영지역에서 참가신청이 많았고 벽화전문가 뿐 아니라 대기업 홍보팀, 프로댄스팀, 음악전공자, 지역언론사, 외국인, 주부, 화가 지망생 등 다양한 직업군이 동참하였다. 이러한 노력에 힘입어 통영시도 당초의 동포루 계획을 취소하고, 동포루 복원에 필요한 집만을 철거하고, 2채는 매점과 전시장으로 단장하였다. 또한 주거환경개선을 위해 이주를 바라는 집이나 빈집을 리모델링하여 예술인들에게 저렴하게 임대하는 '동피랑의 재발견 레지던시사업'을 진행하였다. 2010년 4월 조성된 쌈지교육장에서는 동피랑마을을 찾는 방문객들을 위해 핸드페인팅 벽화제작, 엽서 만들기, 솟대 만들기, 동피랑 옛 이야기 등 다양한 체험행사가 마련됐다.

광주시 북구 마을 만들기는 행정주도형 마을 만들기 수법의 사례로 소개되고 있다. 2000년 광주 북구에서 시작한 '주민과 함께하는 아름다운 마을 만들기' 사업은 관내 26개 동에 차별 없이 균등한 사업비를 나눠주는 것을 시작으로 출발하였다. 광주 북구는 2004년 전국 최초로 '아름다운 마을 만들기 조례'를 제정하였고, 2010년에는 전국 최초의 '아름다운 마을 만들기 기본계획'을 수립하였다. 2003년 전국 최초로 주민참여예산제 시행으로 전국 140여 개 지방자치단체가 벤치마킹해 조례를 제정하여 2012년 9월부터 모든 지방자치단체가 주민참여예산제 시행을 의무화하는 '지방재정법'이 개정되는 모태가 되기도 했다. 광주 북구의 마을 만들기가 소기의 성과를 거둘 수 있었던 요인으로는 '조례+지원조직+센터'의 3박자가 맞아 떨어진 데에 있다.

광주 북구의 시화문화마을은 마을 곳곳에 아름다운 시화(詩畵)가 있고 문화의 향기가 넘치는 '아름다운 시화 문화마을 만들기' 사업을 추진해왔다. 2000년 각 화물터미널 앞 공터의 소공원조성사업인 쌈지공원을 시작으로 태동한 시화문화마을의 작은 사업은 2012년부터는 광주시가 적극 추진하는 '행복한 창조마을 만들기 사업'의 모태가 되었을 뿐만 아니라, 중앙정부 차원의 지원을 이끌어내 광주시 도시계획에도 영향을 미쳐서 '문화동 시화문화마을 조성 사업'으로 확대되었다. 단순히 더러운 것을 제거하고 조금 더 예쁘게 꾸미는 1차원적인 마을 만들기가 아니라 눈으로 보이는 아름다운 작품과 물상에 '따뜻한 마음'을 담자는 것이다. 이 따뜻한 마음이 곧 어메니티가 아닐까 싶다.

관내 학생들을 포함한 광주시내 전체 학생들을 대상으로 시화백일장을 열어 시화를 공모해서 전시회를 열고 그 작품으로 마을을 꾸미고 책을 발간하는 작업도 했다. 지구온난화문제에 관심을 갖게 하기위해 시화환경예술제라는 작은 축제도 개최하고 있다. 또한 주변 생할환경 개선을 위해 법으로 정해진 완충녹지의 개발이나 고속노로 수변 잉여 투지의 활용, 텃밭가꾸기, 숲길과 물길 만들기, 지역 유치원과 학생들의 작품을 활용한 야외갤러리, 다리 교각 밑 공간을 이용한 예술작품 전시장 및 쉼터 조성 등 다양한 공간 만들기를 통해서도 지역 어메니티를 실현하고 있다.

이들 마을 만들기를 비교해보면 이런 점에서 의미를 발견할 수 있다고 한다.

첫째, 주민주도형 마을 만들기 사업은 초기단계부터 적극적인 마을 만들기 활동의 기대가 가능하므로 지속적 성과를 이루어낼 수 있으나, 주민자치만으로 이뤄낼 수 있는 많은 문제해결에 대한 한계점을 가지고 있다. 따라서 주민조직의 지속적 유지관리 및 개선을 위해 지자체, 정부의 꾸준한 예산지원이 필요하며, 주민협의체나 위원회 구성을 통한 자발적 합의구성체가 전제되어야 한다는 것을 알 수 있었다.

둘째, 시민단체주도형 마을 만들기 사업은 시민단체가 지속적으로 발전시키며 유지하기에는 한계성이 있다. 그러나 시민단체 및 전문가들이 가지고 있는 전문성 및 중립성을 살려서 지역의 주민참여 이후 평가를 통한 진단과 새로운 아이디어에 대한 꾸준한 모색과 공간적 프로그램 외에, 주민들의 공동체형성을 위한 지역축제 및 주민욕구 충족의 실질적 반영방안, 지속적인 활동이 가능한 잉여가 창출되는 협동사업 등도 함께 모색할 수 있다는 사실을 알 수 있었다.

셋째, 행정주도형 마을 만들기 사업은 자칫 행정의 전시적 측면으로 도태될 수 있는 염려가 있으므로 순차적인 계획과 장기적인 전략에 의한 공간재생 및 지역의 활성화전략이 중요하다. 위원회 구성 등에 있어서 관련 행정기관 집단과 동등하게 주민의 이익을 대표하는 참여통로를 넓혀줌으로써 지역 주민 누구나 쉽게, 적극적으로 참여할 수 있는 시스템을 구축할 필요가 있다는 사실을 알 수 있었다는 것이다.

08 한국내셔널트러스트와 한국슬로시티운동

1895년 영국내셔널트러스트의 창립과 1907년 내셔널트러스트 특별법의 제정으로 자연·문화유산의 '사회적 소유'를 지향하는 내셔널트러스트운동이 세계적으로 확산됐다.

우리나라에서도 내셔널트러스트와 동일한 전통적인 가치관이 존재하였는데 어장, 목장, 송산(松山) 등 자연환경을 공동체의 소유로 관리하고 운영하는 관습법상의 동유(洞有)재산 제도가 있었다. 이러한 전통에 힘입어 우리나라 내셔널트러스트운동은 1990년대 초반, 지역에서 특정 자연환경과 문화유산 보전을 위해 시민 성금모금 형태로 초기의 운동이 시작됐다.

한국사회에서 내셔널트러스트운동을 본격적으로 모색하게 된 시기는 1990년 중반으로 '그린벨트 해제 반대운동'이 계기가 됐다. 1998년에 그린벨트살리기국민행동이 창립된다. 2000년 한국내셔널트러스트가 출범되면서 미래세대를 위해 영구 보전할 수 있는 시민유산 확보를 위한 활동과 이를 제도적으로 뒷받침할 수 있는 '내셔널트러스트법' 제정활동을 진행하였다. 이러한 노력으로 '강화 매화마름 군락지' '최순우 옛집' '동강 제장마을' '나주 도래마을 옛집' '권진규 아틀리에' '연천 DMZ 일원 임야' 등 시민유산을 확보하여 보전·관리하고 있다.

한국내셔널트러스트 홈페이지(www.nationaltrust.or.kr)는 우리나라 내셔널트러스트운동의 연혁과 현황을 기록하고 있다. '내셔널트러스트법' 제정 활동을 주도하여 2006년 3월, '문화유산과 자연환경자산

강화 매화마름군락지

매화마름은 1960년대까지만 해도 영등포에서 채집될 정도로 흔했던
미나리아재비과의 여러해살이 또는 한해살이 수생식물입니다.
환경부에서는 1998년 2월, 매화마름을 멸종위기야생식물로
지정하였습니다. 1998년 5월, 한국에서 멸종된 것으로 알려졌던
매화마름이 강화군 길상면 초지리 일대 논에서 다시 발견되었습니다.
한국내셔널트러스트는 매화마름이 멸종위기 식물이라는 점과 절박한
훼손의 위험을 감안하여 보전 대상지로 선정하였습니다.

동강 제장마을

90년대 초, 정부는 영월군 일대에 대규모 댐건설 계획을
발표하였으나 환경단체 및 지역주민들의 강한 반대로 2000년 6월
5일 세계환경의 날을 맞아 영월댐 백지화를 선언합니다. 영월댐은
백지화되었지만 동강은 여전히 외지인의 투기와 각종 건설 사업에
의한 난개발의 위험에 직면해 있습니다. 한국내셔널트러스트는
동강의 난개발을 방지하고 자연환경과 역사문화유적 보전을 위한
활동을 이어가고 있습니다.

한국내셔널트러스트 홈페이지에 소개된 강화 매화마름군락지를 비롯한 시민유산의 일부.

에 관한 국민신탁법'의 이론적 기반을 제공하였으나 현행 국민신탁
법은 정부입법을 통해 졸속으로 추진되면서 당초의 목적과는 달라졌
다. 내셔널트러스트운동을 통해 확보된 자산의 영구보전이 불가능할
뿐 아니라 정부의 과도한 개입과 규제로 시민운동의 자율성이 상실될
수밖에 없는 한계를 지니게 됐다는 것이다. 그래서 한국내셔널트러
스트는 현행 국민신탁법의 개정 또는 대체입법 활동을 통해 우리사회
내셔널트러스트운동의 활성화와 내셔널트러스트운동 추진 단체에게
법적으로 공평한 혜택이 부여될 수 있도록 노력하고 있다.

한국내셔널트러스트는 '시민이 자연과 문화유산의 주인이 된다'고
강조한다. 내셔널트러스트운동은 영리를 목적으로 하지 않으며 정부
로부터의 간섭과 정치적 영향력에서 자유로운 순수 비영리 민간운동
이다. 서울 종로구에 사무실을 두고 있다.

2023년의 주요 활동을 보면 1월엔 에어비앤비 커뮤니티 펀드 7만

5000달러를 기부 받았고, 5월엔 제21회 보전대상지 시민공모전을 개최하였으며, 7월엔 동강제장마을 농지임대 협약을 체결했고, 12월에는 지심도 전쟁유산 보전과 활용을 위한 거제시민 세미나 등을 개최했다.

한국내셔널트러스트의 이사장은 조명래 전 환경부장관이고, 공동대표는 임항 전 환경부 중앙환경정책위원, 운영위원장은 남준기 내일신문 기자이다.

한국내셔널트러스트의 시민유산은 △강화 매화마름군락지 △동강제장마을 △연천 DMZ일원임야 △원흥이방죽 두꺼비서식지 △맹산반딧불이자연학교 △함평 군유산임야 △임진강 두루미서식지이다.

이 가운데 한국내셔널트러스트의 자산으로 보전되고 있는 연천 DMZ일원 임야 총 3개 필지는 2007년 한국내셔널트러스트 회원인 고신중관 선생(인천문학초등학교 교감 퇴임)의 기증으로 확보한 것이다. 원흥이방죽 두꺼비서식지는 2005년 '내셔널트러스트 보전대상지 시민공모전'을 계기로 두꺼비 핵심서식지역 1,008㎡를 매입했으며. 자산은 한국내셔널트러스트의 소유로 영구보전하되 관리운영은 (사)두꺼비친구들에 위임하고 있다. 내성천 범람원은 2012년 과거 내성천 영역이었던 범람원 1,861㎡을 매입하였다.

한국내셔널트러스트는 네트워크사업으로 △충남 태안군 천리포수목원 △서울 안국동 윤보선가(국가지정문화재 사적 438호) △충남 태안군 원북면 신두리 해안사구(면적 약 2,640,000㎡) △경북 칠곡군 심원정(경북의 대표적인 원림〈園林〉)과도 정보를 공유하고 있다.

한편 전 세계적으로 확산되고 있는 슬로시티운동이 우리나라에서도 널리 퍼지고 있다. 1999년 이탈리아 그레베 인 키안티에서 시작된 슬로시티는 세계화(Globalization)와 지구촌 획일화(Homogenization)로부터 거리를 두고, 멀리 오래갈 미래를 준비하기 위해 지역화, 지역문화와 지역경제의 중요성을 인식하는 것이 출발점이었다.

국제슬로시티연맹 한국슬로시티본부(Cittaslow International Cittaslow Corea Network)는 손이대현 한양대 관광학부 명예교수가 이사장, 장희정 신라대 국제관광경영학부 교수가 사무총장을 맡고 있다. 한국슬로시티본부는 2008년 비영리 단체로 등록하였다. 이탈리아 오르비에토에 본부를 둔 국제슬로시티연맹(Cittaslow International)의 한국 지부로서, 아시아 슬로시티 운동의 중심 거점으로 활동하고 있다.

손이대현 교수는 2005년 슬로시티의 본고장인 그레베를 방문한 뒤 2006년 한국슬로시티추진위원회를 결성해 위원장을 맡았다. 그리고 2007년 전남 완도군, 신안군, 담양군이 아시아 최초 국제슬로시티 회원도시로 가입했다. 2008년에 한국슬로시티본부의 전신인 치따슬로코리아네트워크 사단법인 인가를 문화체육관광부로부터 받았다. 2010년 전 세계 슬로시티 지역 시장 등 100여 명이 참석한 가운데 국제슬로시티 시장 서울 총회가 열렸다. 2012년엔 치따슬로코리아네트워크에서 한국슬로시티본부로 법인명 변경을 했으며 그해 국회에서 슬로시티 토론회가 개최됐다.

2013년에는 한국슬로시티본부와 한국지방행정연구원 간 교류 협력 협약서가 체결됐다. 2015년에는 국무총리 산하 한국직업능력개발원 인증 한국슬로시티본부 명의 민간 자격증 3종 등록을 해 슬로투어리즘 전문가 과정, 슬로라이프 디자이너 과정, 슬로공동체 지도자 1급 · 2급 과정을 개설했다. 2020년에는 '국회슬로시티와농업미래포럼'이라는 국회 연구단체가 출범했다.

2023년 5월 현재 국제슬로시티연맹에는 33개국 288개 도시가 가입한 상태이다. 우리나라는 현재 신안 · 완도 · 담양 · 하동 · 예산 · 전주 · 상주 · 청송 · 영월 · 제천 · 태안 · 영양 · 김해 · 서천 · 목포 · 순천 · 장흥의 17개 도시가 슬로시티에 가입하고 있다.

한국슬로시티본부 홈페이지에 소개된 슬로시티 하동의 녹차밭.

한국슬로시티본부는 다양한 업무를 하고 있다. △국내슬로시티에 대한 지원, 정보 제공, 새 후보지의 인증 추천, 중간 평가와 재인증 업무 △국제슬로시티연맹과의 협의 및 중재 역할 수행 △슬로시티에 대한 대내·외적 홍보와 정보 발신자의 역할 △국내슬로시티와 국제슬로시티 간 상호 관심사와 공통 경험의 교류 및 제휴 네트워킹 강화 △국내·외 슬로시티 푸드 운동 확산 △슬로시티 관련 교육, 연구용역, 포럼 및 세미나 등 국내·국제 행사 개최 △슬로시티 운동의 확산을 위한 시민 운동, 국민 행복 운동 전개 △슬로시티 회원도시의 브랜드 인지도 향상 및 활성화 등이다.

2011년 9월에는 한국슬로시티시장·군수협의회가 만들어졌다. 회원도시는 국제슬로시티 인증지역 17개 시군이다. 2016년 10월에는 '국회슬로시티포럼'이 발족돼 국제슬로시티연맹과 공동포럼을 열기도 했다. 2020년 11월에는 '국회슬로시티와농업미래포럼'이 국회 공식 연구단체로 등록됐고 2021년 9월엔 포럼 창립총회를 가졌으며,

2022년 11월에는 국회슬로시티와농업미래포럼이 국회의원과 지자체장 간 간담회를 개최했다. 2022년 12월에는 국회의원 19인 '슬로시티 조성에 관한 법률안'(민홍철 의원 대표 발의)을 발의하기도 했다.

필자는 한국슬로시티본부 전문위원으로 참여하고 있다. 지난해 11월에는 슬로시티하동의 악양생활문화센터에서 슬로시티하동주민협의회 회원들을 대상으로 '슬로시티, 생태환경, 그리고 도농상생'을 주제로 강의를 하고, 하동에서 하룻밤을 묵고 다음날 주변을 둘러보고 왔다.

경남 하동군은 2009년에 국제슬로시티 회원도시로 가입했다. 한국슬로시티본부 홈페이지에 소개된 슬로시티 하동군(악양면)은 '차가 있어 즐겁고 행복한 다행촌락'이다. '왕의 녹차'와 대봉감, 매실의 고장인 하동. 천년을 지켜온 차나무와 산기슭에 숨어 있는 1,200년 넘은 야생차밭. 일부러 가꾸지 않은 야생차밭의 차는 임금님도 탐냈다하여 왕의 녹차라고 불린다. 특히 하동녹차는 우리나라에서 처음 차를 심은 곳, 차 시배지. 오래 전부터 내려오는 '덖음'기술을 활용한 고급 녹차를 생산, 주로 보급형 녹차(티백)를 생산하는 타 지역의 녹차와는 차별화를 추구하고 있다.

평사리 최참판댁은 소설 《토지》 속의 모습 그대로다. 비닐하우스가 없는 몇 안 되는 마을 중의 하나로 자연이 주는 햇빛과 신선한 공기로 녹차가 산기슭에서 흐드러지게 자라고, 햇살과 바람이 대봉감을 뽀얗게 분칠해주어 곶감을 단장. 수 천 년을 두고 흐르는 섬진강은 마을을 더욱 여유롭게 해준다. 평사리 들판은 약 80만 평의 넓은 면적. 4월 말에는 바람결따라 흐드러지는 청보리밭을, 10월경에는 황금들판을 볼 수 있는 곳이다. 들판 가운데 소나무 두 그루는 '부부송'이라고도 불리며 보는 이들의 시선을 잠시 머물게 하는 매력을 갖고 있다. 이러한 하동 특유의 고유성과 역사성, 차 시배지로서의 명성, 잘 보존된 자연 경관과 여러 다원 등을 바탕으로 국제슬로시티로 지정됐다.

기후위기시대 슬로시티는 새로운 도시의 대안을 제시하고 있다. 크게 보면 어메니티로 충만한 도시, '오래된 미래'의 도시, 날로 혁신하는 도시이다.

영국의 인류학자인 고리 바테소(Gregory Bateso)(1904-1980)는 슬로시티의 미래를 이렇게 말한다.

"혁신 없는 보전은 죽은 것이고 보전 없는 혁신은 미친 짓이다(Conservation without evolution is death, evolution without conservation is madness)."

09 국토어메니티와 농촌어메니티

어메니티가 이제는 지역을 넘어 국토전략을 기획하는 데도 중요한 개념으로 사용되고 있다. '국토어메니티' '농촌어메니티' 개념이 그것이다.

2007년부터 국토연구원은 '아름다운 국토, 행복한 국민'을 조직 목표로 정하고 이를 뒷받침하고 지원하기 위한 정책 발굴과 다양한 연구를 해왔다. 2007년 12월 국토연구원은 《미래 삶의 질 개선을 위한 국토어메니티 발굴과 창출전략 연구 제1권 총괄보고서》와 《미래 삶의 질 개선을 위한 국토어메니티 발굴과 창출전략 연구 제2권 부문보고서》를 내놓았다.

이들 보고서는 쾌적하고 아름다운 국토, 경쟁력 있는 지역을 조성하는 미래사회 패러다임 구축의 필요성에 토대를 두고, 도시 · 농산촌 · 연안어촌뿐만 아니라 환경지역 등 국토 공간에 산재한 어메니티 자원을 발굴하여, 이를 국토 '공간의 질'과 국민의 '삶의 질' 개선으로 연계하기 위한 국토어메니티 창출전략 및 정책과제를 제안하고 있다.

이 연구는 국토연구원, 한국농촌경제연구원, 한국해양수산개발원,

한국환경정책평가연구원 등 전문적인 역량과 경험을 집약한 경제·인문사회연구회의 협동과제로 수행되었다. 이 연구의 총괄을 맡은 사람은 국토연구원의 김선희·차미숙 연구위원이다.

여기서 중요한 것은 '국토어메니티'의 개념 설정이다. 이 연구에서 국토어메니티를 '있어야 할 것이 있어야 할 곳에 있어 그곳에 거주하는 생활자나 방문자, 그리고 공공에게 아름다움과 쾌적함, 편안함을 주는 환경 또는 장소적 가치 또는 요소'로 정하고 있다.

국토어메니티는 그 공간에 존재하는 기본적·생리적, 선택적·정신적 기능으로 분류되며, 이들 기능은 다양한 어메니티의 요소로부터 부여된다. 국토어메니티 기능(속성)은 위생성, 안전성, 경제성, 편리성, 환경·생태성, 문화·심미성, 지역·역사성 등을 갖는다 국토어메니티는 자연자원(자연자원, 경관자원), 역사문화자원(역사자원, 문화자원), 사회자원(생활자원) 등으로 분류한다.

국토어메니티의 자원발굴은 대체로 자원 리스트 구축→워칭조사(amenity watching) 및 자원 필터링(filtering)→어메니티자원 인벤토리(inventory) 작성 등 3~4단계로 이뤄진다. 지방자치단체 차원에서는 어메니티조례 제정, 주민운동 등이 다양하게 전개되고 있는데 현재 339개 자치단체가 자연경관 및 환경을 포함한 어메니티조례를 제정하고 있으며 최근 국내에서도 어메니티 증진을 위한 관련 정책들이 건설교통부, 환경부, 문화관광부 등 중앙 및 지방자치단체에서 다양하게 추진되고 있다.

현행 관련 정책의 문제점으로는 첫째, 어메니티 발굴 및 창출전략 수단이 제한적이고 획일적으로 운영되고 있는 점, 둘째, 공간별 어메니티 속성을 고려한 계획체계의 미흡, 셋째, 주민의 역할이 미흡하고 전담조직이 부재하는 등 협력적 추진체계가 미흡하다고 지적한다.

이 연구는 '아름다운 국토, 경쟁력 있는 지역'을 비전으로 '쾌적한 국토환경 조성'과 '지역자원의 부가가치 창출' 목표를 위한 어메니티 정책의 추진원칙과 방향을 제시하고 있다.

5대 정책 추진원칙은 ①개성중시 원칙 ②정책통합화 및 내부화 원칙 ③자원연계화 원칙 ④시장가치 증진 원칙 ⑤지속가능한 참여와 협력의 원칙이다. 정책 추진방향은 ①지역 특성별 최적수준의 어메니티 보전·창출 ②시장기능 적극 활용 ③재정적·제도적·기술적 지원의 실행수단 확보이다. 국토어메니티 창출 및 활성화를 위한 추진기반은 ①법률 및 제도 정비 ②어메니티플랜 등 계획체계 정비 ③국토어메니티 가치측정과 시장기능 촉진 ④국토어메니티 활성화를 위한 지원프로그램 다양화 ⑤국토어메니티 활성화 추진체계 구축을 제시하였다.

2010년에는 이재준 협성대 도시공학과 교수, 김선희 국토연구원 녹색성장국토전략센터장 등이 《한국조경학회지》(제38권 제1호)에 '국토어메니티 평가지표 개발'이란 논문을 게재한다. 이 논문은 국토 및 지역에서의 어메니티를 활용한 접근체계를 크게 '어메니티 수준평가' '어메니티자원 가치평가' '어메니티자원 활용방안' 세 가지로 구분하고, 접근체계에 따라 필요한 평가지표를 도출하고 있다.

어메니티를 활용한 전략은 먼저 지역의 어메니티 수준을 평가하여 자가진단하는 것이 필요한데, 이 연구에서는 국내외 사례와 전문가 표적집단면접법(Focus Group Interview: FGI)을 통해 3개 부문 10개 중항목 42개 세부항목을 도출하고 전문가 설문조사를 통해 도시지역, 농산촌지역, 어촌연안지역, 환경지역 등 공간단위별 핵심지표와 중요지표, 선택적 활용지표를 도출하였다.

이를 통해 어메니티자원 가치평가지표는 '생태적 보존가치' '자연경관의 독특함' '생태적 복원가치' 등 자연환경적 가치와 '역사·문화적 보존가치' '자원의 개성' '미적 가치' 등 문화적 가치가 중요한 것으로 도출되었다. 어메니티자원 활용 방안은 기존 사례를 바탕으로 '보전 복원' '계획적 이용' '산업적 이용' 등 3개 부문 15가지를 도출하였다. 전문가 설문조사를 통해 공간단위별로 핵심지표와 중요지표를 도출하였는데 도시지역에서는 '창조적 공간개발화'와 '경관관리' '문화컨텐츠화' 등 7개 항목이 핵심지표로 도출되었으며, 농산촌지역과 어촌연안지역에서는 '지역브랜드화' '상품브랜드화' '관광자원화' 등 8개 항목이 핵심지표로 도출되었다. 환경지역에서는 '자연 자원보전' '역사·문화자원 보전' '자연생태계 복원' 등 6개 항목이 핵심지표로 도출되었다.

김선희 국토연구원 연구위원은 2006년 국토연구원 발행《국토》(통권 제298호) 특집 '국토어메니티 창출을 위한 정책과제와 전략–국토어메니티의 개념과 정책과제'라는 논문에서 국토계획에 어메니티 개념을 적극 반영할 것을 주장한 바 있다.

첫째, 어메니티 수요를 담을 국토 및 지역계획제도의 개혁이 필요하다는 것이다. 일본에서는 1999년부터 농경지를 국가명승지로 지정 관리하고 있고, 고베시에서는 조례제정을 통해 농촌지역의 가옥, 야산, 농경지 등을 보전하는 마을 만들기를 추진 중이다. 이처럼 사회경제 변화에 적절히 대응하기 위해서는 개발기조 하의 양적 확대에 초점을 맞추고 있는 기존의 계획기조를 국토의 질적 향상, 즉 어메니티 도모를 중심으로 하는 새로운 계획기조로 전환해야 한다. 일본은 2005년 '종합적인 국토형성을 도모하기 위한 국토종합개발법'을 개정하고, 국토계획을 전면 개혁하고 있는데 우리나라도 국토건설종합법 등 관련 법의 전면개정 혹은 새로운 패러다임을 담을 새로운 법제정 검토가 요구된다. 이를 토대로 국토 및 지역(도시)계획을 어메니티종합계획으로 전환하고, 어메니티 증진사업을 구조적으로 확대하는 방안을 검토해야 한다고 주장했다.

둘째, 지역의 재발견으로부터 어메니티 계획입안이 절실하다는 것이다. 살기 좋은 지역 만들기, 살고 싶은 도시 만들기의 핵심은 '개성 있는 지역 만들기'에서 출발한다. 계획입안단계부터 다양한 지역주민이 자발적으로 참여하여 지역의 어메니티 전체상을 정하고, 지역고유자원, 어메니티자원 발굴이 반드시 필요하다는 것이다.

셋째, 국토어메니티 요소개발과 창출모델 개발이 중요하다는 것이다. 국토어메니티 개발은 '어메니티자원의 발굴' '공간의 결합' '문화와 브랜드 창조' 등을 핵심으로 도시, 농산촌, 어촌, 주요 관광지 및 SOC 시설 주변 등 지역별·시설별로 다양한 주체에 의해 개성 있게 창출되어야 한다.

넷째, 어메니티 혁신을 위한 인식제고 및 주민참여가 중요하다는 것이다. 어메니티 친환경 하수처리장, 간선도로정비, 고속도로휴게소, 폐도로 및 철도의 친환경적 이용과 창출 등 성과와 개성을 발견하고 창조하는 노력, 어메니티자원의 가치를 공유하는 노력, 어메니티자원을 공간화·문화화하는 노력, 어메니티자원을 미래세대에 전수하기 위한 노력 등이 요구된다. 이를 위해 지역에 대한 열정과 경험을 갖고 있는 핵심인재 확보가 중요하며, 주민과 공무원의 역량 강화를 위한 교육훈련이 체계적으로 이루어질 수 있도록 재정적, 제도적 토대가 마련되어야 한다. 이를 위해 중앙정부와 지방정부, 시민단체, 지역주민, 전문가들이 결합한 (가칭)국토어메니티추진협의회 등을 통해 정보를 공유하고, 네트워크와 연대를 도모하면 효율적일 것이며, 마을주민들이 참여할 수 있는 '어메니티연구회' '평생학습 프로그램' 등의 마련이 필요하다고 제안했다.

이와 함께 '농촌어메니티(Rural Amenity)'도 강조되고 있다. (사)농산어촌어메니티연구회(회장 현의송)는 2007년 12월 〈농촌어메니티 개발에 관한 연구—유형별 모형 및 사례 중심으로〉(대산농촌문화재단)를 내놓았다.

이 보고서는 농촌어메니티를 '농촌지역 특유의 녹(綠)이 풍부한 자연, 역사, 풍토 등을 기반으로 여유, 정감, 평온이 가득하고 사람과 사람의 접촉에 바탕을 둔 정주 쾌적성을 갖는 상황'으로 정의하고 있다.

농촌어메니티의 창출전략은 크게 ①어메니티 수요를 담을 농촌계획 및 지역개발제도의 개혁 ②지역의 재발견으로부터 어메니티 계획 입안 ③어메니티 요소개발과 창출모델 개발 ④어메니티 시장촉진책 및 각종 규제와 인센티브 등 지원책 마련 ⑤어메니티 혁신을 위한 인식제고 및 주민참여 ⑥지역 자긍심과 마을공동체 문화만들기를 들고 있다.

이를 바탕으로 농촌어메니티사업의 전략과제로 실천해야 하는 것으로 다음과 같이 들고 있다. ①농촌어메니티사업 주체의 농촌체험시장에 대한 기본 수요조사를 해야 한다. ②어메니티를 중심으로 하는 마을환경 정비 및 개선사업계획 수립과 실천을 해야 한다. ③도시민 만족을 위한 농촌어메니티시설의 체계적인 도입과 확충을 해야 한다. ④시장선호도가 높은 상품개발과 홍보체계를 확립해야 한다. ⑤ 공격적인 홍보체계의 구축 강화가 필요하다. ⑥지도자 양성과 교육훈련을 해야 한다. ⑦교육훈련 프로그램 운영을 해야 한다.

어메니티가 일반인에게는 익숙하지 않지만 국토전략을 중시하는 국토연구원의 보고서에 '국토어메니티'가 기술되고 이를 향상시키기 위한 전략과 과제가 정책적으로 논해지고, 아울러 농촌살리기를 위한 농촌어메니티 전략 또한 심도 있게 강구되고 있음을 알 수 있다.

제3장

어메니티의 가치평가

도시어메니티의 가치 평가의 구조와 방법론

01 도시어메니티의 구조와 특징

경제학에서 효용은 주요 개념 중 하나이다. 사람들이 재화나 서비스를 구매하는 가장 큰 이유는 효용에 근거한다. 아름다움, 쾌적함의 효용은 어떠할까? 도시에서 어메니티의 효용이나 가치는 무엇일까? J. B. 컬링워드의 '어메니티는 인식할 수는 있어도 정의하기란 어렵다'는 말처럼 도시어메니티는 어떻게 평가할 수 있을까?

도시어메니티는 어느 공간에 존재하는 다양한 도시 요소의 양적 질적 배치에 대해 대다수 사람들이 살아가면서 주관적으로 느끼는 공통의 가치이다. 도시어메니티는 몇 가지 기능으로 세분화할 수 있다. 도시계획의 관점에서는 주(住)환경, 직(職)환경, 유(遊)환경이라는 공간의 어메니티가 중요하다.

'주환경어메니티'는 사는 공간으로서의 쾌적함과 매력을 나타내는 종합적인 개념으로 편리성, 안전, 안심, 경관, 정온성, 청정함, 복지, 자연, 역사문화 등으로 구성된다. '직환경어메니티'는 일하는 공간으로서의 쾌적함이나 매력을 나타내는 종합적인 개념으로 편리성, 효율성, 접근성, 구획성 등으로 구성된다. '유환경어메니티'는 주민이나 방문자가 쉬고 즐기기 위한 공간으로서의 매력을 나타내는 종합적인 개념으로 편리성, 북적댐, 구획성, 경관, 안심 등으로 구성된다.

공간어메니티는 그 공간 내에 존재하는 다수의 어메니티 기능에서

구성되지만 이들 어메니티기능은 다수의 어메니티요소로부터 구성
된다. 어메니티요소란 도시공간의 내부에 존재하는 각종 공공시설,
건물, 역사문화시설, 하천, 산, 호수와 같은 자연자원의 양(量)이나 질
(質) 및 그 배치이다.

어느 공간의 어메니티 기능을 구성하는 요소는 크게 2종류로 나눌
수 있다. 하나는 공간 내부의 양과 질과 배치이다. 즉 그 공간내부에
존재하는 요소로 건물, 공원이나 연못, 하천과 같은 인공 또는 자연의
유형자원과, 커뮤니티, 전통, 문화라고 하는 무형자원이다. 다른 하
나는 공간의 위치이다. 즉 편리성, 안전성과 같이 그 공간을 포함하는
보다 넓은 공간 내부에 있는 위치 요소로 어느 주택지가 도시 내 어디
에 있는지, 역에 가까운지, 학교에 가까운지, 고속도로 연변인지 등
소위 입지조건이다. 위치요소를 결정하는 것은 광역공간 내의 하천,
수로, 산, 바다 등의 자연지형과 도로망, 철도망, 버스노선망, 상하수
도망, 에너지망, 정보망 등 도시기반인 네트워크이다.

도시어메니티의 특징은 어떠할까? 도시어메니티가 포괄적인 개념
이며 계층적인 구조를 갖고 있기 때문에 그 정의를 딱부러지게 하기
는 곤란하지만 일반적인 특징은 다음과 같다(아오야마 요시타카 외, 도시
어메니티의 경제학, 2002).

첫째, 요소의 양·질·배치이다. 도시어메니티는 시장가격으로는
평가할 수 없는 것을 포함하는 도시환경이며, 자연환경, 역사적 환경,
마을거리, 풍경, 지역문화, 지역공공서비스, 교통의 편리성, 안전, 안
심 등의 도시를 구성하는 요소(양과 질)와 그들 공간적 배치를 종합화
한 가치이다.

둘째, 지역고유재이다. 아름다움의 가치는 회화나 사진 영상으로
누릴 수 있지만 도시어메니티의 직접 이용가치는 그 공간에 거주하
거나 방문하지 않으면 향수할 수 없다는 의미로 지역고유재라는 것

이다.

셋째, 공공재이다. 도시어메니티의 가치는 비배제성과 비독점성이 있어 누구라도 이 공간을 완전히 점유할 수는 없으며 시장가격으로 가치를 측정할 수 없다.

넷째, 사회자본이다. 도시어메니티는 아름다움이나 효용과 마찬가지로 개인의 가치관에 의존하지만 대다수 사람들에게 공통의 인식이 있기에 사회자본이다.

다섯째, 불가역재이다. 도시어메니티는 한 번 파괴되면 재생이 곤란한 불가역재이다. 따라서 지속가능성이라는 관점이 중요하다.

여섯째, 다목적인 가치이다. 도시는 생산과 소비의 장이며 주(住), 유(遊), 직(職), 학(學), 동(動)의 활동의 장이다. 따라서 동일한 공간이 이용목적에 의해 다른 가치를 가지게 된다.

일곱째, 다양한 수익자이다. 도시는 거주자, 종사자, 미래세대 등이 있어 모든 사람들이 도시어메니티의 편익을 각각 다른 형태의 가치로 누리고 있다.

여덟째, 종합화이다. 도시어메니티를 도시계획의 목표로 자리매김하기 위한 경제적 특징이 종합화이다. 도시마다 유환경 또는 주환경에 특화하거나 유환경과 주환경의 균형을 취한 도시를 만들 수 있다.

아홉째, 공간에 대한 가치이다. 어메니티에 대해서도 한계효용이 체감한다고 볼 수 있다. 가령 뛰어난 주환경어메니티를 가진 지구가 반드시 주공간으로 확보되는 것이 보장되지는 않는다.

열 번째, 등(等)어메니티곡선이다. 주환경어메니티는 편리성, 안전성, 경관, 정온성 등 대부분의 어메니티기능에 의해 형성된다. 주환경어메니티는 편리성과 정온성에 대체관계가 있고 똑같은 주환경어메니티를 나타내는 등어메니티곡선이 가능하다.

열한 번째, 요소의 대체성이다. 주환경어메니티 기능 중 하나인 편리성도 다시 몇 개의 요소로 구성된다. 가령 편리성이 쇼핑시간과 비용으로만 결정된다면 시간과 비용이 적을수록 편리성이 높아진다.

열두 번째, 제도와 가치이다. 법률에서 각 용도에 의해 건축가능하다는 건축이나 시설 용도와 형태는 도시어메니티를 개선할 수 있다.

도시어메니티는 환경재와 마찬가지로 가치의 이용형태에 따라 나눌 수 있다. 도시어메니티의 가치는 자신이 이용하는 지 아닌 지의 관점에서 우선 '이용가치'와 '비이용가치'로 크게 나눌 수 있다. 도시어메니티의 이용가치는 직접적 이용가치, 간접적 이용가치 및 옵션가치를 들 수 있고, 비이용가치는 유산가치나 존재가치를 들 수 있다.

첫째, 직접적 이용가치이다. 직접적 이용가치란 가령 쾌적한 도로교통, 녹음풍부한 공원에서의 산책, 백화점에서의 쇼핑, 레스트랑에서의 식사, 역사적 문화재 방문 감상 등 대상이 되는 도시어메니티를 직접 이용함으로써 얻을 수 있는 살기 좋음, 쾌적성, 만족감 등이다.

둘째, 간접적 이용가치이다. 간접적 이용가치란 도시어메티니에 관한 영상이나 문헌자료 등 매체를 통해 얻어지는 가치로 가령 파리 에펠탑처럼 그 도시의 상징의 영상이나 그림엽서 등을 통해 그 지역 외에 사는 사람들이 누리는 이용가치를 말한다.

셋째, 옵션가치이다. 옵션가치란 장래 자신이 도시어메니티를 이용할 가능성을 확보함으로써 얻어지는 가치를 말한다. 장래에 역사적 문화재를 방문·감상하고 싶다거나 훗날에 가까운 공원을 매일 산책하고 싶다고 생각하는 모든 사람들이 현 시점에서는 도시어메니티를 이용하지 않아도 도시어메니티에 대해 옵션가치를 갖고 있다고 할 수 있다.

넷째, 유산가치이다. 유산가치란 자신의 아이나 손자 등 미래세대가 도시어메니티를 이용할 가능성에서 발생하는 가치를 말한다.

다섯째, 대위(代位)가치이다. 대위가치란 현재 자신 이외의 타인이

도시어메니티를 이용할 가능성에서 발생하는 가치를 말한다. 유산가치·대위가치는 현재 또는 미래의 이용가능성을 전제로 한 가치로 옵션가치와 유사하지만 자신이 이용하는지 여부에 따라 명확히 구별할 수 있다.

여섯째, 존재가치이다. 존재가치란 도시어메니티를 전혀 이용하지 않아도 도시어메니티가 있어야 할 장소에 있어야 할 모습으로 존재함으로써 얻어지는 가치이다. 도시의 자연환경이나 역사적 유산이나 중요문화재 혹은 공원 건조물 등은 자기가 직·간접적으로 이용하지 않아도, 또 장래에 누군가가 이용하지 않아도 존재가치가 있다는 것이다.

이러한 분류는 시장에 존재하지 않는 환경재의 경제적 가치를 평가하기 위해서 환경경제학의 분야에 있어 사용된다. 결국 도시계획 관점에서 보면 도시어메니티 가치는 그 가치의 수익자에 의한 분류와 공간의 이용형태에 의한 분류로 나눌 수 있다. 도시어메니티의 가치의 수익구조는 직접적 이용가치, 간접적 이용가치, 옵션가치, 유산가치, 대위가치, 존재가치라는 6가지 가치와 시민, 종사자, 방문자, 기타, 미래세대라는 5자의 수익자간의 매트릭스로 대응될 수 있다. 또한 도시어메니티는 하위에 주(住), 직(職), 유(遊)의 공간어메니티가 포함된다. 그렇기에 가령 주요한 직접적 이용가치는 시민에게는 주환경어메니티, 종사자에게는 직환경어메니티, 방문자에게는 유환경어메니티이며, 미래세대에게 주요한 유산가치로는 주공간, 직공간, 유공간 모든 공간어메니티가 포함된다고 할 것이다.

▮2 어메니티 가치측정 방법론

역사유산이나 도시의 자연환경, 그리고 가로와 풍경, 도로와 철도 같은 교통시설이나 공원 또는 상하수도와 같은 사회자본 등의 도시어메니티는 어느 정도의 가치가 있는 것일까? 이러한 도시어메니티는 어떻게 측정할 수 있을까?

일반적으로 시장에서 매매되는 경우는 가격에서 그 가치를 측정할 수 있을 것이지만 자연환경이나 문화재 등은 일반적으로 가격이 없다. 가격이 없는 것도 어떤 형태로 가격을 의식할 수 있는 상황을 만들면 가치를 측정할 수가 있지 않을까 하는 데서 시작하는 것이 어메니티 가치측정 방법론이라 하겠다.

어메티니 가치측정 방법은 크게 환경경제평가기법으로 이해할 수 있다. 환경경제평가기법은 평가내용으로는 개별계측법과 종합계측법으로, 평가방법으로는 표명선호법(stated preference; SP)과 현시선호법(revealed preference: RP)으로 크게 분류할 수 있다.

개별계측법은 간접효과가 상호 상쇄된다는 이론에 근거하여 각 항목에 대한 간접효과를 개별적으로 화폐가치로 변환하여 이를 합계하는 방법이다. 이 방법의 장점은 구체성이 있다는 점이지만 단점은 이중계측이나 계측누락의 우려가 있다. 종합계측법은 각 항목에 대한 직접효과만이 아니라 간접효과도 종합적으로 계측하는 방법으로 이중계측이나 계측누락의 우려가 없다는 장점이 있는 반면 영향 항목을 구체적으로 표시하기가 곤란하다는 단점이 있다.

한편 표명선호법은 앙케이트로 개인의 선호를 직접적으로 묻는 방법으로 임의 속성을 평가할 수 있는 장점이 있는 반면 묻는 사람에 의해 결과가 달라지는 바이어스(bias)로 평가결과에 대한 신뢰성이 그다지 높지 않다는 단점이 있다. 현시선호법은 개인의 행동결과에서 그의 선호를 분석하는 방법으로 표시선호에 비해 무임승차문제를 회피할 수 있다는 점에서 신뢰성이 높다는 장점이 있지만 현시되지 않는 속성을 평가할 수 없다는 단점이 있다.

환경변화의 경제적 평가기법에는 표명선호법에서는 개별계획법으로 컨조인트분석, 여행비용법(사전평가), 이산선택분석(사전평가)이 있고, 종합계획법으로는 CVM(가상가치평가법)이 있다. 현시선호법에서는 개별계획법으로 직접지출법, 여행비용법(사후평가), 이산선택분석(사후평가)이 있고, 종합계획법으로 헤도닉가격법, 응용일반균형분석이 있다.

여기서는 오노 에이지(大野栄治)의 《환경경제평가 실무》(2006)와 구리야마 고이치(栗山浩一)의 《공공사업과 환경의 가치-CVM가이드북》(2002)을 바탕으로 CVM, 컨조인트분석, 여행비용법, 이산선택분석, 헤도닉가격법, 응용일반균형분석에 대해 간략히 소개한다.

첫째, CVM이다.

CVM(Contingent Valuation Method)은 앙케이트를 이용해 환경이 개선되거나 파괴된 상태를 응답자에게 설명해 환경개선이나 환경파괴에 대해 최대한 지불해도 좋은 금액이나 적어도 보상이 필요한 금액을 직접 물어, 그 금액에서부터 환경의 가치를 평가하는 방법으로 '가상가치평가법' 또는 '조건부가치평가법'이라고 한다. 최대한 지불해도 괜찮은 금액은 '지불의지액(WP: Willingness to Pay)', 적어도 보상이 필요한 금액은 '수입보상액(WAC: Willingness to Accept Compensation)'이라 한다.

CVM의 연구는 1947년 시어리아키와 완트럽스(Ciriacy-Wantrups)의 아이디어에 근거해서 1958년 미국 국무성 국립공원국에서 델라웨어강의 레크레이션 편익의 계측에 처음 적용됐다. CVM은 비이용 가치를 평가할 수 있는가? CVM의 평가액은 신뢰할 수 있는가? 신뢰할 수 있는 평가액을 얻기 위해서는 무엇이 필요한가가 중요하다. 실제 CVM의 평가로 세계적으로 가장 주목받은 것이 엑슨사의 유조선 '발디즈' 호의 원유 유출 사고이다.

1989년 3월 24일, 발디즈호가 알래스카해에서 좌초돼 약 4,200만ℓ 의 원유가 바다에 유출돼 약 40만 마리의 바다새 등이 숨진 것으로 추정되고 해양생태계에 매우 큰 영향을 미쳤다. 엑슨사는 사고 발생 후 원유제거에 20억 달러 이상의 비용을 투하했지만 원시적인 대응책만 취했고, 생태계 파괴에 대한 손해액의 평가가 큰 이슈로 부각됐다. 1991년 CVM조사는 현재의 환경오염 상태를 보여준 뒤에 호위선에 의한 사고예방대책 비용 등을 포함한 환경정책을 응답자에게 알려주는 점이 핵심으로 최종적으로는 주민투표방식으로 평가질문이 이뤄졌다. 미국 전역의 일반시민 1,599세대를 무작위로 추출해 지불의사액을 10달러, 30달러, 100달러로 제시한 결과 중앙치는 30달러였고, 이를 미국 전역의 세대수를 곱한 결과 약 28억 달러가 나왔다. 이는 발디즈호의 유출사고로 잃어버린 생태계를 과소평가한 것이었지만 이 28억 달러를 바탕으로 미 연방·주정부와 엑슨사 간에 교섭이 이뤄졌고 그 결과 보상액은 약 10억 달러에 합의가 됐다.

CVM은 정책 수립을 위한 기초 단계로서 국내에서도 다양한 분야에서 연구가 많이 이루어지고 있다. 가상평가법에 관한 국내의 선행 연구는 주로 환경자원 가치평가로 산림·관광자원이나 하천과 습지, 그리고 역사적 유물 등 비시장재의 가치 측정을 비롯해 적용 범위가 확대되고 있다.

둘째, 컨조인트분석(Conjoint Analysis)이다.

컨조인트분석은 계량심리학이나 시장조사 분야에서 발전해온 방법으로 CVM과 마찬가지로 앙케이트 조사에 의한 평가법이다. 평가요인에 대한 가상의 다양한 조합으로 이루어진 속성들을 사람들에게 제시하여 선호를 평가하는 수법의 총칭이다. CVM이 평가대상의 전체적 가치를 평가하는 데 주로 이용되는데 비해 컨조인트분석은 속성별로 가치를 평가할 수 있는 것이 특징이다. 설문대상자들에게 가상의 특성 조합으로 이루어진 대안들을 제시하고 이에 대해 선택하거나 순위를 매기게 함으로써 편의(bias)를 최소화하여 분석하고자 하는 기법이다.

컨조인트분석은 1988년 루비에르(Louviere J. J)에 의해 개발되어 지금까지 마케팅, 교통, 심리학 분야에 널리 적용되어 왔다. 1994년 아다모비치(Adamowicz. W) 등에 의해 환경가치 측정분야에 처음 적용된 이후 최근 그 적용사례가 꾸준히 증가하고 있다.

컨조인트분석의 질문방식은 크게 4가지이다. ①완전프로파일평정방식(상품·정책의 프로파일을 보여주고 그 상품·정책이 어느 정도 좋은지를 평가하도록 한다) ②페어와이즈평정방식(두가지 대립하는 상품·정책 프로파일을 보여주고 어느 쪽의 상품·정책이 어느 정도 좋은 지를 평가하도록 하게 한다) ③ 선택방식(복수의 상품·정책 프로파일을 보여주고 가장 좋아하는 상품·정책을 선택하도록 하게 한다) ④랭킹방식(복수의 상품·정책의 프로파일을 보여주고 좋아하는 순으로 상품·정책을 선택하도록 하게 한다). 이들 질문방식에는 일장일단이 있지만 선택방식이 실제 소비행동에 가장 가까운 방식이라 평가된다.

컨조인트분석의 특징은 CVM이 단일속성의 평가에 한정되어 있는 것에 대해 다속성의 대체안의 선택결과에서 속성마다의 한계지불의사액을 명확히 할 수 있다는 점이다. 또 앙케이트에서 금액을 직접 묻지 않기 때문에 CVM에서 지적되는 바이어스가 어느 정도 완화된다고 예상된다. 그러나 편익평가의 분야에서 컨조인트분석이 주목받게 된 것은 최근이며 그 유효성은 향후 연구축적에 달려있다는 지적이 있다.

셋째, 여행비용법(Travel Cost Method)이다.

여행비용법은 소비자잉여법을 기초로 한다. 어떤 재화의 소비자잉여란 '소비자가 그 재화를 사기 위해 지불해도 좋다고 생각하는 최대

지불허용액의 합계에서, 실제로 그 재화의 구입에 지불한 금액의 합계를 뺀 것'을 말한다. 여행비용법은 '평가대상이 되는 비시장재와 밀접한 관계가 있는 사적재(私的財) 시장(대리시장)을 찾을 수 있다면 그 대리시장에서 소비자잉여의 변화분이 그 비시장재의 변화의 평가치를 나타낸다'고 하는 '약보완성(Weak Complementarity)'이론에 바탕을 두는 방법이다. 따라서 환경변화의 편익은 평가대상재의 대리시장에 있어 소비자잉여의 증가분으로 계측된다.

여행비용법의 사고는 1947년 미국 국무성 국립공원국에서의 질문에 답하는 형식으로 호텔링(Harold Hotelling)에 의해 처음으로 나왔다. 여행비용법은 환경의 직접적 이용가치 계측에 주로 사용되지만 최근에는 존재가치도 계측할 수 있다고 주장하는 이론연구도 있다고 한다.

여행비용법의 적용에는 다음과 같은 문제점이 지적된다. ①복수목적 여행자의 여행비용 분류가 곤란하다. ②장기체류자를 다루기가 곤란하다. ③거리비용의 적절한 계산이 곤란하다. ④시간의 기회비용의 추정이 곤란하다.

여행비용법의 과제는 다음과 같다. ①소비자잉여의 변화가 효용수준의 변화를 화폐환산한 것이라고 보는 것은 재화의 수요가 소비자의 소득수준에서 영향을 받지 않는 경우 등에 한정된다. ②관광행동의 주유(周遊) 특성을 고려하고 있지 않기 때문에 과대평가될 우려가 있어 목적지에 가기 위한 추가적인 여행비용을 산정해야 하는 데 쉽지 않다. ③대체설비 유무를 고려하지 않기 때문에 과대평가가 될 우려가 있는데 대체시설을 망라하는 선택지 집합에서의 선택행동으로 잡을 필요가 있다. ④체재시간을 어떻게 취급하느냐 하는 것인데 교통시간은 여가활동에 필요한 비용은 아니지만 실제로는 이 상황을 판단하기 어렵다는 것이다.

넷째, 이산선택분석(Discrete Choice Analysis)이다.

전통적인 소비자행동은 예산제약 아래에서 효용최대화문제로 정식화되지만 개인의 이질성, 시장정보의 불완전성, 선택의 이산성(離散性) 등이 고려돼 있지 않다. 이에 대해 계량심리학이나 교통공학 분야에서 발전해온 방법이 이산선택분석으로 랜덤효용이론에 의한 소비자행동에 관한 분석방법이다. 이산선택분석은 여행비용법과 마찬가지로 환경재의 대리시장에 착안한 방법이지만 여행비용법보다 소비자행동을 중시하고 있다.

다섯째, 헤도닉가격법(Hedonic Price Method)이다.

헤도닉가격법은 '비시장재의 가치가 대리시장의 가격으로 자본화한다'고 한 캐피탈리제이션(Capitalization)가설에 근거해 비시장재의 변화에 의한 대리시장의 가격에 미치는 영향을 그 평가치로 하는 방법이다. 우선 환경수준을 포함한 여러 가지 속성을 설명변수로 한 헤도닉가격함수(가령 지대함수, 임금함수 등)를 추정한다. 이어 환경수준의 단위변화에 대한 헤도닉가격의 단위변화의 비율을 구한다. 헤도닉가격법이 정확해지기 위해서는 현실적으로는 매우 어려운 가정이지만 아래의 조건이 필요하다. ①모든 개인이 동질(同質)이다(동질성). ②개인이나 기업의 이전이 자유이다(지역의 개방성). ③그 이전이 다른 지역에 어떤 영향도 미치지 않는다(프로젝트 규모가 지역규모에 대해 충분히 작을 것).

여섯째, 응용일반균형분석(Computable General Equilibrium Analysis)이다.

일반균형분석이란 환경정책으로 환경변화가 일어나면 직접적으로는 주택이나 기업의 입지매력이 변화하고, 이는 자산가치의 변동을 가져와 그 결과 토지이용, 생산성, 물류 등에도 영향이 미친다. 이 효과는 일반균형의 시장메커니즘을 통해 파급돼 최종적으로는 지역사회 또는 국민사회를 구성하는 가계의 효용수준의 변화라는 형태로 귀

칙힌다. 이러한 일반균형분석을 거쳐 환경징책에 의한 가계의 효용수준의 변화분을 화폐환산한 것이 환경정책에 의한 편익이 된다.

응용일반균형분석은 거시경제학 분야에서 발생해온 일반균형이론과 미시경제학 분야에서 발전해온 국민경제계산체계의 데이터를 융합한 분석기법이다. 일반균형분석을 계산가능하게 한 것이 응용일반균형분석인데 이 방법은 편익의 이중계측이나 계측누락을 피할 수가 있으나 정확한 계측을 하기 위해서는 방대한 수의 생산함수나 효용함수를 특정화해야 한다는 기술적 문제가 있다.

일곱째, 직접지출법(Direct Expenditure Method)이다.

직접지출법은 환경악화에 의해 피해를 입는 개인 또는 기업이 피해를 경감하기 위해 필요한 지출액의 증가분으로 계측하는 방법이다. 특히 지출이 사전 방지비용인 경우에는 방지지출법, 사후 재생비용인 경우에는 재생비용법이라 부른다. 직접지출법을 적용 가능한 것은 지출에 의한 효과와 환경이 완전한 대체관계에 있는 경우에 한한다. 다만 환경변화를 어느 단계의 대체재로 치환할 수 있는가가 문제가 된다.

어메니티 가치평가의 실제

01 국립공원의 경제적 가치

　　우리나라 전국토의 6.6%가 국립공원이라는 사실을 아는 사람은 그리 많지 않을 것이다. 육지는 3,898.948㎢가, 해면은 2,680.902㎢가 국립공원에 속해있다. 국립공원의 역사는 우리나라 자연환경의 변천사라 할 수 있다. 경제개발이 한창인 1967년에 지리산이 최초로 국립공원에 지정됐다. 지금까지 삼천리 금수강산 중에서 가장 수려한 자연문화경관지역 20곳이 국립공원으로 지정됐다.

　국립공원은 산악형 국립공원과 해안·해양형 국립공원, 문화유적형 국립공원으로 나뉜다. 지리산, 계룡산, 설악산, 속리산, 한라산, 내장산, 가야산, 덕유산, 오대산, 주왕산, 북한산, 치악산, 월악산, 소백산, 월출산이 산악형 국립공원이다. 한려해상, 태안해안, 다도해해상, 변산반도는 해안·해양형 국립공원이며 경주는 문화유적형 국립공원이다. 이렇게 전국에 분포된 국립공원에 2005년 한 해 동안 2,687만 명이 다녀갔다. 국립공원공단의 〈국립공원 기본통계〉(2021)에 따르면 2010년엔 4,265만 명, 2015년엔 4,533만 명이었으나 코로나기간 중인 2020년 말에는 2,776만 명이 국립공원을 방문한 것으로 나타났다.

　우리나라 국립공원의 경제적 가치는 얼마나 될까? 국립공원관리공단이 2005년 지리산과 설악산 등 우리나라 18개 국립공원의 가치를 돈으로 환산할 경우 총 65조 원에 이르며, 이는 당시 우리나라 4,800

만 국민이 1인당 135만 원의 국립공원 재산을 보유하는 셈이라고 밝혔다.

국립공원의 경제적 가치 65조 원 중 국립공원을 보호하면서 얻어지는 자연환경 보존가치가 58조 원, 탐방객이 국립공원을 이용하면서 얻는 가치가 6조6,000억 원으로 평가됐으며, 공원별로는 북한산(6조1,000억 원), 설악산(5조5,000억 원), 지리산(5조2,000억 원) 순이라고 한다.

이러한 국립공원의 경제적 가치평가는 '비시장' 환경재를 평가하는 기법인 '가상가치평가법(CVM)'에 의해 나온 것이다. 지난 2002년부터 2005년까지 3년 동안 9,400여 명의 탐방객과 2,000명의 일반 국민을 대상으로 조사한 자료를 토대로 이뤄졌다. 북한산이 다른 국립공원보다 경제적 가치가 높게 나타난 이유는 연간 500만 명이 찾는 등 이용가치가 높고, 국립공원 가운데 단위면적당 탐방객이 가장 많았기 때문이라는 것이다.

또한 2002년부터 2005년까지 3년간 총 1만2,500여 명의 탐방객을 대상으로 국립공원 현지에서 지출비용에 관해 설문조사를 한 결과 18개 국립공원의 연간 탐방객 2,400만 명(2005년 기준)의 연간 총지출비용이 7,079억 원이었다. 국립공원 탐방객의 1회 1인 평균 지출비용은 설악산이 7만765원으로 가장 높고, 북한산은 2,994원으로 가장 낮았다. 이 조사에서 국립공원이 사회경제적으로 미치는 연간 총 가치는 3조700억 원으로 나타났는데 국립공원의 연간 관리 비용이 1,300억 원임을 감안하면 우리 국민들이 국립공원에서 24배의 경제적 이득을 얻고 있다는 결론이 나온다.

심규원·권헌교·이숙향은 2013년 '가상가치평가법(CVM)을 이용한 국립공원의 경제적 가치 평가에 관한 연구—20개 국립공원을 대상으로'(《한국산림휴양학회지》 제17권 제4호)를 발표했다. 이들은 2012년 4월부터 10월까지 현지 탐방객을 대상으로 봄, 여름, 가을철 조사를 일대

일면접과 자기기입방식을 병행해 실시했다. 또한 2006년부터 2012년까지 시행한 자연자원조사 14개 국립공원(지리산, 경주, 계룡산, 속리산, 가야산, 덕유산, 주왕산, 다도해해상, 치악산, 월악산, 북한산, 소백산, 월출산)과 신규로 조사한 내장산, 오대산, 설악산, 한려해상, 태안해안, 한라산국립공원의 자료 총 8,595부를 이용하였다.

20개 국립공원의 경제적 가치 평가 결과 총자산가치는 약 103조 4,000억 원으로 이는 우리나라 국민이 1인당 약 207만 원의 국립공원 재산을 보유하는 것으로 평가되었다. 공원별 경제적 가치는 북한산(약 9조2,000억 원), 지리산(약 8조2,000억 원), 설악산(약 7조7,000억 원)순으로 나타났다. 국립공원의 경제적 가치 중 보존가치는 약 92조5,000억 원으로 탐방을 통한 이용가치의 약 8.5배에 해당되는 것으로 나타났다. 또한 이용가치는 약 10조9,000억 원으로 국립공원 관리에 소요되는 연간 약 1,750억 원의 비용을 감안하면, 우리나라 국민들은 약 62배의 경제적 이득을 얻고 있는 것으로 나타났다. 여기서 오대산국립공원의 경우 이용가치가 2,825억 원, 보존가치가 4조2,288억 원으로 총 자산가치는 4조5,113억 원으로 나타났다.

2019년 장진·박준형·심규원의 논문 '조건부가치평가법(CVM)을 이용한 다도해해상국립공원의 생태계서비스 가치평가—종다양성 가치를 중심으로'(《국립공원연구지》 제10권 제2호)는 2018년 11월부터 2개월 간 만19세 이상 남녀 550명을 대상으로 온라인 설문조사를 진행하였다. 다도해해상국립공원의 종다양성 보전을 위해 연간 가구당 지불의향이 있는 금액은 약 3,463원으로 분석되었다. 이를 2018년 추계 우리나라 총 가구수 1,975만1,857가구를 곱하여 국가 총 종다양성 보전의 경제적 가치는 약 684억 원으로 추정되었다.

2015년 이호승·한상열·이상현의 'Turnbull(턴불) 분포무관모형을 이용한 오대산국립공원의 경제적 가치평가'(《국립공원연구지》 제6권 제1

호) 연구에서는 그해 8~9월 종 4회에 걸쳐 416명의 탐방색을 대상으로 일대일 면접과 자기기입식 빙식을 병행해 현지설문조사를 실시했다. CVM의 하나인 Turnbull 분포무관모형을 적용해 추정하였는데 오대산 국립공원 탐방객의 지불의사금액은 1인 1회 1만1,373원으로 추정되었으며, 공원보존을 위해 1가구가 1년에 1만2,304원을 지불할 의사가 있는 것으로 파악되었다. 또한 보존가치 중 존재가치가 5,290원(43.0%)으로 가장 높았고, 유산가치 4,762원(38.7%), 선택가치 2,252원(18.3%) 순으로 나타났다. 그리고 추정된 이용가치와 보존가치를 토대로 평가한 연간 이용가치는 약 134억 원, 연간 보존가치는 2,162억 원이며, 오대산국립공원의 총 경제적 가치는 4조8,322억 원으로 평가되었다.

그러면 오대산국립공원이 경제적 가치평가 결과를 바탕으로 활용할 수 있는 일은 어떤 것들이 있을까?

첫째, 국립공원 지역주민의 인식변화, 공원관리에 있어 이해당사자간의 관계개선과 더불어 국립공원에 대한 사회적 인식을 제고할 수 있는 전략적 수단으로 활용이 가능할 것이다. 둘째, 국립공원 정책 추진의 당위성을 일반 국민 및 지역주민들에게 홍보할 수 있으며 특히 지역사회 구성원들로부터 국립공원 관리에 대한 이해를 증진시킬 수 있다. 셋째, 국립공원의 경제적 가치평가를 통한 국립공원의 역할과 기능, 홍보 및 사회구성원들과의 사회적 합의 형성의 기틀 마련이 가능할 것으로 보인다. 넷째, 경제적 가치평가에 대한 홍보를 통해 지역사회와의 협력, 국립공원과 이해관계에 있는 지역사회 구성원과의 관계 개선 및 긴밀한 협조체계 구축이 가능하다. 다섯째, 국립공원이 일반 국민에게 제공하는 경제적 편익을 화폐적 가치로 알림으로 보다 쉽게 국립공원의 순기능을 홍보할 수 있다는 것이다.

2023년 11월 국립공원 산·바다 18곳의 비경을 담은 다큐영화 '무경계'가 개봉돼 호평을 받았다. 진재운 KNN 기획특집국장이 제작한

진재운 감독의 국립공원 다큐 영화 '무경계' 포스터.

다큐멘터리 영화 '무경계'는 국립공원 지정 55주년을 맞은 한반도 국립공원의 산과 바다, 그 속에 사는 사람들의 모습을 수려한 영상미로 담아낸 작품이다. '무경계'는 1년 앞서 〈한반도의 보석 국립공원〉이라는 이름의 3부작 TV 다큐멘터리로 제작돼 KNN과 SBS에서 방영됐고, 동시에 영화용 재편집 작업을 거쳐 영화화됐다. 꼬박 1년간의 기획·촬영 기간에 촬영팀은 전국 23개 국립공원 중 18곳을 다니며 경이로운 자연현상과 생생한 야생동물의 모습을 카메라에 담았다. '무경계'는 최근 2024년 뉴욕 페스티벌에서 '다큐멘터리 자연과 야생 부문' 은상을 수상하기도 했다.

그런데 국립공원이 심하게 몸살을 앓고 있다. 아니 오히려 환경부에 의해 파괴되고 있다. 2023년 2월 환경부가 끝내 설악산에 케이블카를 설치하는 안을 허가했다. 강원 양양군의 설악산 오색케이블카 설치사업 환경영향평가에 대해 '조건부 협의(동의)' 의견을 낸 것이다. 국책연구기관인 한국환경연구원(KEI) 등 여러 전문기관들의 반대 의견을 물리치고 40년 동안 끌어온 설악산 케이블카 실치를 허가한 것이다(경향신문, 2023년 2월 27일).

설악산 케이블카 반대운동에 앞장서왔던 박그림 설악녹색연합 대표가 약 20년 전에 부산에 와서 했던 말이 아직도 기억에 생생하다. 당시 필자는 기자로 취재를 했다. 박 대표는 2005년 8월 부산의 환경단체인 '습지와 새들의 친구'가 주최한 '습지와 조류 생태안내자 양성과정' 강의에서 잘못된 레저문화로 인해 국립공원 설악산의 생태계 파괴가 심각하다고 호소했다.

"짐승이 살지 않는 산은 죽은 산입니다. 산에 가시면 경치뿐만 아니라 뭇짐승의 존재에 대해서도 관심을 가져주셨으면 합니다. 연간 300만 명이 찾는 설악산은 산양을 비롯한 야생동물의 서식처가 못됩니다."

한국산악회 회원이기도 한 박 대표는 1970년대 설악산에서 마주친 천연기념물 제217호인 산양의 눈빛을 잊지 못해 1992년 서울을 떠나 속초에 뿌리내렸다. 그는 설악산의 훼손 실태를 카메라에 담고, 모노레일 및 양수발전소 건설 반대, 산양보호 및 설악산 세계자연유산 등록 추진 등 '설악산 지킴이'로 살아왔다.

"지난달 일본 홋카이도의 시레토코 국립공원이 유네스코 세계자연유산에 등록됐는데 일본열도가 축제분위기였지요. 경제효과가 엄청나거든요. 그런데 10년 전쯤 문화재청이 설악산을 세계자연유산에 등록하려는 의지를 보였으나 규제강화를 우려한 지역 유지들의 집단 반발로 무산된 적이 있어요. 지금은 후회하고 있지만 참 안타까운 일입니다."

《산양똥을 먹는 사람》의 저자이기도 한 박 대표는 "학술적으로 이미 멸종한 반달곰 복원에는 수백억 원의 예산을 투입하면서도 아직 100여 마리나 살아있는 멸종위기종인 설악산 산양에 대해선 보호대책이 전무한 사실이 문제"라면서 "자연생태계는 반달곰 같은 스타만 중요한 것이 아니지 않느냐"고 반문했다. 그는 "설악산의 경우 70년대 집단시설 개발방식이 '먹자판 관광'을 낳아 세계자연유산이 될 국립공원마저 황폐화시키고 지역경제에도 도움이 되지 않게 됐다."고 말했다(국제신문, 2005년 8월 28일). 지금 생각해도 백번 옳은 말이다.

《맹자》양혜왕장구하(梁惠王章句下)에 나오는 제나라 선왕과 맹자의 대화를 살펴보면, 문왕(文王)의 사냥터가 사방 70리였지만 백성들이 작다고 생각한 반면 선왕(宣王)의 사냥터가 사방 40리임에도 불구하고 백성들이 크다고 생각한 것은 그 사냥터를 백성들과 함께 즐겼느냐 그렇지 않았느냐에 따라 달렸다는 것이다. 요즘으로 치자면 체감할 수 있는 국립공원을 제대로 보전하고 시민공원을 늘이는 것이 중요하다는 의미도 되지 않을까. 국민으로서 국립공원의 경제적 가치를 높이는 길은 진정 국립공원을 사랑하고 자주 찾는 일이라 할 것이다.

02 산림의 공익적 가치

국립공원만이 아니라 우리 주변에 흔한 일반 산야의 가치는 어떨까? 기후위기시대를 살아가는 요즘 산림의 공익적 가치는 결코 과소평가할 수 없다.

2005년 4월 산림청 국립산림과학원이 약 641만ha에 이르는 우리나라 산림의 연간 공익기능가치를 2003년 기준으로 국내총생산(GDP)의 8.2%인 58조8,813억 원으로 평가했다. 이는 농림어업총생산의 2.6배, 임업총생산의 18.4배에 해당하는 수치이다(연합뉴스, 2005년 4월 4일).

2018년 기준 국립산림과학원이 발표한 우리나라 산림의 공익적 가치는 221조 원에 달했다. 국민 1인당 연간 428만 원의 공익적 혜택을 받는 셈이라고 한다. 이는 GDP의 1,893조 원의 11.7%에 해당하며, 농림어업총생산의 6.4배, 임업 총생산의 92.6배, 산림청 예산(2조 원)의 108배에 달한다.

온실가스흡수 저장기능이 75.6조 원으로 총평가액 중 가장 높은 34.2%를 차지하였으며, 산림경관제공 기능 28.4조 원(12.8%), 토사유출방지 기능 23.5조 원(10.6%), 산림휴양 기능이 18.4조 원(8.3%) 순으로 평가됐다. 그 외 산림정수 기능 13.6조(6.1%), 산소생산 기능 13.1조(5.9%), 생물다양성보전 기능 10.2조(4.6조), 토사붕괴방지 기능 8.1조(3.7%), 대기질개선 기능 5.9조(2.7%), 산림치유 기능 5.2조(2.3%), 열섬완화 기능이 0.8조(0.4%)로 뒤를 이었다(노동일보, 2020년 4월 1일).

2010년 유진채 · 김미옥 · 공기서 · 유병일의 논문 '한국 산림의 공익적 가치추정 · 선택실험법을 이용하여'(《농촌경제》 제33권 제4호)는 산림청 예산보다 산림의 공익적 가치가 10배나 더 높다고 강조한다.

우리나라 산림의 경우 도시화와 공업화로 인한 토지수요도가 높아 지난 5년간 매년 평균 약 8,000ha 이상의 면적이 타용도로 전용되고 있다. 숲가꾸기사업 등을 통해 산림의 공익적 기능은 산림의 전용에도 불구하고 증가하고 있다고 전문가들은 전망하고 있다.

산림의 공익적 기능을 국민들의 요구에 부합할 수 있게 증진시키기 위해서는 각종 산림 관련 정책사업이 필요하고, 이러한 정책사업을 실시하기 위해서는 국가 차원의 계획 수립과 자금 배분 및 이를 위한 재원이 필요하다. 실제 2011년의 산림청 예산은 2010년보다 2.5% 증가한 1조6,500억 원으로 이는 국민의 세금에 기초하고 있다.

이들의 연구는 산림의 공익적 기능 중 수자원 함양 및 산림정수 기능, 토사유출방지 기능, 토사붕괴방지 기능, 이산화탄소 흡수 기능, 생활환경형성 기능, 산림휴양 기능, 생물다양성보전 기능, 경관개선 기능 8가지의 공익적 기능을 대상으로 조사한 것이다. 소비자인 일반 국민들이 각 기능의 유지증진에 얼마만큼의 세금을 추가로 낼 의향이 있는지, 어떤 기능을 가장 높게 선호하는 지를 선택실험법을 적용해 연구하였으며 이를 위해 설문조사를 1대1 면접조사를 통해 실시했다.

이 조사는 20대 이상 508명의 응답표본으로 조건부 로짓모형을 적용해 추정하였는데 그 결과 우리나라 총 가구수 1,588만7,000호를 기준으로 매년 발생되는 산림의 각 속성별 개선수준에 따른 총편익을 도출했다. 10년 동안의 총편익은 각각 현재 상태를 유지할 때는 약 15조1,217억 원, 10% 증가할 때는 약 18조858억 원, 20% 증가할 때는 약 20조9,711억 원으로 추정되었다.

이들 연구자는 산림청 예산 1조6,600억 원보다는 추정된 총편익이 모두 10배 이상의 높은 가치를 가지고 있는 것으로 나왔기에 이를 고려해 우리나라 국민이 원하는 수준의 산림 공익기능 증진을 위한 정책개발 및 소요예산을 더 확보할 필요가 있다고 주장한다.

국립공원만이 아니라 도립공원의 사회적 편익도 대단하다. 2013년 김진옥·엄영숙은 '여행비용법을 적용한 전라북도 도립공원의 방문수요와 휴양편익추정'(《한국산림휴양학회지》 제17권 제3호)이란 논문을 내놓았다. 이 논문은 개인별 여행비용접근법(TCM)을 적용하여, 전라북도 4곳의 도립공원을 방문한 1,642명을 대상으로 3계절에 걸쳐 설문조사를 통해 개별 도립공원에 대한 방문수요함수를 추정하고, 해당 도립공원 방문의 휴양편익을 측정한 것이다. 조사 결과 방문수요에 대한 가격탄력성은 −0.15에서 −1.1의 범위에서 도립공원과 방문자들의 특성에 따라 다르게 나타났는데 1회 방문으로 누리는 휴양편익은 등산 위주의 모악산과 대둔산은 11만~12만 원 정도로, 원거리 방문자들이 많은 선운산과 마이산은 18만~19만 원 정도로 도립공원의 특성에 따라 다르게 측정되었다.

여기서 나아가 산림, 수목이 지구온난화에 미치는 영향에 대해 한번 알아보자. 기후위기시대 도시녹화의 중요성은 아무리 강조해도 지나치지 않을 것이다. 도시녹화는 1997년에 재택뇌고 2005년에 발효된 교토의정서 제3조 제4항의 대상이다. 식생회복으로서 산림경영에 의한 획득흡수원의 상한값 4,767만t-CO_2, 기준년대비 총배출량비 약 3.9%와는 별도로 흡수량 계상이 가능하다.

2008년 일본이 내놓은 〈교토의정서 목표달성계획〉(환경성)에서의 도시녹화의 자리매김(공원녹지분야)은 이러하다. 첫째, 국민의 기본적 역할로 녹화운동 등의 지구온난화대책에 적극 참여 노력할 것. 둘째, 녹화를 통한 지표면 피복의 개선, 물과 녹지의 네트워크 형성 등 도시열섬 대책, 열환경 개선을 통한 이산화탄소 줄이기를 추진할 것. 셋째, 도시녹화는 국민에게 가장 가까운 흡수원대책이며 그 추진은 실제 흡수원대책으로 효과를 갖고 지구온난화대책 취지의 보급계발에도 큰 효과를 발휘할 것. 넷째, 온실가스 흡수원대책으로 도시공원의 정비, 도로, 하천 사방, 항만 등의 녹화, 기존 민유녹지의 보전, 건축물 옥상, 벽면 등의 새로운 녹지공간 창출을 적극 추진할 것. 다섯째, 도시녹화에서 흡수량의 보고, 검증체제의 정비를 계획적으로 추진할 것 등이다.

도시녹화의 온실가스(CO_2) 흡수량 추계와 관련해서는 〈교토의정서 목표달성계획〉에 있어 도시녹화의 흡수량은 도시녹화의 대책이 계획대로 실시될 경우, 제1약속기간에 연평균으로 기준년대비 총배출량비 0.06%(74만t-CO_2) 확보가 가능하다고 한다.

아울러 도쿄도의 도시열섬효과 대책을 한번 살펴보면 도쿄 도시부에서 열섬현상의 현재화가 새로운 과제로 등장했는데 도쿄의 경우 주변부에 여름철(7~9월)에 30℃를 넘는 시간수가 1981년부터 1999년에 대폭 증가했다. 녹지보전과 녹화추진으로 열섬현상 완화효과식물은 증산작용으로 기온상승 억제 효과가 있으며 녹화추진이 열섬현상 완화에 효과가 있다는 것이다.

실제로 도쿄 도심부(10km 사방)에 지역상황에 맞는 녹지보전, 녹화시설을 종합적으로 강구해 녹피율을 현황 27.3%에서 39.5%로 만든 경우 일평균, 일최고, 일최저기온이 평균 0.3℃ 저하했다. 도쿄의 실적은 100년간 기온상승과 단순비교하면 약 10년 간 분의 기온상승 해소에 상당하는 것이라고 한다. 이는 야간의 최저기온이 25℃ 이상이 되는 열대야 지역이 약 972ha 감소해 열대야 해소에 기여하는 걸로 나타났다.

아울러 도심의 가로수는 도시 내 중요한 탄소흡수원으로서의 중요한 역할을 하고 있는 것으로 밝혀지고 있다. 경기개발연구원이 2011년 1월에 펴낸 〈도시 수목의 이산화탄소 흡수량 산정 및 흡수효과 증진 방안〉을 보면 가로수 한 그루의 평균 저장 탄소량은 176kg이라고 한다. 한 그루당 소나무는 가장 적은 양인 탄소 47.5kg, 양버즘나무는 가장 많은 361.6kg의 탄소를 저장한다. 가로수 한 그루의 연간 흡수 이산화탄소량은 평균 34.6kg, 소나무는 7.3kg, 튤립나무는 101.9kg을 흡수해 수종에 따라 이산화탄소 흡수량 차이가 제법 나는 것을 알 수 있다. 옥상녹화 건축물은 겨울철의 난방비가 16.6% 절감되며 여름철에는 30℃ 기준으로 주변보다 2~3℃ 기온이 낮아진다. 100㎡를 녹화하면 2kg의 대기오염물질이 줄어들어 성인 2명이 숨 쉴 수 있는 산소량을 생산한다는 것이다.

산림이나 도심공원에 나무를 심는 것이야말로 기후위기시대 우리 사회가 시급히 투자해야 할 사회인프라라고 할 수 있다. 어릴 적 동요 '메아리'가 생각난다. "산에 산에 산에는 산에 사는 메아리/ 언제나 찾아가서 외쳐 부르면/ 반가이 대답하는 산에 사는 메아리/ 벌거벗은 붉은 산엔 살 수 없어 갔다오// 산에 산에 산에다 나무를 심자/ 산에 산에 산에다 옷을 입히자/ 메아리가 살게시리 나무를 심자."

03 하구·하천복원의 경제적 가치

강원도 태백에서 발원한 낙동강이 1,300리 물길을 돌아 대양으로 접어드는 길목. 해질녘 낙동강 하구 모래톱 사이엔 '물별'이 뜬다. 천연기념물 제179호인 낙동강 하구엔 요즘 멀리 시베리아에서 날아온 철새들이 매일 여정을 풀고 있다. 겨울철 이곳은 고니·기러기·오리·갈매기·가마우지 등 70여 종 5만~7만 마리의 철새가 모여 사는 '철새들의 나라'이다.

이곳 낙동강하구 을숙도에 '철새공화국'이 들어선 것은 2001년 12월 16일. '습지와 새들의 친구' '부산녹색연합' 등 부산지역 환경단체가 이날 '을숙도 철새공화국'의 독립을 선언했다. 더불어 '을숙도 철새공화국은 평화공화국이다(제1조)' '을숙도 철새공화국의 영토는 을숙도와 그 일원으로 한다(제2조)' '문화재청과 문화재위원, 환경부는 이 지역을 보전할 의무가 있다(제17조)' 등의 내용을 담은 '철새공화국 헌법'을 공포했다. 이날 철새공화국 선포식은 철새들의 핵심 서식지를 관통하게 될 당시 부산시의 명지대교(현 을숙도대교) 건설계획과 주변에 들어설 20층 높이의 명지주거단지 건설계획의 문제점을 널리 알려 낙동강 하구에 대한 종합대책 마련을 행정에 촉구하기 위한 것이었다.

낙동강하구의 역사는 인간에 의한 파괴와 침탈의 역사였다. 1966년 7월 문화재보호구역, 천연기념물로 지정된 이래 낙동강하구에는 하구둑이 생기고, 을숙도에 압축쓰레기 매립장과 분뇨처리장이 들어섰는가 하면 주변 갯벌이 매립돼 녹산·신호·장림신평공단, 명지주거단지 등이 차례로 들어섰다. 이렇게 해서 사라진 갯벌이 485만평으로 여의도 면적의 7~8배에 이른다. 시민단체가 을숙도 철새공화국을 선포한 것은 개발지상주의, 인간편의주의, 무한속도주의에서 벗어나

낙동강 하구 남단 습지의 여름철 모습은 '신이 내린 정원'이라 불릴 정도로 광활하고 생동
감 있는 장관을 펼치고 있다(ⓒ박중록).

생명과 존재 그리고 느림의 가치를 존중하고, '고니의 땅' '철새들의
영토'인 철새공화국을 인정하고 새로운 외교관계를 맺어가자는 다짐
에서 나온 것이었다.

　우리나라에는 적어도 329개의 하구가 있으며 이들 하구는 삼각
주, 갯벌, 자연제방 등이 잘 발달되어 천혜의 자연환경을 지니고 있
다. 특히, 낙동강 하구는 4대강 하구 중 하나로서 하구가 지닌 뛰어
난 자연환경 가치를 보호하기 위하여 5개 법령에 의해 자연환경보전
지역(1987), 생태계보전지역(1989), 습지보호지역(1999), 문화재보호구
역(1966), 특별관리해역(1982)으로 중복 지정하여 보호하고 있는 유일
한 곳이다. 낙동강하구는 한강을 제외한 영산강, 남강과 함께 식수
와 농업용수의 염분 피해를 방지하기 위해 하구둑이 건설되어 있는
하구이다.

　낙동강하구의 가치는 어느 정도나 될까? 2005년 송교욱 · 제윤미의

〈낙동강 하구역의 생태경제학적 가치평가와 관리방안에 관한 연구〉
(부산발전연구원)에서 낙동강 하구의 가치는 연간 4조4,500억 원으로 새
만금의 26배라고 밝혔다. 을숙도의 상징인 갈대는 4억2,700만 원, 재
첩 등 저서생물은 14억5,000만 원, 물고기는 27억9,000만 원, 하구의
주인이라 할 수 있는 새는 22억2,000만 원, 갯벌은 8억8,000만 원 등
으로 이들 자원을 포함해 태양·바람·비·파도 등 낙동강 하구가 가
진 순수한 자연환경의 가치가 연간 총 4조4,500억 원이라는 것이다.

2005년 여름 일본 열도를 축제분위기에 들뜨게 한 뉴스가 있었다.
국내 언론에는 제대로 소개되지 않았지만 일본 NHK는 특집방송을 했
고 일본 정부는 기념우표도 발행했다. 그것은 제29차 유네스코 세계
유산위원회(WHC) 정기회의에서 일본 홋카이도의 시레토코(知床)반도
가 세계자연유산에 등재키로 결정됐기 때문이었다.

'시레토코' 뉴스에 일본열도가 흥분한 것은 세계유산 등록의 경제
유발효과가 엄청나기 때문이기도 했다. 시코쿠뉴스(2005년 8월 1일)에
따르면 일본은행 구시로지점이 시레토코반도가 세계자연유산에 등
록됨에 따라 홋카이도 전체의 경제효과가 향후 5년간 1,175억 엔에
이를 것이라는 시산을 발표했다. 1993년 일본 최초로 세계자연유산에
등록된 가고시마현의 야쿠시마(屋久島)와 아오모리·아키다현 시라카
미(白神)산지가 등록된 후 5년간의 관광객 평균증가율이 연 20.8%였는
데 이를 시레토코에 적용하면 시레토코 연간 관광객수 223만 명이 연
간 약 46만 명 증가할 것으로 예측했다.

유네스코한국위원회 자료에 따르면 2023년 10월 현재 유네스코에
등재된 세계유산은 전 세계 167개국에 걸쳐 총 1,121점이며, 이 가운
데 문화유산이 869점, 자연유산 213점, 복합유산이 39점이다. 우리나
라는 세계문화유산으로 1995년 석굴암과 불국사, 해인사 장경판전,
종묘 등재 이래 2019년 한국의 서원에 이르기까지 모두 13건이, 세계

자연유산은 2007년 제주 화산섬과 용암동굴, 2021년 한국의 갯벌로 모두 2건이 등재돼 있다.

세계자연유산에 등재된 한국의 갯벌은 충남 서천, 전북 고창, 전남 신안, 전남 보성·순천 등 서남해안 갯벌 4곳이다. 그런데 정작 우리나라의 대표갯벌인 낙동강하구는 부산시의 무관심으로 세계자연유산 추가 등재가 이뤄지지 않고 있다. 낙동강하구와 같은 한국 대표갯벌이 추가 등재되지 않는다면 잠정적으로 등재된 한국의 갯벌 전체가 세계자연유산 목록에서 사라질 처지에 있다고 환경시민단체는 우려하고 있다. 2023년 부산시는 '2030부산월드엑스포 유치'에 시정을 올인했으나 결국 처참하게 실패했다. 부산엑스포 유치활동을 넘어서 지속가능한 도시 부산을 위해 낙동강하구의 세계자연유산 등재운동에 지자체가 적극 나서야 할 것이다.

이러한 대자연의 가치도 중요하지만 일반 시민들이 생활에서 느끼는 것은 도시하천이라고 할 수 있다. 전통적으로 하천복원은 치수사업이나 기타 단일 목적의 하천사업, 또는 불량한 유역관리에 의해 훼손된 하천의 자연적 기능, 즉 서식처, 수질자정, 경관 기능을 되살리기 위해 하도와 수변을 원 자연상태에 가깝게 되돌리는 것을 의미한다. 도시하천의 생태복원의 가치는 어느 정도나 될까? 이에 대해서는 지역마다 많은 연구가 이뤄지고 있다.

2006년 이희찬·강재완·한상필·김규호의 '선택실험법을 이용한 만경강 하천공간 복원의 가치 평가'(《환경정책》 제24권 제3호)는 전북 완주군에 있는 만경강 하천 복원사업으로 인해 발생된 하천공간의 다양한 기능에 대한 가치를 정량적으로 평가했다. 포커스그룹 인터뷰와 사전조사를 통해 하천공간의 주요 속성으로 '자연경관 이·치수 기능' '생태 기능' '수질정화 기능' '친수 기능'을 최종적으로 선정하였다. 익산에 거주하는 성인 600명을 대상으로 훈련 받은 조사자에 의

한 1대1 면접조사를 실시한 결과 만경강 복원의 가구당 경제적 가치는 연간 1만2,974원으로 나타났다. 하천복원 사업에 있어 친수공간의 활용성을 강조하는 것이 주어진 예산제약 하에서 주민의 편익을 최대화하는 방향 설정이라는 결론을 제시했다.

2014년 구윤모·강형식·이미숙의 논문 '홍천강 생태하천 복원사업의 경제적 가치'(《한국환경생태학회지》 제28권 제1호)는 강원도 홍천군에 있는 홍천강의 생태적 기능을 되살리기 위해 계획 중인 생태하천 복원사업의 경제적 편익을 정량적으로 추정한 것이다. CVM을 적용했으며 지불의사액이 0인 응답자들을 고려한 스파이크모형을 추가적으로 이용해 분석한 결과 사업지 인근에서는 가구당 연간 3,300~4,628원, 비사업지에서는 가구당 연간 1,308~2,929원의 지불의사가 있는 것으로 밝혀졌다. 이를 우리나라 전체로 확대할 경우, 홍천강 생태하천 복원사업의 경제적 편익은 현재가치로 약 976억~2,163억 원에 이를 것으로 판단된다는 것이다.

2022년 윤형호·연제승·박효기·김서현의 논문 '자연복원 형태의 승기천 하수조 정비사업의 경제적 가치 추정 연구'(《도시연구》 통권 제22호)는 비시장재화인 인천시 승기천 하천복원 사업의 경제적 편익을 CVM을 이용하여 추정했다. 지불의사액은 'Truncated Median(절사평균)모형'으로 저항응답을 포함하여 분석했을 때 가구당 연간 2,243원, 제외 시 2,401원으로 추정되었다. 스파이크 모형은 저항응답 포함 시 1,735원, 제외 시 1,934원으로 추정되었다. 3km 내외로 구분하여 비교했을 때 사용가치가 높은 3km 내 거주자의 지불의사액이 3km 바깥보다 약 3배 높았다.

2012년 최성록·성찬용·유영화의 논문 '비용편익분석을 위한 도심하천복원 경제가치의 범위효과 검정: 조건부가치평가법과 선택실험 비교'(《환경정책》 제29권 제2호)는 광주광역시 광주천을 대상으로 하천복원사업 범위의 변화에 따른 경제적 가치 영향을 CVM과 선택실험(CE)을 적용하여 검정했다. 온라인 설문조사를 통해 수집된 광주시 2개 표본과 수도권 2개 표본을 대상으로 범위효과를 검정하였다.

분석 결과에 따르면 CVM를 이용해 추정한 지불의사액은 모집단의 차이에 관계없이 복원 범위효과가 나타나지 않았으나(1인당 매년 평균 7,600원~8,200원), 복개철거와 같은 구조적 변화에는 유의한 차이를 보였다. CE로 추정한 지불의사액은 광주시 응답자들의 경우 전체 복원 범위에 대해서 1인당 평균 5,800원, 구도심에 대해서는 9,900원으로 추정되어, 복원 범위보다 장소성을 더 중요하게 반영하는 것으로 나타났다. 반면, 수도권 응답자들은 광주천 구도심 복원 1만500원과 전체 복원 1만4,400원으로 제한된 범위효과를 보여주었다.

2015년 최진환의 논문 〈창원시 가음정천 복원사업의 미기후 변화 및 경제적 가치 평가〉(창원대)는 생태복원이 완료된 창원시 가음정천을 대상으로 생태 및 환경, 그리고 사회·경제적 효과 분석을 주된 목적으로 하였으며 환경적 측면에서는 복원사업에 따른 미기후 조절 및 열섬완화 효과까지도 분석하였다.

먼저 경제적 효과 분석을 보면 가음정천 구간 내에서 하천형태를 인공형재질에서 자연형재질로 복원하는 경우에는 연간 가구당 3만2,432원의 지불용의액을 추정하였다. 수변공간이 존재하지 않을 때 둔치로 복원하는데 1만2,821원, 보행로·산책로를 복원하는데 2만5,644원의 지불용의액을 추정하였다. 둔치에서 보행로·산책로로 복원하는 데는 1만2,823원으로 나타났다. 가음정천의 관리 유무에 따른 지불용의액 추정은 하천을 관리하지 않는 상태에서 주기적으로 관리를 실시하는데 1만1,550원으로 나타났다. 경제적 효과 분석에서 설문 응답자들이 가장 선호하는 '자연형, 둔치+보행로/산책로, 하천관리(O)'를 포함한 대안은 총 지불용의액이 6만9,626원으로 나타났다.

또한 가음정천 복원사업의 미기후 조절 및 열섬완화의 효과를 미기후모델링기법을 이용해 분석한 결과 복원사업 이후 콘크리트 제방을 철거하고 식생으로 피복된 성원2차아파트 상가 주변 구간 전체의 기온은 0.05℃ 감소하였으며, 표면온도는 1.32℃ 감소하였다. 둔치 복원 후 다양하게 식생을 식재하여, 식생면적을 증가시킨 대방1호교의 24시간 평균기온은 0.04℃ 감소하였으며, 표면온도는 0.03℃ 감소한 것으로 나타났다. 복개된 주차장을 철거하고 하천으로 복원시킨 가음시장대상가 앞 구간의 평균 기온은 0.09℃ 감소하고, 표면온도는 0.05℃ 감소한 것으로 나타났다. 하천복원 사업으로 인해 과거 복개되었던 구간이 개방된 구간, 하천 둔치 내 콘크리트 제방 구간이 식생 및 수공간으로 변화된 구간을 중심으로 미기후 조절 및 열섬완화 효과를 확인할 수 있었는데 특히 기온, 습도, 바람 등에 영향을 미치는 각종 인공구조물에 의한 표면온도의 저감효과가 매우 두드러지게 나타났다는 것이다.

04 대기오염 방지의 사회경제적 편익

봄철 황사로 대표되는 미세먼지로 온 국민이 힘들어하고 있다. 일선 학교는 이로 인해 학생들의 옥외·야외활동에 애를 먹고 있다. 먹을거리, 마실거리와 함께 숨 쉬는 공기의 중요성은 말할 필요가 없다. 세계 최악의 대기오염의 오명을 듣고 있는 대한민국이다. 깨끗한 공기야말로 환경정책의 1순위가 돼야 할 것이다. 시민들은 깨끗한 공기를 얻기 위한 정책에 어느 정도의 비용을 지불하려할까?

미세먼지 관리는 대규모 예산이 투입되는 공공정책이다. 서울시의 경우 2017년, 〈서울시 미세먼지 10대 대책〉을 위해 2020년까지 4개년간 총 6,417억원을 투자할 계획이라고 밝혔다. 이처럼 대규모 예산이 투입되는 정책은 사회경제적 편익 산정을 통해 타당성을 확보할 필요가 있다.

미세먼지에 대한 경제성 분석은 중국 등 주변 국가나 지자체와의 협력을 위해서도 필요하다. 현재 정부 차원에서 수행하고 있는 미세먼지 해결을 위한 동북아 국제협력의 경우 구체적인 협력사업을 촉진할 수 있는 방안 중 하나는 미세먼지로 인한 피해를 정량화하고 미세먼지 감축을 위한 비용을 산정하는 것이다. OECD, 유럽연합, 미국 등에서는 과학적 분석 결과와 함께 경제성 분석 결과를 활용하여 미세먼지 관리 정책을 수립하고 대내외 협력방안을 마련하고 있다고 한다. 유럽연합(EU)이 미세먼지 해결 협력을 위해 채택한 〈예테보리 의정서(Gothenburg Protocol)〉가 대표적인 사례이다.

2019년 황인창·김창훈·손원익의 연구보고서 〈서울시 미세먼지 관리정책의 사회경제적 편익〉(서울연구원)은 미세먼지 관리정책의 사회경제적 편익이 연평균 5,400억 원으로 이는 투자예산의 3~4배에 이른다고 밝혔다. 무작위로 추출된 서울시 551가구를 대상으로 CVM을 활용해 대면면접방식의 설문조사를 실시한 결과 서울시민의 미세먼지 개선 지불용의액은 연평균 13만8,107원인 것으로 나타났다.

설문조사는 2025년까지 서울시 초미세먼지(PM2.5) 연평균 농도를 최근 평균보다 $10\mu g/m^3$ 줄이는 데 소요되는 비용을 개별 가구에서 세금의 형태로 최대 얼마까지 지불할 용의가 있는지를 물어보았다. 농도가 이렇게 개선되면 2025년에 서울시 PM2.5 연평균 농도가 $15\mu g/m^3$가 되는데, 이는 세계보건기구(WHO)의 중간 권고기준3(WHO, 2006)을 달성하는 수준이다. 설문조사 분석 결과, 서울시 연평균 초미세먼지 농도를 현재보다 $10\mu g/m^3$ 개선하기 위한 서울시의 가구당 연평균 지불용의액은 13만8,107원이었는데 서울시의 총 가구수를 감안하면, 서울시민의 미세먼지 관리 정책 총 지불용의액은 매년 5,407억 원(95%신뢰구간, 4,908억~5,905억 원)이라고 추정할 수 있다는 것이다.

2021년 황인창·백종락·전은미·안미진의 논문 〈대기오염물질 감축수단 비용효과성 분석〉(서울연구원)은 대기오염물질 감축수단, 비용효과성 분석결과 교통수요관리 등 자동차대책이 우선순위 1위로 나왔으며, 정부는 비용효과성을 토대로 대기오염물질 감축사업 우선순위를 분석할 필요가 있다고 제안했다. 정부는 〈제2차 수도권 대기환경관리 기본계획(2015~2024) 수정계획〉(환경부 수도권대기환경청, 2020)에서 수도권 대기질 개선을 위해 향후 5년간(2020~2024년) 연평균 1조 6,647억 원을 투입한다고 밝혔다.

대기오염물질 감축사업은 개별 사업의 특성에 따라 예산투입 시점과 감축효과가 나타난 시점이 다를 수 있기에 이러한 한계를 극복하기 위해 이 연구는 개별 사업별로 분석기간(2011~2019년) 동안의 총 비용과 총 감축실적을 각각 합산하여 개별 사업의 비용효과성을 산정했다. 이러한 방법으로 분석한 결과 대기오염물질 감축사업 예산의 82%가 운행차 관리·친환경차 보급 등 자동차대책에 투입된 것으로 나왔다. 이에 정부는 비용효과성에 기초해 개별 사업의 우선순위를 정하고 예산을 분배할 필요성이 있다고 지적했다.

경향신문(2023년 6월 20일)은 단독기사로 '석탄발전으로 2년간 2,000명 사망·13조원 피해…국민연금에도 책임'이라는 제목의 기사를 내놓았다. 2년 전 우리 정부가 탈석탄 선언을 했지만 여전히 석탄화력발전에 직간접적 투자를 이어가고 있는 국민연금공단의 책임이 크다는 지적도 제기됐다.

기후환경단체 기후솔루션이 핀란드 에너지·청정대기연구센터(CREA)와 함께 작성한 〈국민연금 석탄 투자로 인한 대기오염 및 건강피해 분석〉 보고서를 보면 2021~2022년 사이 국내 석탄화력발전소에서 배출한 대기오염물질에 노출돼 사망한 사람은 1,968명에 이르는 것으로 추산된다. 사망 외에도 석탄화력발전으로 인해 새롭게 천식에 걸린 어린이가 589명에 달했고, 미숙아 출산은 285건, 천식 관련 응급실 진료는 560건 등이 추가된 것으로 추정된다. 이들 질병으로 인해 병가를 낸 이들의 결근 일수는 80만9,000일에 달했다. 이 같은 건강피해로 인해 한국인들이 지출한 비용은 2년간 약 12조9,000억 원으로 추산했다. 또 석탄화력발전으로 인한 만성 폐쇄성 폐 질환, 당뇨병, 뇌졸중 등으로 인해 장애를 안고 살게 되는 기간은 총 2,000년에 달했다.

기후솔루션은 이 가운데 국민연금의 석탄화력발전 투자 비중으로 계산한 사망자 수는 전체의 11.2%인 220명에 달했다고 주장했다. 새로 천식에 걸린 어린이는 67명, 미숙아 출산은 32건, 천식 관련 응급실 진료는 약 63건이었다. 병가를 낸 이들의 결근 일수는 9만690일이었고, 국민연금의 석탄화력 투자에 따른 건강피해로 한국인들이 지출한 비용은 1조4,000억 원가량이었다.

기후솔루션이 석탄화력발전으로 인한 피해 가운데 국민연금을 특정한 것은 산업계에 큰 영향을 미치는 국민연금이 2021년 5월 '탈석탄선언'을 한 후에도 현재까지 구체적인 석탄 투자 제한 정책을 수립하지 않고 있기 때문이다. 앞서 국민연금은 2년 전 신규 석탄발전사업에 대한 투자를 제한하겠다는 내용을 포함해 탄소중립에 있어 선도적인 역할을 수행하겠다고 발표했다. 하지만 탈석탄 선언 이후에도 국민연금은 여전히 국내 석탄화력발전에 직·간접적으로 막대한 자본을 투자하고 있으며 다수 석탄화력발전소에서 국민연금 투자가 차지하는 비중은 11%가량으로 집계됐다. 기후솔루션은 "국내는 물론 전 세계 자본시장의 '큰손'인 국민연금의 탈석탄선언은 단지 한 기관의 ESG 정책 이상의 의미를 갖으며 금융시장과 산업계 ESG 투자 및 경영 정책에 큰 영향을 미친다."고 설명했다.

기후솔루션은 석탄화력 피해 가운데 시역별로는 태안화력발전소와 당진화력발전소가 위치한 충청남도와 영흥화력발전소가 있는 인천광역시에서 가장 큰 규모의 건강 및 경제 피해가 발생한 것으로 나타났다고 주장했다. 이들 지역의 사망자 가운데 국민연금 투자로 인해 야기된 사망자 수는 태안 26명, 당진 23명, 영흥 18명 등으로 추산된다.

기후솔루션은 "국민연금이 실효성 있는 석탄 투자 제한 정책 수립을 계속 미룬다면, 국민의 건강 피해 및 경제 손실이 더욱 커질 것으로 예상된다."며 "(국민연금이) 공적 연기금으로서 파리 기후변화협약에서 도출된 1.5도 목표 달성을 위한 기후행동에 적극적으로 나서야 하다."고 지적했다.

05 역사적 문화재 · 문화정책 · 문화산업의 가치 평가

역사적 문화재를 관광자원화하는 것은 어떤 의미를 가질까? 문화경제 관점에서 문화상품화는 지역에 소재하고 있는 동식물, 경관, 사적지, 문학작품, 드라마, 시각적 예술, 민속, 수공예품, 언어 등과 같은 문화적 요소를 적절한 방법으로 선정하여 자원화하는 것을 의미한다고 볼 수 있다. 그러나 관광이 지니고 있는 상업적 속성으로 인해 문화유산을 관광자원화 하는 것에 대해서는 우려와 반대가 만만치 않다. 경주를 비롯하여 고도로 지정된 공주, 부여, 익산 등과 같은 역사도시는 문화유산을 관광자원화할 관광소비지출 확대를 유도할 수 있는 잠재력과 경쟁력을 갖춘 지역들이지만 문화재보호법과 같은 보존논리를 앞세울 경우 지역주민은 문화유산을 경제활동의 제약 요소로 인식할 수 있다는 말이다.

2010년 김규호는 논문 '역사문화도시 조성에 대한 경제적 가치추

경북 경주시 토함산 기슭에 자리잡은 불국사는 우리나라의 대표적인 한국 건축물 중 하나로 1995년말 석굴암과 함께 유네스코 세계문화유산으로 지정되었다. 불국사를 찾은 관광객이 휴대폰으로 찍은 사진을 확인하며 즐거워하고 있다(ⓒ 김해창).

정'(《충청지역연구》 제3권 제1호)에서 문화유산에 대한 관광객들의 이해와 흥미를 유발할 수 있는 방안으로 마련된 경주역사문화도시조성 사업에 대한 경제적 가치 추정 결과 세금과 같은 형태로 관광객의 경우 1인당 7만1,556원, 지역주민은 12만2,400원을 매년 지불할 의사가 있는 것으로 나타났다고 밝혔다.

　역사문화도시 조성사업은 〈경주역사문화도시조성 기본계획〉(문화관광부, 경주시, 2004)과 〈경주역사문화도시 조성 타당성조사 및 기본계획〉(문화관광부, 문화재청, 경상북도, 경주시, 2007)을 통해 사업이 구체적으로 추진되고 있다. 2005년부터 2034년까지 30년간 추진될 계획인 역사문화도시 조성사업은 문화유산 정비 및 복원을 비롯하여 도시공간의 문화 및 예술적 환경을 조성하기 위한 문화기반시설 확충 등과 같은 내용을 포함하고 있다. 그러나 30년 정도가 소요되는 장기계획이라는 점과 계획의 실현을 위한 재원확보 및 제도적 장치가 없다는 점에서 많은 문제가 제기되고 있다.

따라서 문화유산 정비 및 복원과 활용을 목적으로 추진하는 역사문화도시조성사업은 문화유산 관리정책에 대한 인시전환이 선결과제라고 강조한다.

실제로 황룡사 복원에 대한 학술적 조명을 위해 2006년 4월 28일부터 29일까지 개최된 '황룡사복원 국제학술대회'에서 발표된 논문과 토론 내용에서 복원문제는 찬반 양측으로 팽팽한 대립구도를 보이고 있다. 즉, 황룡사 복원에 대한 긍정적 견해는 '문화재가 교과서 역할을 하고 있고, 황룡사와 같은 목조건물은 복원해야 역사교과서로서 기능을 할 수 있다' '건물 복원의 정당성은 국가적 자부심, 재사용, 교육 및 연구, 관광진흥, 현장보전에 있다'고 한다. 황룡사 복원을 반대하는 견해는 '황룡사를 복원할 물리적 근거가 없고, 복원이 아닌 재건방법에 따라 국가적 자부심, 관광, 교육에 부정적 영향을 줄 수도 있다' '복원에 의한 유구 파괴가 우려된다'는 것이다(국립문화재연구소, 경주시, 2006).

김규호는 경제적 가치추정 결과 역사문화도시 조성사업에 대해 세금과 같은 형태로 관광객의 경우 1인당 7만1,556원, 지역주민은 12만2,400원을 매년 지불할 의사가 있는 것으로 나타났다고 밝혔다. 이는 문화유산의 복원, 정비 등과 같은 사업이 중심을 이루고 있어 경제적 타당성을 시장가치로 평가할 수 없는 역사문화도시 조성사업에 대한 경제적 가치가 비교적 높게 추정되어 사업에 대한 재원확보를 위한 당위성을 제공해주고 있다는 것을 의미한다. 이에 향후 재원확보를 위한 법·제도적 장치를 마련하여 실현하는 것이 필요하다고 제안한다.

2013년 한상현은 '경주유적지 역사경관의 경제적 가치 평가에 관한 연구'(《관광연구논총》 제25권 제1호)에서 이중이분선택형 가상적 가치추정방법을 이용하여 경주 동부사적지대 역사경관의 경제적 가치를 추정하였다. 개방형 질문을 이용한 사전조사가 이루어졌으며 조사결과 방문자의 문화유산에 대한 관심, 대상지에 대한 사전지식, 만족, 재방문의사, 나이, 결혼여부, 자녀유무, 직업유무, 일인당 가계소득, 학력 변수들이 지불의사금액에 유의한 영향을 미치고 있는 것으로 나타났다. 대상지의 역사경관이 현재 상태로 유지되는 것을 전제한 1회 방문 당 지불의사금액은 3,868원인 것으로 계산되었고, 연간 창출되는 비시장가치는 18억 원이 넘는 것으로 나타났다.

매일경제(2009년 4월 23일)는 '문화재의 경제적 가치는?'이란 제목의 기사를 내놓았다. 한국문화관광연구원이 문화재청 의뢰로 조사·제출한 〈문화재의 공익적·경제적 가치분석 연구〉에 따르면 창덕궁, 팔만대장경, 종묘제례악, 정이품송, 반구대 암각화, 서울시청 청사의 경제적 가치는 각각 연간 2,200억 원에서 4,900억 원에 이른다는 것이다. 이 조사는 전국 취업자 1,000명을 대상으로 문화재마다 '보존·활용에 매년 세금으로 얼마를 낼 수 있는지'를 조사해 평균한 금액에 취업자 숫자를 반영하는 조건부가치측정법(CVM)이 동원됐다.

'세계 문화유산 및 자연유산의 보호에 관한 유네스코 협약'(1972년) 제1조는 '문화유산'에 대해 다음과 같이 기술하고 있다. ①기념물(건축물, 기념적 의의를 가진 조각 및 회화, 고고학적인 성질의 물건 및 구조물로 현저한 보편적 가치를 가진 것) ②건조물군(독립 또는 연속한 건조물의 군) ③유적(인공의 소산, 또는 자연과 인공을 결합한 소산)이다. 이러한 유적의 문화적 가치는 ①미학적 가치(주변의 모든 환경의 질을 포함) ②정신적 가치 ③사회적 가치 ④역사적 가치 ⑤상징적 가치 ⑥본질의 가치를 포괄한다.

한국을 대표하는 천연문화재와 유·무형 문화재인 반구대 암각화, 정이품송, 창덕궁, 팔만대장경, 서울시청사, 종묘제례 등 6개 문화재만을 대상으로 실시한 결과 가장 높게 평가된 것은 울산 반구대 암각화(국보 제285호)로 4,926억 원 가치가 있다고 평가됐다. 속리산에 있는 수령 600세 정도로 추정되는 정이품송(천연기념물 제103호)은 4,152억 원, 천연기념물 4개와 등록문화새 6개가 있는 창덕궁(사적 제122호)은 3,097억 원, 팔만대장경(국보 제32호)은 3,079억 원에 이르는 것으로 나타났다. 또한 종묘제례(중요무형문화재 제56호)와 종묘제례악(중요무형문화재 제1호)은 3,184억 원, 1926년에 지어진 서울시청 청사(등록문화재 제52호) 가치는 2,278억 원이었다.

2016년 박찬열·송화성의 논문 'CVM을 활용한 역사관광자원의 입장료 지불가치 추정-수원화성을 중심으로'(《지방정부연구》제20권 제2호)는 수원 방문객을 대상으로 보다 정확한 입장료 지불의사를 파악한 결과, 우리나라 전체 국민이 아닌 수원 방문객들의 수원화성 입장료 지불의사금액은 5,267원으로 현행 입장료 수준보다 높은 것으로 나타났다. 도출된 지불의사금액에 기초하여 수원화성의 가치를 추정한 결과, 수원화성은 연간 약 19억 원의 가치를 가치며, 수원방문객 수에 근거한 잠재적 관광가치는 연간 150억 원의 가치를 지닌 것으로 분석되었다.

현재 국내 주요 문화유산의 관람료 수준은 해외와 비교하여 낮은 편에 속하는 것으로 나타나 그 가치에 합당한 관람료 징수의 필요성이 제기된다(수원시정연구원, 2015)는 견해와 문화유산의 관람료가 높아지면 문화재보호기금을 충분히 확보할 수 있으나 문화유산에 대한 접근성이 저해되는 상충관계도 있다(문화재청, 2012)는 것이다. 실제로 수원화성은 매년 30만~50만 명의 관광객들이 찾고 있는 지역 대표 관광지이지만 입장료는 성인 1명에 1,000원 수준으로 관광체험 프로그램 개발뿐 아니라 수원화성을 잘 보존하고 관리하기에도 매우 부족하다는 지적이 이어지고 있다. 각국 빅맥 지수를 통해 문화유산 관람료를 비교해보면, 영국의 경우 평균 문화유적 관람료가 빅맥 가격의 6.31배, 인도 4.76배, 프랑스 3.92배, 중국 2.51배, 일본 1.65배로 나타났으나 한국의 경우, 0.64배로 유일하게 빅맥 가격이 문화유산 관람료보다 높다는 것이다(수원시정연구원, 2015).

2007년 변일용 · 김선범의 논문 '울산의 역사문화자원 이용 특성 및 가치평가 연구'(《한국도시지리학회지》 제10권 제3호)는 지방 문화재의 이용객을 대상으로 이용만족도와 경제적 가치를 평가하고, 지불의사액의 결정요인들을 통해 정책적 시사점을 도출했다. 이용특성 분석결과, 주로 산책 · 휴식을 위해 혼자 방문하고 있었고, 이용만족도 분석 결과 접근성은 대부분 만족하였으나, 전통문화의 만족도는 울산읍성이 높았다. 대중교통이용 정도, 휴식공간 및 쾌적성에 대한 만족도는 울산읍성과 울산왜성이 높았다. CVM 분석 결과, 울산동헌의 경제적 편익은 가구당 월 729원이며, 지불의사액 결정요인으로는 가구소득과 접근성, 쾌적성의 만족도 등이었다. 울산왜성은 월 1,124원, 언양읍성은 월 1만1,023원, 이휴정은 월 297원으로 분석되었다.

2019년 나현수 · 유창석의 논문 '지불의사금액 추정을 통한 문화정책의 가치측정: "문화가 있는 날"을 대상으로'(《문화정책논총》 제33권 제1호)는 우리나라 전 국민을 대상으로 시행 중인 '문화가 있는 날' 정책에 대한 경제적 가치를 추정했다. '문화가 있는 날'은 2014년부터 시행된 문화정책으로 매달 마지막 주 수요일 전국에 있는 영화관, 공연장, 미술관, 박물관, 고궁 등 다양한 문화시설을 할인된 가격 또는 무료로 이용할 수 있다.

연구결과, '문화가 있는 날' 정책 유지기금에 대한 지불의사와 관련하여 평소 문화활동에 참여하는 횟수가 많을수록 지불의사확률이 높게 나타났으며, 정책에 참여한 경우와 기혼인 경우 지불의사확률이 높게 나타났다. 따라서 '문화가 있는 날' 정책참여 유도를 위해 시장세분화 전략이 필요하다고 제안했다.

이 연구는 CVM을 통해 '문화가 있는 날' 정책의 1인당 연간 지불의사금액이 2만3,774원임을 확인했다. 2018년 4월 기준 우리나라 경제활동인구수를 고려하여 계산한 결과, '문화가 있는 날' 정책의 경제적 가치는 약 6,663억 원으로 평가된다. 국회예산정책처에 따르면, 2018년 '문화가 있는 날'의 운용예산은 176억 원으로, 국민들이 느끼는 효용이 정책에 투입되는 예산에 비해 더 크다는 것을 실증적으로 보여주고 있다는 것이다.

2023년 한찬희 · 박강우의 논문 '문화산업의 경제적 효과 연구: 우리나라의 지역별 소득 및 고용에 대한 영향을 중심으로'(《문화산업연구》 23권 제1호)는 문화산업의 다양한 활동 측면을 나타내는 개별 특성변수들이 우리나라의 지역별 소득과 고용에 미치는 영향을 패널자료 분석을 통해 살펴본 것이다. 구체적으로 17개 광역자치단체에 대한 2010년부터 2020년까지의 연도별 패널자료를 구축한 후, 이 중 문화산업의 개별 특성변수들을 설명변수로 하고 GRDP(지역총생산) 및 지역별 종사자수를 종속변수로 하는 패널회귀모형을 추정하였다.

주요 실증분석 결과는 다음과 같다. 첫째, 문화산업의 특성변수가 지역별 생산 또는 소득에 미친 영향을 살펴본 결과, 등록문화재 수를 제외한 대부분의 변수는 유의한 관계가 존재하지 않는 것으로 나타났다. 한편 등록문화재 수는 GRDP와 유의한 음(-)의 관계를 가지는 것으로 나타났는데, 이는 문화재가 경제적 활용보다 주로 보존에 중점을 두어 관리되는 경우, 지역 내 문화재의 존재가 지역 경제성장에 도리어 부정적으로 작용할 가능성을 시사하고 있다. 둘째, 문화산업 특성변수의 변화가 지역의 생산 및 소득에 미치는 영향보다는 고용에 미치는 영향이 더욱 뚜렷한 것으로 나타났다. 이는 대부분 노동집약적인 서비스업으로 구성된 문화관련 산업의 특징에 기인한 것으로 판단된다는 것이다. 셋째, 문화산업 특성변수 가운데 입지계수와 문화기반시설 수가 지역별 고용과 유의한 양(+)의 관계를 가지는 것으로 나타났는데, 이는 문화산업이 지역별 특화를 통한 집적의 이익을 창출할 수 있음을 시사하는 결과라 할 수 있다.

06 도시교통정비·공공자전거의 사회경제적 효과

요즘 대도시엔 BRT(간선급행버스체계) 노선이 늘어가고, 공공자전거를 비롯한 자전거도로 확충 등 종래 공급중심에서 수요중심의 교통정책으로 가는 전환기에 있다. 도시의 교통설비를 개선하면 어떤 효과가 있을까? 자동차의 사회적 비용, 나아가 자전거의 근거리교통수단으로의 효용은 어느 정도일까? 좀 더 깊이 있는 '도시 교통실험'이 절실한 때다.

연합뉴스(2021년 11월 13일)는 '2030년까지 BRT 노선 55개 구축…주요 도로 통행시간 30% 단축, 5개 이상 노선서 BRT 자율차 운행·친환경차 비중 50%로 확대'라는 제목의 기사를 내놓았다. 오는 2030년까지 수도권 25개, 비수도권 30개 등 전국에 55개 간선급행버스체계(BRT) 노선이 추가로 구축되고 5개 이상 노선에선 자율주행 차량이 운행되며, BRT 차량의 친환경차 비중은 현재 0.04%에서 2030년 50%까지 대폭 확대된다는 것이다.

또한 광역도로, 혼잡도로 등 도로 사업을 추진할 때 BRT 병행 도입을 우선으로 검토해 BRT의 사업 추진 가능성을 높여갈 계획이다. 정부는 BRT 차량의 친환경차 전환과 고급화도 추진한다. 이번 수정계획이 마무리되면 BRT 노선이 현재 26개에서 81개로 3배 이상 확대되고 주요 간선도로의 통행시간(버스)은 30% 단축되는 효과가 있을 것으로 국토부는 기대했다.

대도시권광역교통위원회 관계자는 "BRT는 통행속도, 정시성 확보 등 면에서 도시철도에 준하는 서비스를 제공하면서도 건설비는 지하철의 10분의 1 이하, 운영비는 7분의 1에 불과해 가성비가 높다."면서 "BRT가 더 많은 국민이 선호하는 대중교통수단이 되도록 주요 징책 과제를 내실 있게 추진하겠다."고 말했다.

정부가 BRT 노선 구축에 적극 나선 것은 기후위기시대와 무관하지 않다. 특히 그간의 화석연료를 중심으로 한 배연기관 자동차의 문제점이 심각하기 때문이다.

일본의 경제학자 우자와 히로후미(宇沢弘文, 1928-2014)는《자동차의 사회적 비용》(1974)이란 책에서 1974년 도쿄를 모델로 계산한 결과 당시 자동차 한 대당 사회적 비용이 약 1,200만 엔이라고 밝혔다. 그는 1990년《자동차의 사회적 비용 재론》에서는 당시 도쿄의 자동차 한 대당 사회적 비용이 무려 7,790만 엔이라고 밝혔다.

일본 환경경제연구소 대표 가미오카 나오미(上岡直見)는 1996년《자동차의 불경제학(不経済学)》을 펴냈다. 가미오카 대표는 자동차로 인해 잃어버리는 것들로 ①연간 약 1만 명의 생명(2012년 일본 전국 교통사고 사망자수 4,411명, 한국 5,200명) ②아이들의 놀이터 ③건강 ④자동차로 인한 위협, 보도 무단주차, 배기가스, 즐겁게 걷거나 자전거를 탈 권리 ⑤경관의 아름다움 ⑥아름다운 마음을 가진 사람들 ⑦자동차소음으로 인해 조용한 생활(정온권) 등을 들었다.

가미오카 대표는 또한 2000년에《지구는 자동차를 견뎌낼 것인가》라는 책에서 자동차가 제조에서 폐기까지 지구에 유해한 물질만 130여 가지를 내놓는다고 밝혔다. 제조 시에는 이산화탄소, 아산화질소, 아황산가스, 중금속류, 벤젠, 톨루엔, 키시렌, 내분비교란물질 등이, 주행 시에는 이산화탄소, 아산화질소, 아황산가스, 입자상물질, 중금속류, 톨루엔, 벤젠, 다이옥신, 옥시던트, 알데히드류 등이 배출되고 열오염, 소음, 진동 그리고 교통사고 위험이 있다. 폐기 시에는 중금속류, 프레온, 내분비교란물질이 나온다. 이 중 이산화탄소, 아산화질소, 열오염, 프레온 등은 지구온난화에 영향을 준다는 것이다. 일본의 경우 1년간 폐차분 총량이 타이어(연간 약 80만t)를 제외하고도 연간 약 100만에 이른다고 한다.

가미오카 대표는 환경부하면에서 일본의 자동차의 연간 연료소비로 약 2,400억kg의 CO_2를 배출하는데, 이는 일본 전체 CO_2 배출량의 약 22%를 차지한다고 강조했다. 이와 함께 지구온난화와 관련해 자동차의 에어컨에서 나오는 열문제도 심각한데 일본의 카에어컨에서 버려지는 총열량 추정치가 여름 석 달만 해도 1,000억kWh나 되는데 이는 당시 일본의 모든 원전에서 나오는 폐열에 가까운 양이라는 것이다. 그는 또한 일본의 가계소비부분에서 CO_2의 발생량 1위가 자가용 휘발유(1,668kg)이고, 이어서 등유(880kg), 도시가스(488kg), LPG(470kg), 경유(디젤)(167kg) 순이라고 했는데 이는 우리나라 거의 비슷한 양상을 보이고 있다.

IPCC(기후변화에 관한 정부간 협의체)의 국가 온실가스 인벤토리 가이드가 규정하는 교통부문의 온실가스는 이산화탄소(CO_2), 메탄(CH_4), 아산화질소(N_2O)이다. 이런 점에서 기후변화에 대응하기 위해서는 자동차에서 벗어나 근거리교통수단으로서 자전거의 역할에 대한 재발견이 필요하다. 데이비드 V. 헐리히(David V. Herlihy)는《세상에서 가장 우아한 두 바퀴 탈것》(2004)에서 자전거는 '인간의 힘으로 움직이는 탈것을 향한 지난하고도 힘겨운 탐구의 결과물'이라고 자전거예찬을 폈다. 오늘날 자동차 우선의 법체계가 교통수단으로서의 자전거의 발전을 완전히 저해한 사실을 잊어서는 안 된다고 강조한다.

가미오카 대표는《자동차에 얼마나 돈이 드는가》(2002)에서 근거리교통수단으로서 자전거가 자동차에 비해 훨씬 효율적이라는 것을 수치로 증명해냈다. 첫째, 사용기간과 비용면에서 자전거가 자동차보다 효율적이라는 것이다. 자전거와 자동차의 비용 비교 시 10년 이용 경우 시간당 지전거는 약 123원인데 비혜 지동치는 약 7,776원으로 지동차가 자전거에 비해 63배나 고비용인 것으로 나타났다. 그것도 주차비, 소모품·수리비, 세차비, 차량관리에 드는 신경과 시간, 폐차비용, 교통사고 위험, CO_2, NOx 배출 피해손실은 제외된 것이다. 둘째, 소요시간면에서 도시 안에선 자전거가 자동차에 비해 경쟁력이 있다는 것이다. 홋카이도 에베쓰(江別)시에서의 자전거·자동차의 비교 연구 결과 편도 1~3km의 슈퍼나 지하철역 쇼핑 시 비슷하거나 자전거가 빠른 것으로 나타났다. 편도 4~6km 거리를 쇼핑할 경우는 소요시간이 비슷하다. 편도 10km 거리를 쇼핑할 경우 변속기부착 자전거와 승용차간 차이는 7분 정도였다. 편도 20km 이상일 경우 자전거보다는 대중교통 이용이 바람직하다고 제안했다.

근거리교통수단으로서 공공자전거제도가 잘 돼 있는 사례로 프랑스 파리의 '벨리브(Velib)'를 들 수 있다. 2007년 파리 전역으로 확대 실시된 밸리브는 300m마다 1,451개소의 자전거 스테이션이 설치돼 약 2만600대의 공공자전거를 보유하고 있다. 파리시민(217만 명) 100명당 자전거 1대꼴이다. 무인(無人) 스테이션의 터치패널로 이용자등록이나 신용카드 지불, 1회 30분 이내라면 무료로 몇 번이나 빌릴 수 있기에 시민, 관광객 모두 널리 이용하고 있다고 한다. 미국 뉴욕에도 공공자전거시스템인 '시티 바이크(Citi Bike)' 1만여 대가 2013년 도입됐으며 뉴욕 시민 7할이 지지한다는 여론 조사도 있었다. 우리나라도 창원시의 누비자나 대전시의 타슈, 서울시의 따릉이 같은 공공자전거시스템이 있지만 이용도가 낮고, 아직도 레저용에서 크게 벗어나지 못하고 있다. 그러나 공공자전거는 진화하고 있다.

조선일보(2024년 2월 5일)은 '토스앱으로 서울시 자전거 따릉이 대여·반납 가능'이라는 보도를 내놓고 있다. 서울시와 토스는 2023년 7월 따릉이 이용 활성화를 위해 MOU를 체결했고 2월부터 애플리케이선(앱) 내에서 따릉이 대여 · 반납 등을 이용할 수 있도록 관련 서비스를 토스 이용자 전체로 확대했다는 것이다.

이러한 자전거정책이야말로 기후변화와 관련해서 자동차 중심의 도시 교통을 바꿈으로써 지구온난화를 억제하는 큰 역할을 할 것으로 기대된다. 이런 점에서 생활 속에서 '사람중심의 보행도시' '걷기 좋은 도시, 자전거 타기 좋은 도시'를 만들기 위해서 지자체에 다음과 같은 제안을 하고 싶다.

첫째, '사람중심의 보행도시' 추진을 위해선 이 같은 가치와 이념을 담은 '보행자 마스터플랜' 수립부터 필요하다. 보행친화적 도시일수록 시민의 1인당 GDP가 높다는 자료도 있다(WIRED NEWS US, 2014년 6월 25일). 보행자 마스터플랜 수립을 위해선 시장과 시 간부가 지금과는 다른 발상으로 시민들과 라운드테이블을 통해 대안 찾기에 나서야 한다. 이때 필요한 발상이 '미노베 방정식'이다. 미노베 방정식이란 미노베 료기치(美濃部亮吉, 1904-1984) 전 도쿄도지사가 추진하던 보행도시 만들기 방식으로 1960~70년대의 도로공식이던 '도로-차도=보도'에서 발상을 바꿔 '도로-보도=차도' 확보의 원칙을 천명, 보행자 위주의 도시 만들기를 실행한 바 있다.

둘째, 지자체 단체장이나 고위 공무원이 출퇴근 때 대중교통이나 자전거 타기 등 '친환경적 출퇴근'을 실천할 필요가 있다. 자동차의 경우 현행 '요일제 차량'보다는 시민들에게도 차량검사 시 차량마일리지를 확인해 5%, 10% 줄이기에 동참할 경우 추첨권을 부여해 전기자동차나 자전거를 보급하는 등 이를 시민축제로 활용하는 방안도 좋을 것이다. 공무원의 출퇴근 방법에 대한 토의를 거쳐, 각자가 출퇴근 방법을 지금의 자가용에서 대중교통 또는 자전거로 전환하는 계획서를 제출하고 실천해보는 방법은 어떨까? 일본 나고야시청의 경우 자동차 이용자에겐 통근수당을 깎고, 대중교통, 자전거 이용자에겐 인센티브를 제공하기도 했다.

셋째, 각 지자체의 주요 간선도로 가운데 하나를 선정해 한 달에 한 번쯤은 '보행자천국'을 선포해보면 어떨까? 유럽 선진도시에서는 30여 년 전부터 '보행자우선권(Pedestrian Privilege)' '보행자천국' 용어를 사용해왔다. 보행자천국이란 도시중심부의 간선도로에 둘러싸인 구역 안에는 자동차를 배제해 보행자전용지역을 만드는 방법으로 1960년 독일 브레멘에서 처음 도입됐다.

넷째, 아파트 단지에서 지하철역, 버스정류장 또는 공공도서관, 공원 유원지에 접근 가능한 공공자전거제도를 적극 도입할 필요가 있다. 필자가 살고 있는 아파트 인근에는 공공자전거 무료대여소가 있는데 인근 지하철이나 버스정류장과 연결하는 시스템을 갖추면 좋겠다 싶다. 자전거도로는 재해발생 시 익숙한 대피경로와 방재거점·대피장소로 보행공간의 네트워크에 들어가게 하는 계획과도 긴밀하게 연계돼야 한다.

다섯째, 근거리 교통수단으로서 자전거를 활성화하기 위해서는 자전거와 관련된 각종 법규·조례나 자전거주행보험 가입 등 제도적 장치 마련이 절실하다. 우선 자전거등록제도를 도입할 필요가 있다. 자동차등록제와 마찬가지로 구청에 자전거를 등록해 자전거번호를 받음으로써 자전거의 도난이나 방치를 예방하는 데 도움이 될 것이다.

여섯째, 자동차 생활권의 속도제한, 지그재그도로, 험프설치 등을 통해 보행이나 자전거타기가 안전한 도시 만들기를 해야 한다. 2014년 기준 OECD 가입국의 교통사고 보행자 사망률 평균이 19.5%인데 부산은 무려 55.9%. '사고다발지역'이던 부산 영도구 내 도심도로 제한속도를 시속 60㎞에서 50㎞로 낮춘 결과 최근 6개월간 전체 사망사고가 4.4명에서 3명으로, 보행자사망사고가 3.4명에서 2명으로, 심야사고는 30.2명에서 20명으로 감소했다(부산일보, 2018년 6월 28일). 속도만

줄여도 보행자 사고는 줄어든다.

일곱째, 보행친화도시로 가려면 '도심 그린웨이(Green Way)' 전략이 적극 논의·실현돼야 한다. 그린웨이는 큰 공원이나 녹지대를 연결하는 보행자·자전거전용도로가 띠처럼 이어져 길과 공원의 역할을 합친 공간을 말한다. 보행활동의 상징적인 거점시설, 지원시스템으로서 보행네크워크의 연결점이 되는 장소에 '워킹스테이션'을 정비할 필요가 있다.

《걷기좋은 도시 및 자전거타기 좋은 도시-서울과 싱가포르로부터의 교훈》(서울연구원, 2016)은 선례에서 배울 점을 다음과 같이 소개하고 있다. ①보행자 자전거우선 사람중심 교통정책을 기본으로 삼으라 ②워킹 사이클링을 도시 교통, 에코시스템과 통합하라 ③도로공간을 보행자에게 돌려주라 ④패러다임 전환으로 도심공간을 사람중심으로 만들어가라 ⑤보행자친화적 환경 혜택 확대를 위한 프로젝트를 실시하라 ⑥조사연구 자료를 기반으로 시민을 설득하라 ⑦일반인이 이해할 수 있는 약속 플랫폼을 만들라 ⑧지역사회의 공유 참여 플랫폼을 만들라 ⑨종합보행자친화·자전거친화에 인센티브를 주라 ⑩강력한 단속, 사람친화적인 정책을 펴라 ⑪잘 만들면 사람들이 모인다.

07 원전 안전의 가치 평가

원전 위험성에 대한 국민의 불안은 크다. 특히 최근 일본에서 계속되는 강진으로 피해가 속출하고, 2011년 발생한 후쿠시마원전 사고의 피해가 아직도 계속되고 있기 때문이다. 윤석열 정부 들어 전 정부와 달리 고리2호를 비롯한 노후원전의 수명연장과 핵폐기장 건설 등에 대해 부산을 비롯한 원전 입지 주민들의 불안과 반대 목소리가 높다. 과연 원전 안전의 가치는 어느 정도 일까?

후쿠시마원전사고에 따른 피해액은 2011년 12월 일본 정부위원회가 원전 주변 주민들에 대한 배상금과 원자로 냉각비용 등을 바탕으로 5조8,000억 엔이라고 발표했다. 2014년 3월에는 제염과 배상, 폐로 등 손해액의 최신 전망치를 합하면 11조 엔 이상이 될 것으로 밝혔고 2016년 12월에는 경제산업성이 배상 및 제염을 포함한 원전사고 관련 비용의 총액이 21조 엔 이상 늘어날 것이라는 전망했다. 민간싱크 탱크인 일본경제연구센터(JCER)는 2017년 4월 원전사고 관련 피해 총액이 50조~70조 엔에 이를 것이라고 밝혔는데 2019년 3월에는 〈속(續) 후쿠시마원전사고의 국민부담〉이라는 보고서를 내면서 후쿠시마원전사고 처리비용이 40년간 35조~80조 엔이며 그중 오염수대책이 가장 급한 일이라고 밝혔다. 이 추산액도 2050년 이후의 처리비용은 제외된 것이다.

〈속(續) 후쿠시마원전사고의 국민 부담〉 보고서는 오염수 해양방출 여부에 따라 비용 차이가 엄청나다. 해양방출을 하지 않고 처리할 때 폐로·오염수처리비용이 51조 엔으로, 오염수를 희석해 해양방출할 경우의 11조 엔과는 무려 40조 엔이라는 엄청난 차이가 난다.

후쿠시마원전사고 관련 사망자는 얼마나 될까? 원전사고를 직접 원인으로 하는 사상자는 4호기 터빈건물 내에서 지진 쓰나미로 인한 사망자가 2명, 지진에 의한 부상자 6명, 1·3호기 폭발로 인한 부상자가 15명이며, 피폭 가능성은 100mSv(밀리시버트)를 초과한 종업원 30명, 제염 실시 주민 88명 등 약 200명이다. 후쿠시마원전사고 당시 오쿠마정에서는 입원 중인 치매 환자 21명이 피난을 위한 이송과정에서 사망했다. 도쿄신문에 따르면 대피생활로 인한 스트레스나 환경변화에 따른 지병 악화 등으로 인한 원전관련사가 2016년 3월 현재 1,368명에 이른다고 밝히고 있다(도쿄신문, 2016년 3월 6일).

후쿠시마원전사고 이후 우리나라에서도 원전사고로 인해 예상되는 피해예측을 두고 사회적 논란을 빚기도 했다. 한국전력신문(2012년 12월 13일)은 환경운동연합, 탈핵울산공동시민행동 등이 2012년 12월 10일 월성원전1호기와 고리원전1호기 사고피해 모의 실험한 결과와 이에 대한 한국수력원자력측의 반박 등을 소개했다.

환경운동연합 등이 발표한 원전사고 모의실험 결과 월성1호기의 경우 거대사고가 발생했을 때 울산으로 바람이 부는 경우를 가정하고 피난을 하지 않는 경우를 상정하면 약 2만 명이 급성사망하고 암사망은 약 70만3,000여 명, 인명피해로 인한 경제적 피해는 362조 원에 이른다. 월성원전 1호기가 속한 경주시로 바람이 불 경우 피난을 하지 않으면 급성사망 426명을 포함한 급성 장해로 27만여 명이 고통을 받고 장기간에 걸친 암사망, 유전장애 등의 만성장해로 62만여 명의 인명피해가 예상된다는 것이다.

고리1호기의 경우 중대사고가 발생했을 때 남풍이 불어 북쪽으로 바람이 부는 경우를 가정하면 급성사망자는 발생하지 않고 암사망자는 2만2,000명가량 발생하고 경제적 피해는 12조5,000억 원 가량 발생한다. 고리1호기에서 거대사고가 발생했을 때 울산으로 바람이 부는 경우를 가정하면 피난구역은 146km까지 확대된다. 피난하지 않을 경우 급성사망자가 889명 발생하고 암사망자는 39만8,000명가량 발생해 인명피해로 인한 경제적 피해액은 490조 원에 이른다.

이 분석은 인적피해를 중심으로 인적피해의 경제적 환산 가치와 피난 비용과 피난으로 인한 인적, 물적자본 소득 상실 비용만 경제적 피해로 산출했다. 방사능오염 제거작업이나 사고 수습비용, 폐로비용, 사고로 인한 방사능오염수 및 폐기물 비용은 계산에 포함되지 않았다고 밝혔다.

이에 대해 한수원측은 환경운동연합 등이 발표한 원전사고 모의실험 결과에 대해 현실적으로 불가능한 가정을 고려해 모의실험된 것이며 '월성·고리 원진사고 땐 최대 72만 명 사망'이라는 부분에 대해서는 사고가정 조건 및 피해해석에 있어 국내 원자로형의 고유안전도 개념과 국제기준에 대한 이해 부족으로 인한 명백한 오류로 판단된다고 주장했다.

신동아(2011년 4월 19일)도 '미 국방부 컴퓨터 모델로 예측한 한국 원전사고 피해 시뮬레이션, 고리 1호기 폭발하면 부산 포함 38km까지 피폭…현장사망 3864명 후유증으로 10년 이내 3만9,100명 병사(病死)'라는 제목의 기획기사를 내놓았다. 《신동아》는 국내외 관련 전문가들의 자문과 도움을 받아 한국의 주요 원전에서 체르노빌 수준의 사고가 발생하는 경우를 가정해 HPAC 시뮬레이션 작업을 진행했다. 대상이 된 원전은 한국의 4개 주요 원자력단지, 즉 전남 영광, 부산 고리, 경북 월성과 울진원전 가운데 가장 연식이 오래된 1호기였다.

그러면 원전 안전의 가치는 어느 정도일까? 부산지역에서 고리1호기폐쇄범시민운동이 막 일어날 즈음 필자가 참여해 고리원전의 탈원전 정책 추진에 대해 세금을 낼 용의가 있는지를 물은 설문조사 결과가 있다. 경향신문(2014년 5월 2일)은 '고리 원전 6기 가동 중인 부산 "세금 더 내더라도 탈원전 원해"'라는 제목의 기사를 내보냈다.

동의대 선거정치연구소와 부산참여자치시민연대 부설 사회여론센터는 부산시민 1,000명을 대상으로 2014년 4월 4~7일 '원전안전 의식조사'를 실시했다.

이 조사에서 탈원전을 위한 '환경세' 지불의사를 밝힌 응답자는 유효 응답자 878명 중 56.4%인 495명이었다. 부산시민 절반 이상이 원전 폐쇄나 원전이 아닌 다른 발전에 따른 전기료 인상 등을 받아들일수 있다고 응답한 것이다. 특히 찬성과 반대를 밝힌 모든 응답자에게 최소 1,000원부터 최대 1만 원까지 지불의사금액을 물은 결과 탈원전 정책 추진에 1인당 월평균 7,727원의 세금을 낼 의사가 있는 것으로 나타났다. 이는 부산 지역 전체 가구수 140만9,289호를 기준으로 하면 월 108억9,000만 원, 연간 1,306억8,000만 원의 세금을 더 걷는 효과가 있는 것으로 추정됐다.

이는 부산시민들이 '발전소 주변 지역 지원에 관한 법률'에 따라 받는 정부 지원금의 2.5배에 이른다. 한수원 자료를 보면 부산 인접 지역에는 고리1~4호기, 신고리 1~2호기 등 가동 중인 원전만 6기가 있는데 2012년 중앙정부와 지방자치단체는 이들 지역에 521억4,200만 원을 지원했다.

이 조사에서 고리원전의 안전성을 묻는 질문에 50.0%는 '위험하다'고 답했다. '안전하다'는 답은 16.4%에 그쳤다. 또 49.1%는 고리원전에서도 1986년 옛 소련 체르노빌, 2011년 일본 후쿠시마에서 발생한 대형 원전사고가 일어날 가능성이 있다고 답했다.

이어서 2014년 가을 필자는 서울 시민을 대상으로 원전안전이용부담금 지불 용의에 대해 같은 조사를 실시했다. 세계일보(2014년 9월 29일)는 '"서울시민 원전안전부담금 월 4,500원 지불 용의"…경성대 김해창 교수팀, 1천명 대상 가상평가법 설문조사'라는 제목의 기사가 나왔다.

부산 고리원전에서 멀리 떨어진 서울시민은 원전안전이용부담금으로 1인당 월평균 4,556원을 지불할 용의가 있다는 연구 결과가 나왔다. 경성대 환경공학과 김해창 교수 연구팀은 '고리원전의 탈원전 추진을 위한 원전안전이용부담금 도입에 관한 실증분석' 논문에서 서울시민을 대상으로 가상평가법(CVM) 설문조사를 벌인 결과 1인당 매월 4,556원을 원전안전이용부담금으로 지불할 의사가 있는 것으로 산출됐다고 밝혔다. 2014년 5월 9~11일 서울시 거주 성인남녀 1,000명을 대상으로 전화면접조사 방식으로 이뤄졌다.

질문은 '부산지역에서는 현재 원전비상계획구역의 확대에 따른 지역 전기요금 보조, 방호방재 대책 비용, 탈원전 내제에너지타운 조성 기금 확보를 위해 원전에서 멀리 떨어진 수도권에 원전안전이용부담 금을 물리는 제도의 신설을 주장하는 여론이 일고 있습니다. (중략) 귀하께서는 원전안전이용부담금제를 도입한다면 매월 1인당 얼마를 부담할 용의가 있습니까?'였다.

조사결과 1인당 월평균 4,556원을 원전안전이용부담금으로 지불할 의사가 있는 것으로 산출됐는데 남성이 4,902원, 여성이 4,308원으로 성별의 차이는 그다지 크지 않았다. 연령대별로는 60대가 8,305원으로 가장 높았다. 학력별로는 고졸 4,992원, 대재 이상 4,379원으로 학력에 따른 차이는 크게 나타나지 않았지만 소득별 응답에서는 월 소득 '500만 원 이상' 6,403원, '300만~500만 원' 4,290원, '300만 원 미만' 3,064원으로 소득이 높을수록 원전안전이용부담금으로 지불할 용의가 있는 액수가 높았다.

또 고리원전이 '안전하다'고 생각하는 응답자는 월 5,395원, '위험하다'고 생각하는 응답자는 6,162원, '그저 그렇다'고 생각하는 응답자는 2,849원을 지불할 의사가 있는 것으로 나타나 원전 안전에 관심이 높을수록 지불하겠다는 금액도 많았다.

이 조사 결과 지불의사금액 월평균 4,556원을 서울시민 전체로 환산하면 연간 2,717억 원에 달한다. 이는 현재 고리지역에 대한 연간 원전관련 지자체 지원금의 6.2배에 해당하는 금액이다. 이 논문은 국내에서 처음으로 원전 안전과 관련해 서울시민의 부담의사를 물은 것이란 점에서 의미가 있었다.

문재인 정부 때 고리1호기, 월성1호기는 모두 영구정지됐다. 그런데 윤석열 정부 들어 고리2호기를 비롯 노후원전의 수명연장이 강행되고 있다. 이에 따라 입지 지자체 주민과 시민단체의 반대 목소리도 높다.

고리2호기 수명연장은 과연 경제성이 있을까? 한수원이 원안위에 제출한 〈고리2호기 수명연장 경제성분석〉은 '10년간 가동에 1,600억 원 흑자(설비보완비용 3,000억원)'라고 한다. 안전점검기간을 **빼면** 8년 정도밖에 가동할 수 없고, 가동률이나 판매단가 등에 변수가 발생하면 바로 적자인데 공기업 한수원의 이익창출을 위해 800만 부울경 주민을 불안 속에 살게 한다는 점에서 윤 정부가 외쳐온 '공정과 상식'과도 맞지 않다고 볼 수 있다.

실제로 2017년 영구정지에 들어간 고리1호기의 경우 2007년 수명재연장 때 한수원은 계속운전으로 2,368억 원의 순이익이 발생할 것이라 추산했다. 그런데 2015년 국회예산처는 수명연장 뒤 사후처리비용 상승과 이용률 저하 등으로 3,397억 원 손실이 발생할 것으로 분석했다(한겨레신문, 2022년 4월 21일). 즉 당시 고리1호기의 수명재연장 이익이 10년간 지금의 고리2호기 수명연장보다 약 1.5배 높은 2,368억 원이 발생할 것으로 추산했지만 2015년에 국회예산처가 계산해보니 가동한다면 실제로는 3,397억 원의 손실이 발생할 것으로 분석된 것이다.

더 문제가 되는 것은 고리2호기 수명연장과 관련해 안전대책비용을 터무니없이 적게 잡고 있다는 사실이다. 한수원은 고리2호기 수명연장에 3,068억 원을 안전비용으로 잡고 있다. 그런데 문제는 이중 지역지원금 1,300억 원을 제외하면 실제 설비개선비용은 1,700억 원에 불과하다. 이는 바로 고리2호기의 안전성과 직결된다고 볼 수 있다. 폐로된 고리1호기 2차 계속운전 설비교체 비용이 2014년 기준으로 약 3,000억 원이었고, 월성1호기 계속운전 설비교체비용이 2014년 기준으로 5,561억 원이었던 것과 비교해도 10년 전 이들 원전의 안전비용에도 훨씬 못 미치는 액수이다. 이는 안전비용에 1,700억 원 이상을 추가 투자하면 고리2호기는 사실상 적자로 돌아설 수밖에 없기에 가능한 한 안전비용을 적게 투입하는 고육지책을 쓴 것으로 읽힌다.

그런데 최근 일본 원전의 안전대책비용의 추이를 보면 충격을 받을 정도이다. 일본은 후쿠시마사고대책으로만 27개 원전에 대해 2022년 1월 기준으로 5.7조 엔의 비용을 집행했다. 원전 1기당 약 2,000억 엔을 지출한 것이다. 더불어민주당 양이원영 의원은 "우리나라는 후쿠시마사고 안전대책으로 24개 원전에 대해 1조1,000억 원의 비용을 잡아놓고, 2021년 말 기준으로 고작 4,488억 원만을 집행했을 뿐이다. 한국은 기당 일본의 100분의 1인 약 200억 원만 집행한 것이다."고 밝혔다(열린뉴스통신, 2022년 7월 13일).

후쿠시마사고 후 일본 원전의 안전대책비가, 전력 11사의 합계만 최소 5.2조 엔에 이르는 것이 아사히신문 조사로 밝혀져 충격을 주고 있다. 일본의 경우 새로운 규제기준이 시행된 지 7년이 됐는데 테러대책시실의 비용을 중심으로 안전대책비가 계속 늘어나고 있다. 아직 비용 계상을 하지 않은 원전도 많아 안전대책비 총액은 향후 더욱 늘어날 전망이다.

전원별 발전비용으로 원전을 '최저가'로 잡은 일본 정부의 평가 전제가 흔들리고 있다. 일본에서 재가동 심사를 신청한 원전은 총 27기인데 2020년 7월 현재 총액은 최소 5조2,376억 엔으로 2013년의 5배가 넘는다는 것이다. 새 기준으로 설치해야 하는 대부분의 비용이 테러대책시설 비용이라고 한다. 일본 원자력규제위원회의 심사 등을 통해서 설계나 공사의 재검토가 필요하게 되었기 때문이다. 테러대책시설은 항공기 충돌 등의 테러공격을 받아도 원격으로 원자로를 제어하기 위한 것인데 안전대책비용이 밝혀진 8개 원전만 1조2,100억 엔에 이른다. 규슈전력 센다이1·2호기(가고시마현) 등은 설치 기한 내에 완성이 늦어 기준 부적합으로 2020년 3월 이후 원전의 운전정지에 몰리게 됐다(아사히신문, 2020년 8월 9일).

원전 안전과 관련해 우리 정부와 지자체는 유비무환(有備無患), 무비유환(無備遺患)의 경구를 깊이 새겨야 하겠다.

제4장

도시어메니티의 미래와 과제

기후위기시대, 도시전략의 대전환

01 살기좋은 도시-서울 부산 다시 보기

어메니티 도시란 어떤 도시일까? 말로 표현하기는 어렵지만 살기 좋은 도시, 매력 있는 도시, 지속가능한 도시를 합친 그런 모습이 아닐까? 우리가 잘 알고 있는 미국 뉴욕, 영국 런던, 프랑스 파리, 일본 도쿄 같은 도시는 어떤 매력이 있을까? 여기에 우리 대한민국 서울은 어떤 도시일까? 서울은 과연 살기 좋은 도시일까? 부산이나 대구, 광주 등 서울 아닌 우리나라 대도시의 모습은 어떤가?

시사IN(2024년 1월 10일)은 '합계출산율 0.7명 사회, 한국은 정말 끝났는가'라는 제목의 기획기사를 내놓았다. 2024년 합계출산율은 0.68명을 기록할 전망이다. 2022년 0.78명으로 처음 0.7명대에 진입했고 2023년 0.72명으로 낮아진 데 이어 이제 0.7명대 밑으로 떨어졌다. 한국 출산율을 두고 로스 다우섯 〈뉴욕타임스〉 칼럼니스트는 "14세기에 유럽을 덮친 흑사병이 몰고 온 인구 감소를 능가하는 결과"라고 평했다.

미국의 도시계획 전문가인 앨런 말라흐(Alan Mallach)는 《축소되는 세계(Smaller Cities in a Shrinking World)》(2024)에서 출산율 감소로 인해 한국을 포함한 미국, 중국, 인도 등 전 세계 대부분의 인구증가는 21세기에 종식될 것이라고 전망했다. 말라흐는 지금 인구가 감소하는 국가는 앞으로도 감소할 것이라며, 특히 한국과 일본은 '축소국가의 선두’에 있다고 진단했다.

　인구감소에서 시작된 주택수요 감소와 그로 인한 주택시장의 붕괴, 생산가능인구 감소 및 고령인구 증가로 소비감소와 생산성 감소, 그로 인한 디플레이션으로 자본투자 감소, 전 세계 경제쇠퇴와 글로벌교역 감소, 인구보다 더 빠르게 감소하는 세수, 고령인구 부양을 위한 재원부족 등으로 자본주의 기반이 흔들리게 되면서 우리의 경제적 삶은 악순환의 연속이 될 것이라고 보고 있다.

　이 책의 부제는 ‘성장 없이도 번성하며 살아가기’이다. 2050년 ‘축소되는 지구’에서 살아가려면 우리가 익숙하게 여겼던 것과는 다른 사고방식이 필요하다. 인구와 GDP를 비롯한 모든 것이 성장하는 추세가 21세기 인류의 정상상태로 여겨졌다면 이제는 점점 작아지는 국가・도시가 합리적인 미래경로라는 생각부터 받아들여야 한다. 인구변화로 인한 영향은 해결해야 할 과제일 뿐 결과는 아니라는 것이다.

　합계출산율이 0.7이라는 것은 200명의 부모세대가 손자세대엔 25명으로 줄어든다는 의미이다. 정현숙 한국방송통신대 일본학과 교수가 지난 2월 20일 부산YMCA에서 지속가능공동체포럼 주최로 가진 특강에서 우리나라 저출산 현실을 다시 한 번 피부로 느꼈다. 도쿄대 사회학 박사인 정 교수는 《추락하는 일본의 출산율이 한국보다 높은 이유》(2023)의 저자로 이날 책과 같은 제목의 특강을 했다. 정 교수는 “대한민국의 저출산문제는 이미 골든타임을 놓쳤다.”며 “저출산문제는 우리가 발 딛고 있는 대한민국이라는 거대한 시스템을 근본부터 되돌아보게 만들고 우리사회를 구성하는 한사람 한사람의 존재를 들여다보게 한다.”고 말했다.

　개성과 창의성을 키우지 않는 획일적 암기식 교육, 필기시험 잘 보는 능력만 측정하는 한국식 능력주의, 승자독식주의와 한번 승자가 영원한 승자가 되는 공고한 기득권 카르텔, 선진국 수준에 못 미치는 열악한 노동환경, 세습을 통해 더욱 공고해지는 불평등구조는 탈락한 다수를 사회적 패자로 만들고 있다. 다수를 사회적 패자로 만들고, 패자가 될까 두려워 항상 긴장해야 하는 사회에서 저출산문제 해결은 불가능하다. 저출산문제의 근본원인은 비정규직 청년을 양산하는 구조를 허용한 것으로 청년세대에 대한 비정규직 제한, 일정 소득수준에 미치지 못하는 청년에게 지원금 지급, 공공임대주택으로 주거불안 해소, 유아기에서 청년기까지의 육아·교육비용 지원 등이 절실하다고 강조했다.

정 교수는 '젊은 국가 대한민국'을 위한 과제로 일본보다 대기업 일자리가 적고, 대기업·중소기업간 임금·기업복지 격차가 더 크고 남성의 비정규직 비율이 일본보다 더 높은 문제를 극복해야 한다고 역설한다. 그리고 정부와 기업, 국민들이 국가시스템 재설계, 비정규직 해소, 일·가정 양립의 고용환경 조성, 대기업·중소기업의 상생, 대기업의 지방이전, 국민들의 조세부담 등 저출산문제 해결 의지와 능력이 있는지를 묻고 있다.

인구감소보다 더한 근본적인 문제는 지구 차원의 기후위기이다. 로버트 파우저(Robert J. Fouser) 전 서울대 교수는 아시아경제(2023년 8월 22일)에 '기후위기와 도시 재구성의 시대'라는 칼럼을 통해 '도시를 소비공간으로 여겼던 2010년대의 도시 재발견과는 달리 이제는 지속가능한 삶의 공간으로 도시를 바라보고 있다. 점차 초반을 지나 중반으로 향하는 2020년대는 이렇듯 관점 자체가 달라진 도시 재구성의 시대에 진입하고 있다고 해도 과언이 아니다'라고 말했다.

뉴스1(2023년 10월 3일)은 '폭염·폭우·산불·가뭄·홍수…지구는 지금 기후위기와의 전쟁'이라는 제목의 기사를 내놓았다. 유럽연합(EU) 기후변화 감시기구인 코페르니쿠스기후변화국(C3S) 분석에 따르면 2023년 6~8월 여름의 전 세계 기온이 80여 년 전인 1940년 기상

관측을 시작한 이래 가장 높았다. 또 전 세계 평균기온은 16.7℃로, 1990~2020년 평균치보다도 0.66℃나 높았던 것으로 기록, 가장 뜨거운 여름을 겪었다는 것을 증명했다. 실제 미국에서 가장 더운 지역으로 꼽히는 캘리포니아 데스벨리의 경우 최고기온이 50℃를 훌쩍 넘기는 기록적인 폭염으로 충격을 안겼다.

이러한 가운데 우리나라의 대도시는 기후위기에 대응하기 위한 대전환의 도시전략을 세워야 할 것이다. 이제는 경제지상주의의 난개발 토목공사에서 벗어나 지속가능한 삶을 위한 소프트 전략이 실행돼야 한다. 지난해 2030부산세계박람회 유치 실패의 충격이 아직도 가시지 않지만 2030부산세계박람회 유치를 넘어 지속가능한 국가·도시 만들기를 위한 전반적인 성찰이 절실한 때이다. 2023년 11월 28일 우리 국민은 TV를 통해 충격적인 사실을 확인했다. 부산시장은 물론 대통령까지 나서 유치를 거의 확신했던 2030세계박람회 유치경쟁에서 부산은 당초 예상과 달리 엄청난 표차이로 사우디아라비아 리야드에 뒤졌다. 오로지 월드엑스포 유치가 가져올 성장과 발전의 꿈에만 부풀어 세계의 흐름을 놓친 뼈아픈 실수였다. 유치홍보비용예산만 5,744억이라고 한다. 그런데 이에 대한 총체적인 반성과 성찰 없이 '2035 세계박람회 도전' 운운하는 것은 '희망고문'이라 하지 않을 수 없다.

2030부산세계박람회의의 대주제가 '세계의 대전환, 더 나은 미래를 향한 항해'였기에 2030년은 유엔 지속가능발전목표가 완료되고, 기후변화 공동대응의 분기점이 되는 시기로 지금이야말로 지구의 미래를 위한 '골든타임'이기에 세계를 상대로 부산의 미래비전과 실천계획을 점검하는 일이 무엇보다 중요했다. 이를 계기로 자연과의 공존이라는 인식전환과 생산·소비의 혁신을 시민과 세계에 내보여야 했었다. 그러나 정부와 부산시는 유치 시 얻게 될 경제적 효과에만 초점을 맞춰왔다. 도시의 대전략은 보이지 않았다.

지금까지 부산의 도시변천사를 보면 지속가능성과는 한참 먼 '난개발'의 역사를 보여 왔다. 향토문학가 고(故) 최해군 선생이 일찌기 '사포지향(四抱之鄉)'이라 자랑했던 산과 강과 바다, 그리고 온천이 어우러진 부산은 난개발로 지속가능성과 점점 멀어지고 있는 것 같다. 특히 부산의 자연문화자산인 낙동강하구는 1987년 하구둑 건설 이래, 분뇨처리장, 쓰레기매립장에 이어 을숙도대교 건설, 대저대교 건설 계획 등으로 세계적인 문화재보호구역인 '철새도래지'가 크게 위협받고 있는 실정이다.

　　이러한 점에서 지금이야말로 부산시 차원에서 대형 국책사업 사고에서 벗어나 낙동강하구의 세계자연유산 등재 추진 등 지속가능성을 위한 소프트전략을 수립하는 것이 절실하며 이러한 것이 기후위기 시대의 도시전략이어야 할 것 같다. 2021년 7월 제44차 유네스코 세계유산위원회는 '한국의 갯벌(Getbol, Korean Tidal Flats)'을 세계자연유산으로 등재 결정하면서 2025년까지 이번에 등재되지 않은 주요 갯벌을 추가할 것을 조건으로 제시한 상태이다. 따라서 낙동강하구는 한국을 대표하는 갯벌이자 특히 한국 갯벌의 세계자연유산 주요 등재 이유인 멸종위기 철새의 기착지로서 한국에서도 가장 중요한 역할을 수행하므로 추가 등재 1후보가 되어야 한다. 그간 난개발에 대한 성찰과 반성에서 부산시는 이제는 '축소지향의 도시계획'을 수립해야 할 때이다.

　　그러면 대한민국의 수도 서울은 과연 살기가 좋을까? '서울은 만원이다'. 만원이 된 지 오래됐다. 1966년 동아일보에 연재되었던 이호철의 장편소설 제목으로 이듬해 영화화된 《서울은 만원이다》는 시골에서 가난을 뒤로 한 채 무작정 상경해 몸을 팔아가는 두 여성을 통해 근대화의 이면에 자리하고 있는 위선과 거짓을 낱낱이 드러내며 도시의 확장과 사회 전반에 만연한 부패함을 그려내 충격을 주기도 했다.

서울의 문제점은 뭘까 싶어 인터넷을 찾아보니 '서울사람이 생각하는 현재 서울의 문제점'을 지적한 블로그(https://m.blog.naver.com/shark_00/222934782044)도 있었다. 2022년 현재 서울의 문제점으로 △인구 과밀 △한강이라는 아주 큰 강으로 인한 남북의 단절 △지하철의 포화(서울 외의 지역에서도 몰려드는 출퇴근 인구) △효율적이지 못한 구도심의 도로 △잘못된 도심의 도로에서 지속적으로 이루어지고 있는 공사들 △아무 생각 없이 불법주정차를 일삼는 양심 없는 시민들 등을 들고 있었다.

나무위키(https://namu.wiki)에는 '서울공화국의 문제점'을 자세히 소개하고 있다. 일단 크게 보면 이렇다. △환경문제(쓰레기, 대기오염) △인구문제(높은 인구 밀집도, 초저출산 현상의 원인) △수도권 정치 기반의 과대화 △언어 사용의 문제(수도권 사람들의 지역 방언 차별, 수도권 지역을 당연한 전제로 생각) △부동산 버블과 경제의 유동성 경직 △수도권 생활의 질적 저하 △치안문제 △서울의 발전 방해 △교통문제(매우 심한 교통정체, 너무 긴 출퇴근 시간) △각종 불균형(교통망, 문화시설, 일자리, 교육시설) △언론의 지방 외면 △재난피해의 증가 △군사안보적 위험 △감염병 위험 △이촌향도로 인한 농업 약화 우려 △예방 차원에서 시도한 과도한 규제 등 10여 가지가 넘는다.

이제 어메니티 도시는 이러한 문제점을 해결하는 데부터 출발해야 할 것이다. 어메니티 도시는 지속가능성을 바탕에 두면서 서울이면 서울, 부산이면 부산다운 매력 있는 도시를 만드는 것이어야 한다.

이러한 것은 도시브랜드로 연결된다. 미국 뉴욕을 대표하는 로고 'I ♥ NY'(I Love New York) 로고는 참 간단하면서도 뉴욕의 매력을 한마디로 표현하고 있다. 그런데 그냥 '아이 러브 뉴욕'이 아니다. 뉴욕을 사랑하는 이유가 있다는 것이다. 그게 100가지도 넘는다.

'뉴욕을 사랑하는 101가지 이유'는 1976년 뉴욕타임스의 기획기사에서 비롯됐다. 1970년대 중반 뉴욕은 파산 직전까지 이르렀다. 언론에 비치는 뉴욕의 이미지는 폭력적이고 비좁고 더러운 지옥의 모습이었다. 반면에 그것은 예술가, 음악가, 코미디언들의 창조직 메카였다. 소호(SOHO)에서 예술가들은 값싼 다락방을 살 수 있었고, 도시의 긴장감은 곧 놀라울 정도로 광범위하고 다문화적인 랩, 펑크, 아방가르드 예술, 살사, 디스코, 그래피티 등 창조적 용광로가 분출되고 있었던 것이다.

칼럼니스트 글렌 콜린스(Glenn Collins)가 '뉴욕을 사랑하는 101가지 이유'를 게재했다. '101가지 이유'의 제목 가운데 어메니티와 관련되는 것을 한번 찾아본다. (3)도처에 역사적 유물 (4)걷기가 좋다 (6)도시의 야생동물들 (9)해변 (10)도시의 스카이라인 (13)도심 소공원들 (16)유명인사도 무시 (24)매우 싸고 풍부한 음식 (27)주엽나무 가로수 (29)낯선 사람들에게 베푸는 친절 (50)리틀인디안 거리 (57)메트로 북부 교외선 타고 허드슨강 조망 (65)일몰 때 야외 영화 감상 (72)조약돌 거리 (73)예기치 않은 곳에 있는 박물관들 (80)지하철이 지하미술관 (85)맑은 수돗물 (86)하이라인 (87)애견공원 (97)브로드웨이 (101) 뉴욕에서 해본 일은 다른 어떤 곳에 가도 해낼 수 있다 등이다.

이 같은 '101가지 이유'는 미국의 다른 도시로 확산되고 있다. '뉴햄프셔로 이사 가야 할 101가지 이유'는 2014년 11월 뉴햄프셔 주가 공식홍보물로 내놓은 것이다. 뉴햄프셔로 이사 가야할 101가지 중 재미있는 내용은 이렇다. (1)소비세가 없다 (2)소득세가 없다 (9)주의원 연봉이 100달러 (13)자유분방한 공무원들 (14)혁명할 시민의 권리 인정 (34)성인은 안전벨트 착용 의무 없음 (37)동성자 결혼 합법 (45)마리화나 합법 (47)빈곤율 최저 (48)세금 부담 최저 (50)최고의 가구소득(2013년 71,322 달러) (52)비트코인의 메카 (55)소기업 친화도시 (63)저렴한 생활비 (64)집 구하기 쉬운 도시 (67)탁월한 도시 경관 (69)연중 재미있는 아웃도어 활동 (71)자연재해가 적은 도시 (72)사계절이 아름다운 도시 (75)하이킹 천국 (76)풍부한 수자원 (79)삶의 질 1위 도시 등극 (81)안전한 도로 (89)홈스쿨링 자유 (92)폭넓은 대안교육 (93)평균시험성적 미국 1위 학생들 (94)아동복지 1위 도시 (96)NPO천국 (100)활동적이고 자유로운 사회생활 보장 (101)언제든지 환영. 언제든지 도와줄 준비가 돼 있는 도시 등이다.

놀라운 것은 이러한 이유에 대해 하나하나마다 정확한 근거와 자료를 제시하고 있다는 점이다. 정말 뉴햄프셔에 이사하고 싶은 생각이 들 정도다. 어메니티 도시에서 갖춰야 할 실질적인 것을 이 도시는 준비하고 있다는 것을 알 수 있다.

이제 우리 서울·부산도 '101가지 이유'를 한번 만들어보면 어떨까? '동행·매력 특별시 서울' 'Busan is Good(부산이라 좋다)'를 외치는 서울·부산의 매력은 무엇일까? '부산이 좋은 이유 101가지' '부산을 못 떠나는 이유 101가지' '부산에 살러 와야 할 이유 101가지'를 만들어보자. 나아가 '부산을 떠나고 싶은 이유 10가지' 정도도 만들어 보는 것도 좋겠다. 몇 년 전에 필자가 제안한 결과 부산연구원이 기획해 《101가지 부산을 사랑하는 법》(김수우 외, 2021)이란 책이 나오기도 했다. 일상 시민의 눈, 또는 국내외 방문자의 눈으로 서울·부산을 다시 보는 것은 매우 중요하다.

일본 교도통신사가 지난 1989년 '변하는 도시−매력의 재발견'이란 주제로 세계 50개 도시의 독자적인 매력과 주민의 삶을 통해 세계도시의 미래상을 찾는 기획시리즈물을 낸 적이 있다. 세계 약 50개 도시 각각의 독자적인 매력과 주민의 삶을 통해 '풍요로운 도시'의 미래상을 찾아보고자 기획한 것으로 이탈리아의 볼로냐·밀라노, 스페인의 바르셀로나, 네덜란드의 암스테르담, 영국의 런던·체스터, 스웨덴의 스톡홀름, 이집트의 알렉산드리아, 중국의 상하이·시안, 옛 소련의 타쉬켄트·키예프, 베트남의 호치민 등의 도시가 소개됐다. 여기 세계 50개 도시 중 우리나라에서 유일하게 소개된 도시는 '부산'이었다. 당시 부산시는 인구 377만 명. 진출 일본기업수는 85개 사, 재일본인은 306명으로 나와 있었다. 핵심 내용은 이랬다.

'부산에서 가장 매력적인 장소는 시장이다. 남포동의 남쪽 해변에 있는 자갈치시장. 시장 전체에 활기와 시끌벅적함이 있다. 자갈치시장의 바로 북쪽에 있는 국제시장의 박력도 강력하다. 의료품을 중심으로 잡화, 가죽제품, 전기기구, 스포츠용품 등의 상점이 셀 수 없을 정도로 많다. 남포동의 갈비집에 들어가면 싼 육계와 갈비구이를 맛볼 수 있다. 부산은 일본의 오사카와 흡사하게 먹을 것이 풍부한 거리라는 것이다. 자갈치, 국제시장의 활황을 뒷받침해주는 것은 초과밀 도시가 갖고 있는 에너지인지도 모르겠다. 앞은 바다 뒤는 산이어서 평지가 없는 부산은 완전 포화상태이다'.

50개 도시에 부산이 들어간 이유는 부산의 각종 시장의 '부산스러움'이 바로 부산의 상징이며 이것이 '개방성'으로 연결된 것이었다. 부산의 '부산다움'을 어떻게 살릴 수 있을까? 이를 어떻게 문화로 연결할 수 있을까?

첫째, 사포지향 자연과의 공생을 생각해야 한다. 아름다운 부산, 부산의 쾌적성을 확보하기 위해선 이들 자연을 최대한 보전하는 일이 무엇보다 중요하다. 이를 위해선 산림훼손, 하천오염, 바다오염 등을 철저히 막아야 한다. 그런 가운데 보다 적극적인 쾌적 환경 만들기에 나서야 한다. 주어진 산과 하천만이 아니라 도심에서 시민들이 가까이 피부로 느낄 수 있는 크고 작은 공원이며 가로수 경관 등 도심녹지를 대폭 늘려야 한다. 또한 '부산어메니티 100경'을 바탕으로 '금정산 10경' '수영강 8경' '부산항 10경' 등 다양한 경관어메니티 요소를 발견해 이들을 명소화할 필요가 있다.

둘째, 부산의 개성을 살린 산업을 육성해야 한다. 수영야류나 동래 산성·충렬사·부산진성 등 역사적 유석지를 보존하고 그 역사와 문화를 계승·발전시켜 나가야 한다. 또한 개항 150년의 역사를 담은 역사관이나 해양박물관 해양도서관 해양수족관 등 다양한 바다관련 시설을 만들고 이를 시민교육 및 관광상품으로 연결해야 할 것이다. 이러한 점에서 현재 부산국제영화제나 부산비엔날레 등 영상문화·전시컨벤션산업을 통해 환태평양의 거점도시로서 해양문화를 발신하고 학술 정보능력을 제고해 '정보를 발신하는 도시'가 되도록 노력해야 한다.

셋째, 활기차고 남을 배려하는 풍토를 만들어야 한다. 아름다움은 외형에만 있는 것이 아니다. 부산에 사는 사람들의 마음 속에도 있다. 이를 위해 부산은 일반인이 생활하기에 편리한 시설은 물론 고령자 장애인 외국인 등이 안심하고 살 수 있는 지역시스템을 만들어야 한다. 열린 도시 부산은 내부만족과 더불어 외국관광객에게도 편하고 매력 있는 도시가 돼야 한다. 이를 위해 부산시민의 개방성을 키우고 타인을 배려하는 시민들을 키워내야 한다.

02 지역분권과 균형발전

중소기업뉴스(2022년 3월 28일)는 '대기업집단 계열사 75% 수도권 집중…지역경제 쇠락 부추긴다'라는 기사를 내놓았다. 기업쏠림 →인구과밀→ 인프라 집중의 '악순환'이 계속된다는 것이다. 수도권 대기업은 자원·인재 '블랙홀', 지역 중기(中企) 존폐위기 지역기업 증발, 수도권 대 비수도권 경제력 격차 갈수록 확대, 중앙의 세제 권한 지자체에 이양, 인재·기업 유치 활성화 초광역 협력 기반의 지역 경제생태계 구축 논의가 필요한 때라는 지적이 나온다.

2022년 2월 고용노동부는 〈2020~2030 중장기 인력수급 전망〉을 통해 생산가능인구의 큰 감소를 경고했다. 2030년에는 15~64세 생산가능인구가 320만 명 넘게 감소할 것이라는 분식이다. 생산가능한 인구는 급격히 감소하는 상황에서 전 국토의 11.8%에 불과한 수도권에 절반 넘는 인구가 몰려 있다는 현실도 중소기업 경영자들에겐 기업생존을 위협하는 악재다. 수도권 인구 비중은 1960년 20.8%에서 2020년 50.1%가 됐고 앞으로 더 심해질 것으로 전망된다.

특히 대기업 본사 75% 가량이 수도권에 편중되면서 자원과 인재를 블랙홀처럼 빨아들이고 있다. 반면에 비수도권의 중소기업들은 심각한 인력난에 빠져 소멸 위기에 직면했다는 것이다.

'지금 대한민국은 심각한 갈림길에 서 있다. 한국 사회의 미래가 분열로 갈 것인지 통합의 길로 갈 것인지를 가를 분수령에 놓여 있다. 우리 사회의 분열은 계층갈등, 빈부갈등, 이념갈등, 지역갈등 등이 중첩돼 있는 구조이다. 이 가운데 지역갈등은 과거에는 영남과 호남의 갈등으로 표출됐다. 그런데 우리 사회가 산업화와 민주화를 거치면서 글로벌화·지식사회화되는 과정에서 새로운 국면으로 전환되고 있다. 바로 수도권과 지방의 갈등이다'.

이글은 박석호 부산일보 기자가 지난 2011년 말에 펴낸《수도권 vs 지방 대한민국 지역갈등 2라운드》의 머리말에 나오는 내용이다. 10여 년이 더 지난 지금은 그때보다 수도권과 지방의 갈등과 격차가 더 심해졌다. 박 기자는 당시 한국사회를 뒤흔드는 갈등의 현장으로 대표적인 사례로 △동남권 신공항 입지논란 △수도권정비계획법 개정논란 △수도권대학 대 지방대학 △접경지역 규제완화 신경전 △교부세와 수도권·지방 갈등조장 △혁신도시 갈등 △금융중심지 갈등 △의료서비스 놓고도 대립 △선거구 획정과 수도권·지방 싸움 △수도권과 지방의 예산확보 전쟁 등을 들고 있다.

그러면 이러한 분열을 벗어나 상생발전으로 나가기 위해선 어떻게 해야 할까? 박 기자는 여덟 가지 방법을 제시한다.

첫째, 정권·정파를 뛰어넘는 원칙이 필요하다. 먼저 정치인들이 분열주의에서 벗어나야 한다. 수도권 지방의 갈등이 비롯된 것은 여러 이유가 있겠지만 정치인들의 권력 향유에 대한 탐욕과 업적에 대한 집착, 그리고 원칙을 지키지 못한 말 바꾸기, 국정 운영 철학의 부재 등이 결합한 결과로도 보인다. 국책사업 유치가 정치인의 최고의 덕목이 되면서 지역갈등을 증폭시키는 요인으로 작용하고 있는 면도 크다는 것이다.

둘째, 초광역권 통합이 해법이 될 수 있다. 광역시와 도를 통합하여 노시와 교외 및 농어촌 간의 광역행정을 가능케 하여 시너지 창출을 극대화함으로써 집적과 규모의 경제를 통해 지역별로 수도권에 대항할 수 있는 메가시티(Mega City)의 출현 가능성을 열어놓아야 한다. 이를 통해 수도권 일극 체제 극복과 실질적인 균형발전이 가능해 질 것으로 볼 수 있다는 것이다.

셋째, 강력한 지방분권 추진이 필요하다. 프랑스는 분권 강화를 위해 헌법 제1조에 '프랑스는 지방분권 국가이다'라고 명시하고 있다. 국가는 사무 재배분을 통해 △중앙은 외교·국방·통상·통화·금융 등 국가 차원의 초광역적 사무를 수행하고 △광역시·도는 교육·경찰·사회자본 정비·산업활성화 정책 등 광역 자치사무를 수행하며 △시·군·자치구는 생활환경 개선, 주민생활 밀착형 서비스 등 기초자치 사무로 전문화해야 한다. 이와 함께 지방세의 비중을 더욱 높여 지방의 자체조달 재정책임을 강화할 필요가 있다는 것이다.

넷째, 지방발전의 위해 수도권 시민의 지방 시민화가 필요하다. 돈과 지식을 가진 수도권 시민들이 은퇴시기를 맞아 지방에서 여가를 선용하고 자연과 문화를 즐기면서 건강 증진 요구를 함께 충족시키는 것이 중요하다. 수도권의 개발이익을 비수도권에 지원하기 위해 도입된 '지역상생발전기금'처럼 수도권의 소득을 지방으로 이전하는 것이 수도권 인구 유입을 억제함으로써 수도권과 지방의 공동발선으로 이어질 수 있다는 것이다.

다섯째, 분권적 언론체제를 구축해야 한다. 중앙에 대해 과도하게 종속돼 있는 지역언론이 수도권에 맞서 자주성과 독립성을 확보하기 위해서는 우선적으로 발행부수의 확대와 시청자의 증대를 바탕으로 경쟁력을 강화해야 한다는 것이다. 또한 주목할 것으로는 지역방송의 운영과 관련해 지상파 방송의 기본 편성정책에 KBS 지역국, MBC 계열사, SBS 가맹사들이 적극 개입할 수 있는 권리를 확보하자는 것이다. 뉴스, 시사 다큐멘터리, 생활정보 프로그램 등은 지방문제를 어느 정도 다루도록 의무화할 필요가 있다는 것이다.

여섯째, 지방대 육성을 통해 지방대가 지역사회의 발전과 지역 주민들의 삶의 질 제고에 실질적으로 기여하게 해야 한다. 지방대학이 지역경제 활성화의 핵심적 기능을 수행하게 해야 한다.

일곱째, 지자체 간 상생발전 모델을 구축해야 한다. 수도권과 지방의 지자체들이 서로 협력하고 상생할 수 있는 발전모델을 공유하고 유기적인 교류를 도모하는 것도 갈등해소를 위한 방안이 될 수 있다는 것이다.

여덟째, 한반도를 벗어나 세계와 경쟁하라는 것이다. 이제 다국적 기업들이 '나라'를 보고 투자하는 것이 아니라 기업하기 좋은 '지역'에 투자한다는 것이다. 한국과 중국, 일본이 경쟁하는 것이 아니라 상하이 경제권과 우리의 수도권이 경쟁하고, 일본의 규슈권과 우리의 동남권(부울경)이 경쟁하는 것이다. 이런 관점에서 수도권을 포함한 국내 광역권별 중추도시들이 '세계도시화' 전략을 바탕으로 성장·발전해 나가는 방안이 모색돼야 한다는 목소리가 커지고 있다.

지역분권이나 지역균형발전은 역대 정부가 우선과제로 내세워왔지만 실질적인 성과를 거두지 못하고 있다. 이 시점에서 앞으로 어떻게 해야 할까? 대전환포럼과 더불어민주당 송재호의원실 공동주최로 지난 2월 23일 국회의원 회관에서 '국가균형발전의 대전환 방향과 전망'을 주제로 '2024 대전환포럼 2월 정례포럼'이 열렸다. 이날 진종헌 공주대 지리학과 교수가 '국토균형발전 정책의 현황과 과제'를, 박인규 부산참여연대 시민정책공방 연구위원이 '국가균형발전 예산의 문제점과 개선방안'을, 송성준 시민정책공방 기획운영위원장이 '역대 정부의 균형발전과 수도권 규제완화정책'을 주제로 발표했다.

진 교수는 역대 정부의 '분권형 균형발전'정책은 재정분권에서 소기의 목적을 달성했고 '중앙-지방 협력회의' 등 다양한 자치분권의 법제화가 이루어졌으나 균형과 분권이 형식적 결합을 넘어서 통합적 비전과 정책으로 나아가지 못했다고 평가했다. 또한 최근 수년간의 균형발전 현황 및 추세는 공간적 불균형해소가 아니라 그 반대방향인 수도권 재집중 혹은 초집중시대의 현실화로 나타나고 있다는 것이다.

이러한 변화의 사회적 요인으로는 첫째, 과거에는 '수도권-영남-기타지역'의 지역갈등 3분(3계층)구조가 2000년 이후 민주화의 진전, 지방자치제도의 성숙과 함께 수도권 외 지방간의 사회경제적 불평등은 상당히 완화됐다. 둘째, 고도성장의 개발시대가 퇴조하면서 계층 상승의 가능성이 줄어들고 사회적 계층이 교육자본의 투자역량과 함께 세습되는 경향이 나타나기 시작했다. 셋째, 지리공간적 불평등 즉, 지역격차에 대한 인식은 생활양식의 근본적 변화와 함께 지리적 착근성이 약화되고 이동성이 강화된 반면 KTX 등으로 '시간에 의한 공간의 절멸'에 의해 지역 및 도시 간 경쟁은 격화되고, 수도권집중의 가속화도 보인다는 것이다.

진 교수는 국가균형발전을 위해 다음과 같이 제안했다. 첫째, 보다

정교한 수도권발전비전과 수도권전략이 필요하다. 수도권 자원분배형의 균형발전정책은 전체 국민의 동의를 얻는데 한계가 있기에 지역의 혁신거점과 혁신체계를 구축뿐만 아니라 수도권의 혁신체계 발선을 위한 청사진 제시가 필요하다. 둘째, 과거 정부의 '분권형 균형발전' 모델을 비판적으로 검토한 후 '지역주도'와 함께 중앙정부의 적극적인 균형발전정책 수립이 필요하며 '광역행정청' 설립을 제안한다. 부울경메가시티가 좌초한 중요한 이유 중 하나는, 중앙정부가 청사진 없이 사후적이고 수동적 지원에 그쳤기 때문이라는 것이다. 셋째, 지역위기와 지역발전을 강조하지만 정의와 용도에서 차이가 있음을 인식할 필요가 있다. 지방소멸담론은 인구에 과도하게 초점을 맞추어 중장기적 국가정책방향에 잘못된 영향을 미칠 수 있다. 100대 지방인구감소 대응거점에 대한 집중투자도 필요하지만 5대 메가시티, 30대 중규모 혁신도시 및 지역에 대한 차별화된 마스터플랜이 필요하다는 것이다.

송성준 위원장은 발제에서 '균형발전은 대한민국 생존전략이다'라고 강조하며 2024년 대한민국이 지속가능한 사회인가에 대한 근본적인 의문을 제기한다. 첫째, 수도권 초집중과 국가(지역)균형발전은 양립할 수 있는가? 둘째, 국가균형발전은 국가의 경쟁력을 갉아먹는 비효율적인 정책인가? 셋째, 역대정부는 국가균형발전정책에 얼마나 진실했는가? 넷째 국가균형발전은 국가적 아젠다인가 아니면 지방만의 생존전략에 불과한가?

송 위원장은 세계에서 가장 낮은 초저출산율 위기의 근본적인 원인이 '서울공화국'과 '수도권 초집중'에 있다고 지적했다. 서울시의 합계출산율이 0.59명으로 인천 0.74 경기 0.83명에 비해 전국에서 가장 낮은 출산율이라는 것이다. 문제는 국토의 11.8%를 차지하는 수도권에 한국인구의 절반이 넘는 50.6%가 살고 있다는 사실에 있다. 수도권 집중은 인구의 자연증가(출산·사망) 차이가 아닌 비수도권에서 수도권으로의 사회적 이동에 따른 사회적 증감 때문에 전국의 생산연령 인구층, 특히 15~35세 청년층의 수도권 유입이 가장 큰 요인이라는 것이다. 수도권 초집중으로 궁극적으로는 수도권, 비수도권 주민 모두 불행하다고 말한다.

그는 균형발전정책은 부산참여연대와 시민정책공방 연구위원들이 1년 넘게 매주 세미나를 하면서 분석·토론한 결과 국가균형발전정책 추진에서 이런 문제점이 있다고 밝혔다. 첫째, 시스템이 아닌 대통령의 정책의지가 국가균형발전정책에 큰 영향을 미쳐왔다는 것이다. 둘째, 국가균형발전정책의 질적 내용, 콘텐츠의 문제다. 셋째로 중앙정부 관료들의 정책 의지 결여 문제인데 그 중심에 사자부와 기재부가 있다. 넷째로 지방정부의 무능과 정책의지의 결여이다. 다섯째 수도권과 비수도권, 비수도권 지역 간의 첨예한 갈등도 무시할 수 없는 요인이다. 여섯째 법적·제도적·예산적 한계와 미비도 큰 요인이다. 따라서 국가지속가능성 차원에서 국가균형발전과 수도권 규제완화에 대한 근본적 공론화작업이 절실하다고 했다.

지방분권과 지역균형발전은 도시의 지속가능성과 함께 우리 국민의 삶의 질 향상을 위해 반드시 선결돼야 할 어메니티도시의 과제이기도 하다.

남북화해와 한일협력

01 남북화해-한민족을 위한 어메니티

어메니티는 평화와 안정, 화합의 상태를 말한다. 어메니티의 대척점은 분열과 증오와 전쟁일 것이다. 반만년의 역사를 지닌 한민족이 80년 남북분단의 세월을 보내고 있다. 정권에 따라 다소 차이는 있지만 남북화해·통일의 길이 점점 멀어 보이는 현실이다. 한민족을 위한 어메니티는 어떻게 찾을 수 있을까?

박한식·강국진의 《선을 넘어 생각한다》(2018)는 '남과 북을 갈라 놓는 12가지 편견에 관하여'라는 부제가 붙어 있다. 1939년 만주에서 태어난 박한식 교수는 평양을 거쳐 경북 청도로 내려와 서울대 정치학과를 졸업한 뒤 미국 미네소타대학에서 박사 학위를 받고 1971년부터 2015년까지 조지아대에서 국제관계학을 가르쳤다. 지미 카터와 인연을 맺은 뒤 50여 차례 평양을 방문했고 남한 북한 미국 3자간 비공식대화를 추진해온 걸로 알려진 분이다.

그는 남북관계에서 우리가 생각해 볼 수 있는 시나리오로 첫째 지금보다 갈등이 더 악화되는 경로, 둘째 평화로운 영구분단, 셋째는 안보 접근법을 평화 접근법으로 전환하는 길이 있다고 말했다. 통일은 공포로 이루어지는 것이 아니라 대화와 이해, 미래에 대한 희망으로 만들어 가는 것이라고 강조했다.

남북은 여러 가지 면에서 차이가 있다. 박 교수는 오랫동안 남과 북을 관찰한 경험에 따르면 크게 다섯 가지의 이질성과 유사성이 있다고 했다. 무엇보다 남한이 형이하학적 가치를 중시하는 데 반해 북한은 형이상학적 가치를 중시한다. 역설적으로 남한이 오히려 유물론자 성향이 강하다는 것이다. 첫째, 남한에서는 "부자되세요."라며 경제성장과 외환 보유고를 강조하지만, 북한에서는 자주성이나 주체 등 정신적인 면을 강조한다. 둘째, 남한은 개인주의, 북한은 집단주의이다. 셋째, 남한은 세계주의를 지향하고, 북한은 민족주의를 지향한다. 넷째, 남한은 미래가 없는 현실은 현실 취급을 하지 않는다. 반면 북한은 과거에서 현재를 보는 과거지향적인 시각이 강하다. 다섯째, 북한의 수령주의는 세계 어느 나라와도 다른 이질적인 특성이다.

남북한의 유사성을 살펴보면 첫째, 깊고 넓은 풍부한 경험이 있다. 수천 년의 자랑스러운 역사와 문화유산을 갖고 있으며 최근 100년 동안 겪은 일만 해도 우리 민족은 식민지 경험과 전쟁, 분단, 혹독한 빈곤과 산업화, 민주화, 독재와 민주 정부를 모두 경험했다. 둘째, 언어와 인종이 같고, 눈에 보이지 않는 유교적 가치관과 샤머니즘적 신명도 유사하다. 셋째, '한'을 품고 있고 '정'이 많으며 '흥'이 있다. 넷째, 우리 민족이 갖고 있는 고유한 절대 가치가 있다. 가령 "사람이 되어야지"라는 말은 남북에서 동일하게 쓰인다. 다섯째, 남북 모두 긍지를 중요하게 생각한다. 북한은 미국에 맞서 싸우는 것에서 자긍심을 찾고, 남한은 한류에서 긍지를 느낀다. 긍지를 만들어 가는 과정이 바로 통일의 과정이다.

아울러 통일을 위해서는 서로 상대방의 장점을 인정하는 것이 중요하다. 서로 이해하고 장점을 찾으려는 노력이 필요하다. 모든 사람과 국가가 잘못된 것만 보려고 하면 나쁜 것만 보이기 마련이다. 문익환 목사가 생전에 재판을 받을 때 검사가 '친북'을 문제 삼자 "통일을 하려면 북한과 친해야 한다. 이남 사람들은 친북이 되고, 이북 사람들은 친남이 되어야 통일이 된다."고 반박한 적이 있다. 이런 자세가 통일을 만들어가는 자세 아니냐는 것이다.

사람살이에는 인간에게 '필요'한 것이 있고, 인산이 '욕망'하는 것이 있는데 이 두 가지를 구별해야 한다. 생존에 필요한 것에는 깨끗한 공기, 음식, 건강, 평화, 안전 등이 있다. 이러한 것들은 사람이 사람답게 살기 위해 필요한 '권리'로 접근해야 하고, 국가에 '요구'해야 하는 것들이다. 이는 사회주의 원칙에 입각해서 풀어야 한다. 반대로 더 좋은 것을 갖고 싶고, 더 좋은 것을 먹고 싶은 것은 '욕구'로 나타나며 경쟁을 해야 한다. 이는 자본주의적 방식으로 풀어야 한다. 담합이나 독과점을 규제하고, 시장경쟁을 통해 수요와 공급이 이루어져야 한다. 요구와 욕구에 따라 제도를 적용하는 기본 틀이 달라져야 한다. 통일국가에서는 자본주의와 사회주의 모두 필요하다. 자본주의와 사회주의를 넘어 정반합으로 통합할 수 있는 통일 이념을 모색해야 한다고 말했다.

박 교수는 북한과 미국을 중재하면서 항상 느꼈던 것이 상대방을 모른 채 중재와 협상을 하면 될 일도 안 된다는 사실이라고 강조했다. 남한에선 북한을 알아야 하고, 북한에선 남한을 알아야 한다. 서로 상대방의 입장에 설 수 있어야 한다. 상대방의 입장을 이해하면 싸움을 멈출 수 있다는 것이다. 박 교수의 말처럼 선을 넘어 생각할 줄 알아야 한다.

한반도는 지금 남북간의 극한 대치뿐만 아니라 대한민국 내에서 진보 · 보수의 갈등 또한 날로 심각하다. 한미교육연구원장인 차종환 박사 · 에드워드 구 · 박상준 · 장병우 편저의《진보와 보수가 본 평화통일》(2020)은 '통일에 대해 진보와 보수가 생각이 다를 수 있고, 방법론이 다를 수 있지만 그것이 서로를 배제하고, 대화하지 못할 이유가 될 수는 없다'고 말한다. 흔들릴지언정 우리가 가는 방향은 일관되게 평화와 번영의 길이어야 한다. 대화를 통해 차이점을 벌이기보다 같은 점을 찾아 넓혀가는 것이 필요하다. 나만 옳다는 독선이 아니라 당신의 생각도 일리가 있다며 최소 공감대를 만들어가는 노력이 필요하다. 휴전선이 남북을 단절시키는 경계라면, 진영과 정파의 논리는 우리 사회를 갈라놓은 경계다. 갈수록 깊어지는 불신 때문에 국가 전체가 병들어가고, 국민들의 마음은 황폐해지고 있다. 한반도 통일을 달성하려면 우선 '남남갈등'을 해소하고 국민적 에너지를 하나로 모아야 한다는 것이다.

이 책을 통해 남과 북은 많이 다른데 그 '다름'을 우리는 '틀림'으로 일반화시켜버린다는 것이다. 분단체제가 강요한 획일적 사고와 이분법적 흑백논리에 따른 선악적 구분의 폐해다. 남과 북의 다름은 근본적으로 정치체제와 사회제도의 다름에서부터 문화적 생활양식과 양 사회가 추구하는 가치규범조차도 다른, 똑같이 발음되는 언어의 의미조차 다를 수 있는 '다름'이라는 것을 인정하는 게 중요하다는 것이다.

또한 우리 사회의 '자유'의 개념과 북한사회의 '자유'의 개념은 다르다. '노동'과 '고용' '경제'의 개념도 다르다. 북측에는 '임금'이라는 개념은 아예 없고 '생활비'라는 개념이 있을 뿐이다. 결국 '다름'을 보지 않고 '틀림'으로 부정해버리는 그런 '부정'이 축적되어 북한에 대한 '총체적 무지'로 발전했다고 말한다.

더불어 '모른다'는 의미는 실질적으로 우리식 기준의 국가 경제지표와 사회적 지수들이 북한에서는 거의 발표되지 않고, 철저히 베일에 가려져 있는 것과 무관하지 않다. 결국 북한과 관련된 거의 모든 지수나 지표들은 추정에 추정을 더한, 매우 많이 가공되어진 것들이라는 것이다.

정권에 따라 남북이 서로를 보는 눈은 다를지언정 평화·통일로

가는 길을 가로막아서는 안 된다. 서로를 이해하고 공존하려는 노력을 지속적으로 하는 것이야말로 스스로를 살리고 온전한 하나로 나아가는 길임을 잊어선 안 될 것이다. 한반도의 진징한 어메니티는 한민족의 통일이다.

⬚2 한국과 일본의 상생

한국과 일본은 '가깝고도 먼 나라' '견원지간(犬猿之間)'이라는 말이 떠오를 정도로 불편한 관계이다. 불편(不便)하고 부당(不當)한, 질곡의 양국 역사가 해소되지 않고 있기 때문일 것이다.

일본의 이문화(異文化) 커뮤니케이션 학자인 오사키 마사루(大崎正瑠)의 《한국인과 사귀는 법》(1999)이란 책이 있다. 이 책은 한국과 일본 양측의 문화는 상호 자기들이 생각하는 것과는 다름에도 불구하고 서로를 이문화로 보는 관점이 놀랄 정도로 결여돼 있다고 지적한다. 특히 나쁜 것은 양국민이 잘 알지도 못하거나 왜곡된 형태로밖에 모르면서 상대를 알고 있다고 '착각하고 있다'고 말한다.

이 책의 제목이 '한국인과 사귀는 법'이지만 반대로 한국인에게 '일본인과 사귀는 법'을 알려준다. 그는 일본과 한국의 차이점과 특질을 먼저 지형의 차이를 들고 그 뒤에 일본이 '무종교국가'라면 한국은 '종교국가'라는 사실을 강조했다. 또한 집단주의면에서, 신분이나 직업관에서, 역사관에서 그리고 종교와 도덕에 관해서 상이하다는 것이다.

종교면에서도 일본은 불교국이라고 하면서도 일본의 승려는 대처승이며 술과 육고기를 먹고 마시는 등 계율이 없다. 일본에서 유교는 서민들에게는 침투하지 않았다. 일본인은 일상생활을 지배하는 종교라는 것이 없다. 일본도 한국과 같은 집단주의라고 하지만 내용은 차이가 있다. 일본의 집단주의는 무가(武家)에서 발달돼 혈연주의가 아니라도 집단을 유지할 수 있었다. 이것을 '의사(疑似)혈연'이라고 한다. 즉, 혈연관계가 없는 양자가 친자가 된다는 이야기이다. 따라서 회사에서도 혈연관계가 없는 상사나 사장에 대해 충성을 다한다.

즉, 일본의 최대의 덕목은 '충(忠)'이라고 할 것이다. 이 '충'은 의리에 뿌리를 두고 있다. 일본에서는 '효(孝)'보다 '충'을 더 중시하기 때문에 '충'을 위해서 부모의 죽음도 신경을 쓰지 않는 것도 허용된다. 그리고 자기가 소속하는 집단과 준거집단의 인간에 대해서는 매우 친절하지만 그 이외의 인간에 대해서는 불친절하고 냉정하다.

일본에도 봉건시대에는 사농공상(士農工商)이라는 신분의 구별은 있있으니 직업에는 귀천이 없었다. 메이지유신 이후 일본에서는 무사나 귀족이 평민이 됨으로써 민주화와 평등화가 이뤄졌다. 또 칼 만드는 사람 등은 그 나름대로 평가를 받았다.

한국에서는 유교의 도입으로 양반, 중인, 상민, 천민의 신분제도가 고정화되고 문반(文班) 중심이며 양반비율은 당초 얼마 되지 않았으나 조선 말기에는 전체의 50% 가까이 됐다. 한국에서는 거의 모두가 양반이 됨으로써 평등화가 행해졌다. 1894년 이러한 신분제도는 폐지됐다.

일본인은 과거는 과거, 현재는 현재라는 역사관을 갖고 있다. 선조 제사도 자기의 기억이 있는 조부모 정도까지이다. 유교문화는 깊지만 뿌리가 없다. 또한 전통 무(武)의 문화를 반영해 벚꽃처럼 질 때는 진다는 식이다. 과거의 일은 '물에 흘려버린다'라는 역사관이 있다. 일본인은 가해자로서 역사를 잊어버린다고 이웃나라로부터 비난을 받고 있지만 히로시마·나가사키의 원폭투하나 시베리아의 포로학대 등 피해자로서도 과거를 잊어버리는 것도 빠르다.

그런데 한국인의 대일감정의 연원은 일본인의 한국에 대한 '문화적 배은망덕'이라는 견해가 있다는 것이다. 한국인은 조상숭배를 통해 자기와 과거의 자기 일족이 연계돼 있다고 생각하고 있어 과거에 있었던 일이 현재이기도 해 과거·현재·미래의 계속성을 중시한다. 이러한 역사관에서 조상이나 부모, 민족의 원한에 대해서는, 그것을 갚기 위해 살아가는 것이 '효'가 돼 있다. 그리고 과거의 책임은 나라 뿐만 아니라 개인에게도 있다고 생각한다는 것이다. 반일의 배경에는 이러한 역사관이 있다는 것이다. 각각 사고방식에 장단점이 있지만 양자가 커뮤니케이션을 할 때 일본인은 과거의 것을 중요하게 생각하지 않고 있는데 반해 한국인은 과거에 집착하기 때문에 서로 엇갈린다. 여기서 커뮤니케이션의 갭이 생기는 것이라고 오사키 씨는 보고 있다.

이런 점에서 우리가 '반일'을 외쳐왔지만 이 같은 역사를 청산하고 일본을 도덕적으로 이기기 위한 노력에는 게을리 해왔던 것 아닌가 되돌아 보게 된다. 종군위안부 문제 등과 관련해서도 일본 정부에게 사죄를 요구함과 동시에 그동안 우리 정부가 이들 할머니에게 잘못한 것에 대해 동시에 '대국민사죄'라도 해야 마땅할 것이다. 또한 우리가 일본에 대해 과거사 청산을 요구하는 것과 동시에 1960년대 말에서 1970년대초 베트남전쟁에 참전해 일부 무고한 베트남사람들을 '베트콩'이라며 무차별 학살한 데에 대해 우리 정부도 진심으로 베트남 정부와 국민들에게 사죄하는 마음을 가져야 할 것이다. 이제부터는 단순히 한일관계뿐만 아니라 우리 동아시아 더 나아가 이슬람제국이나 아프리카 여러 나라와도 참된 선린관계를 유지하도록 눈을 좀 더 널리 그리고 좀 더 멀리 볼 필요가 있지 않을까 싶다.

그러면 한일관계는 어떻게 풀어가면 좋을까? NEAR재단이 편저한 《한일관계, 이렇게 풀어라》(2015)는 '국교 정상화 50년, 한일 지식인들의 권고'라는 부제가 붙어 있는데 2014년 8월 제주회의에서 정리한

'한일 지식인들의 9대 정책 제언'을 소개하고 있다. NEAR재단(North East Asia Reasearch)은 부상하는 동아시아 축의 시대에 한국의 미래 전략을 연구하기 위해 2007년 순수 민간자본으로 설립된 독립 싱크탱크다.

첫째, 한일관계 개선의 돌파구를 마련하기 위해서는 한일 정상회담의 조기 개최가 필요하다. 둘째, 2015년 한일 국교 정상화 50주년을 맞이하여 지난 반세기 동안의 변화된 상황을 반영한 새로운 한일 공동선언이 필요하다. 셋째, 한일 간 소통의 부족을 감안하여 전략대화를 포함한 다양한 협의 채널을 활성화할 필요가 있다. 넷째, 양국은 한일관계 강화를 위하여 동아시아의 평화와 번영을 위한 다자간 협력도 석극 보색할 필요가 있다. 다섯째, 일본군 위안부 문제는 고노 담화에 기반하여 조기에 해결한다. 여섯째, 2015년 한일 국교 정상화 50주년을 기념하는 사업을 추진할 필요가 있다. 일곱째, 한일관계 발전을 위해서 양국 매스컴 간 교류를 통해 상호이해를 증진시켜야 한다. 여덟째, 한일 양국은 동북아, 동아시아 및 아시아-태평양 지역의 경제협력을 위해 적극 노력할 필요가 있다. 아홉째, 한일 외교적 갈등으로 인해 정체된 경제협력, 인적 교류, 문화교류, 지방 간 교류 등을 활성화해야 한다.

정재정 서울시립대 교수는 《한일관계, 이렇게 풀어라》 가운데 '한일 역사 인식과 과거사의 갈등을 넘어서'라는 글에서 역사 화해의 실현을 위한 행동지침으로 여섯 가지를 들었다. 첫째, 양국 정부가 지원하는 '한일역사공동연구위원회' 등을 다시 운영해 역사 갈등을 빚고 있는 주제에 대해 연구와 토론을 깊이 하고, 그 결과를 양국의 역사 교과서 집필자나 교육자가 참고할 수 있도록 제공한다. 둘째, 한일 관계사를 지나치게 자국 중심의 시야에서 바라보려는 자세는 의식적으로 탈피해야 한다. 셋째, 한일 양국의 평화 · 교류의 역사를 중시해야 한다. 1965년 한일 국교 재개 이래의 역사를 제대로 이해할 필요가 있다. 정부 간 우호 협력뿐만 아니라 민간 차원의 경제 문화 교류, 나아가 시민 사이의 연대운동을 부각할 필요가 있다. 넷째, 한일 관계를 논의할 경우에는 북한도 시야에 넣어 파악할 수 있는 방법을 모색해야 한다. 다섯째, 한국과 일본은 상대방의 역사와 문화를 다양한 시각에서 '있는 그대로' 바라보는 태도를 갖춰야 한다. 여섯째, 역사인식을 개선하고 상호이해를 높이는 일에 양국 지식인과 여론 형성자의 선도와 노력이 절실하다는 것이다.

도고 가즈히코(東鄕和彦) 도쿄산업대 국제정치학과 교수는 《역사 인식을 다시 묻다》(2005) 가운데 '한일 관계의 역사와 미래는 어떠할 것인가'라는 글에서 한국인이 일본에 품고 있는 한(恨) 일곱가지를 다음과 같이 서술했다.

첫째, 민족의 굴욕감이다. 화이질서(華夷秩序)에서 자기보다 위치가 낮은 집단에 지배받은 기억이 있다. 둘째, 배신이다. 한국의 독립을 보증하겠다고 시작한 러일전쟁에서 일본이 승리해 5년 후 한일강제병합을 강행한 점이다. 셋째, 한일강제병합 전과 병합 초기에 탄압한 점이다. 넷째, 황국신민화이다. 한국인을 일본인으로 만들려 한 점이다. 다섯째, 미국과의 전쟁에서 일본인으로서 함께 싸우게 한 점이다. 여섯째, 남북분단이다. 왜 한국은 분단되고 일본은 일체성을 유지했는가 하는 것이다. 일곱째, 한국전쟁이다. 분단된 민족 간의 살육이 일어났다는 것이다.

이러한 의미에서 도고 교수는 "지금 일본이 할 수 있는 일, 해야 할 일은 가해자와 피해자의 구도 속에서 일어난 일들을 결코 잊어서는 안 된다. 이것이야말로 일본이 견지해야 할 도덕적 입장"이라고 강조했다. 이 같은 시점이 명확하다면 현재 일본인이 쉽게 말하는 것 중 결코 해서는 안 되는 말이 두 가지 있다고 한다. 하나는 역사를 인식하는 데 화해하자는 것이다. 가해자와 피해자 사이에 가해자가 할 수 있는 일은 사태를 반성하고 사죄하고 보상하고 기억하는 것이다. 화해는 피해자가 판단하는 것이지 가해자가 요구하는 것이 아니라는 것이다. 또 하나는 미래지향적 관계를 만들자는 말이다. 이는 역사문제를 논의할 때 가해자가 결코 해서는 안 되는 말이다. 가해자가 미래지향이라고 하면 피해자는 과거를 잊자고 말하는 것처럼 들리기 때문이라는 것이다.

한일 관계는 겉으로 쉽게 풀 수 있는 성질의 것이 아니다. 가해자 입장에서 일방적으로 '화해하자' '미래지향적으로 나아가자'고 말해 해결될 성질이 아니다. 가해자의 피해자에 대한 진심어린 반성과 사죄, 그리고 보상이 전제돼야 하는 것이다. 그것이 역사의 정의이다. 한일 간의 화해와 협력의 어메니티를 형성하려면 우리 또한 우리의 역사를 성찰하고 당당해지고 감히 넘볼 수 없는 힘을 가져야 하겠다는 생각이 강하게 든다.

어메니티와 대안적 삶

01 〈가정의제21〉과 창조적 리더십

도시의 목적, 나아가 삶의 목적에 대해 다시 한 번 생각해본다. 사랑과 생명을 지키고 키워내는 것은 가정이다. 가족의 소중함에서부터 시작해 의식을 지역, 국가, 지구로 확대시키는 것, 가족이기주의가 아니라 가정의 확대로서의 커뮤니티의 발견이 중요하다.

이런 점에서 오늘날 기후위기시대 유엔(UN)의 지속가능발전목표(SDGs: Sustainable Development Goals) 실천이 절실하다. 유엔지속가능발전목표는 1992년 6월 브라질 리우데자네이루에서 개최된 국가 차원의 실행계획인 〈의제(Agend)21〉과 지방자치단체 차원의 실행계획인 〈지방의제(Local Agenda)21〉을 통합한 것으로 21세기 지구의 당면과제 해결에 집중돼 있다. 2015년 유엔은 2016년부터 2030년까지 지속가능발전을 위해 달성하기로 한 인류 공동의 목표를 인간 · 지구 · 번영 · 평화 · 파트너십이라는 5개 영역 17개 목표에다 169개 세부목표를 제시했다.

지속가능발전목표의 17개 목표는 다음과 같다. △빈곤퇴치 △기아종식 △건강과 웰빙 △양질의 교육 △성평등 △물과 위생 △깨끗한 에너지 △양질의 일자리와 경제성장 △산업, 혁신과 사회기반시설 △불평등 완화 △지속가능한 도시와 공동체 △책임감 있는 소비와 생산 △기후변화 대응 △해양생태계 △육상생태계 △평화, 정의와 제도

△SDGs를 위한 파트너십(https://sdgs.un.org/ goals).

이러한 〈유엔 지속가능목표〉나 〈의제21〉, 〈지방의제21〉이 확산되려면 가정에도 〈가정의제(Home Agenda)21〉이 필요한 시대라 생각한다.

〈우리집 환경헌장〉

우리집은 가정이 지구적인 삶의 중심임을 깨닫고 생명을 귀하게 생각하며 가족은 물론 이웃과 지역사회 나아가 인류를 사랑함으로써 주어진 삶을 기쁘게 분수에 맞게 살도록 노력한다. 우리는 할아버지 할머니 아버지 어머니 동규 동영 6식구가 서로 이해하고 존경하며 사랑하는 삶을 살아가도록 노력한다. 어려움이나 오해기 있을 때 대화로써 이해하도록 노력하며 한 사람 한 사람을 가치롭게 여기며 서로 고맙게 생각하면서 산다. 이것이 모든 평화의 근원으로 가장 환경적으로도 바람직한 삶의 원칙이다.

우리는 주어진 인생을 감사히 받아들이며 우리가 스스로 땀 흘려 노력해 돈을 벌고 이를 분수에 맞게 쓴다. 모든 물건이나 생물에는 한계가 있음을 알고 그 용도에 충실하게 활용한다. 가정에서 먼저 전기, 물, 가스, 기름 등 에너지원은 낭비하지 않으며 가능하면 이를 적게 소비하기 위해 애쓴다. 이를 위해 자동차를 많이 이용하기보다 걷기를 즐기고, 조금 힘들어도 가능하면 기계의 힘을 빌리지 않도록 노력한다. 가정과 가정을 연결하기 위해 이웃에게도 늘 웃으며 다정하게 다가가며 이웃으로부터 좋은 것이 있으면 배우고 우리가 갖고 있는 좋은 것은 알려주도록 노력한다.

늘 지구의 환경문제를 인식하고, 의식주 생활에서 나의 소비행위가 환경문제와 연결돼 있으며 이 같은 오염문제를 개선하기 위해 최대한 노력한다. 놀이에 있어서도 낭비적이거나 퇴폐적인 것을 피하고 자연과 친하며 도구를 적게 사용하는 놀이를 혼자보다는 여럿이 함께 하도록 하며, 휴가는 자연친화적인 방식으로 보낸다. 산이 높으면 계곡도 깊다. 편리함은 대가 지불을 요구한다. 불편함을 감수하시 않는다면 환경 살리기는 요원하다. 자발적인 가난, 단순소박함이야말로 지구를 살리고 더불어 사는 가장 지혜로운 선택임을 우리는 믿는다.

-1999년 4월 22일 지구의 날을 맞아
김종락, 김학금, 김해창, 김옥이, 김동규, 김동영

밀레니엄을 앞둔 1990년대 말 우리 부부가 지은 《3대가 함께 만든 우리집 환경백서-놀이로 배우는 지구사랑》에 실린 '우리집 환경헌장'이다. 2층 슬래브집에 3대가 함께 살았던 우리집은 가족회의를 거쳐 환경헌장을 만들고 그해 지구의 날에 뒷동산 공원에 올라 '우리집 환경헌장 선포식'도 가진 추억이 있다. 당시 초등학교 저학년이던 두 아이는 건장한 청년이 돼 독립된 가정을 꾸미게 됐고, 우리부부도 어느새 60대 초반이 되었다. 그 사이에 부모님은 돌아가셨다.

'우리집 환경백서'는 회의를 거쳐 가족공통 실천사항과 개인 실천사항을 정리했다. 가족공통 실천사항으로는 △일찍 자고 일찍 일어나는 습관을 기른다 △필요 없는 전등이나 전기기구의 코드는 반드시 뺀다 △자가용을 가능한 한 타지 않고 대중교통수단을 이용하며 가까운 거리는 걷고 자전거를 타고 다니는 습관을 기른다 △옥상이나 뒷산 텃밭에 채소류를 심어 가꾼다 △ 물건을 사기 전에 필요한 것을 계획하고 버릴 때를 생각한다 △자판기나 편의점 이용을 자제한다 등과 같은 것들이다. 이것은 우리 나름의 〈가정의제21〉이라고 하겠다.

여기서 나오는 '자발적인 가난, 단순소박함'이란 말은 독일 출신 영국 환경경제학자 E. F. 슈마허의 《작은 것이 아름답다(Small is Beautiful)》에서 배운 것이다. 《작은 것이 아름답다》는 1973년에 출판된 책이지만 지금 봐도 불과 몇 년 전에 나온 책이라고 여겨질 정도로 내용이 시사적이다. 오늘날 강대국, 대기업, 중앙집권주의, 물량주의, 금권만능주의 등 모두 '크고 빠른 데 익숙한 우리의 삶'에서 작은 나라, 중소기업, 지방, 단순소박함 같이 '작고 느린 것들의 가치'를 다시 한 번 깊이 생각하게 하는 계기를 가져다준다. 슈마허가 강조한 '단순소박한 삶'이란 '생명을 유지하는 데 필요한 만큼 소비하는 삶'이다. 거기에 영성, 건강, 삶의 질, 생태발자국 줄이기, 스트레스 줄이기, 절제 등이 들어가 있는 삶이라 할 수 있다.

C. 더글러스 러미스도 《경제성장이 안 되면 우리는 풍요롭지 못할 것인가》(2002)에서 물질의 성장보다는 '청빈한 삶'을 강조했다. 그는 "전박한 자본주의는 식민주의, 제국주의라는 이름을 거쳐 경제발전론으로 변신했고, 마침내 세계화라는 이름으로 다가왔다. 경제성장을 통한 풍요는 허구이다. 이에 대한 대안은 물건을 조금씩 줄여가며 최소한의 것만으로도 별 탈 없이 살 수 있는 인간이 되는 것이다. 경제발전이란 자급자족사회에서 별 문제 없이 살고 있는 사람들을 자본주의 체제에 편입시켜 노동자와 소비자로 만드는 과정일 뿐이며, 진정한 진보는 물질의 성장이 아니라 인간과 사회·문화의 진보이다. 대항발전(Counter Development)을 모색하며 시민들과 함께 행동해야 하는데 이것이 급진적이어서 꺼려진다면 선거라는 소극적 정치참여를 통해 가능하다. '부자 되세요'가 아니라 '다함께 청빈하게 삽시다'가 되어야 한다."고 말한다.

소박한 삶, 또는 조화로운 삶의 모습을 보여준 좋은 사례로 미국의 경제학자이자 생태주의자인 스콧 니어링(1883~1983)을 들 수 있다. 스콧 니어링은 미국의 소수 권력층에 속하는 집안에서 태어났으나 모든 기득권을 포기했다. 《스콧 니어링 자서전》(2000)은 스콧 니어링의 '조화로운 삶'을 보여주고 있다. 스콧 니어링은 간소하고 질서 있는 생활을 할 것, 미리 계획을 세울 것, 일관성을 유지할 것, 꼭 필요하지 않은 일을 멀리 할 것, 되도록 마음이 흐트러지지 않도록 할 것, 그날그날 자연과 사람 사이의 기치 있는 민남을 이루어가고 노동으로 생계를 세울 것, 자료를 모으고 체계를 세울 것, 연구에 온 힘을 쏟고 방향성을 지킬 것, 쓰고 강연하며 가르칠 것, 계급투쟁운동과 긴밀한 접촉을 유지할 것, 원초적이고 우주적인 힘에 대한 이해를 넓힐 것, 계속해서 배우고 익혀 점차 통일되고 원만하며, 균형 잡힌 인격체를 완성할 것 등의 생활철칙을 세워놓고 이를 철저히 지켰다.

그동안 우리사회는 존재가치보다 교환가치, 이용가치에만 너무 익숙했던 것은 아닐까? '작은 것이 아름답다'는 '있는 그대로의 존재를 인정하는 것'이자 '너와 내가 연결돼 있다'는 말이기도 하다. 무엇보다 열린 마음을 가지는 것부터 시작해야 할 것 같다. 이것이 어메니티의 마음이란 생각이 든다. 열린 마음은 관계를 새로 보는 것이기도 하다. 현재 주어진 '지금, 여기'가 얼마나 소중한 지를 새삼 깨닫는 것이다. 자연과 인간은 먹고 먹히고, 돌고 도는 것. 그러한 그물망에 내가 속해 있다는 사실을 잊어선 안 되겠다. 오늘날 우리들이 사는 이 땅이란 우리 선조들의 무덤이자 자연의 일부 아닌가?

단순소박함을 일하는 방식에 적용해보면 어떻게 될까? '다운시프트(Downshift)족'이나 '슬로비(Slobbie)라는 말이 생각난다. '다운시프트'는 자동차 기어를 저속으로 바꾼다는 뜻으로 저소득일지라도 자신의 마음에 맞는 일을 느긋하게 즐기려는 사람의 사고방식이다. '슬로비(Slow But Better Working People)'는 천천히 일하지만 더 일을 잘하는 사람들을 뜻하는 말로 물질보다는 마음을, 출세보다는 자녀나 자원봉사 등 자기생활을 중시하는 사람들을 일컫는 말이다. 이제는 '회사인간'에서 벗어나야 한다. 이러한 사고를 바탕으로 일상생활의 변화를 꾀해보는 것이 중요하다고 생각한다.

그렉 시걸의 '일주일간 쓰레기' 작품(출처: greggsegal.com).

  그리고 〈지방의제21〉은 〈가정의제21〉은 물론 〈학교의제21〉, 〈기업의제21〉 등으로 널리 퍼져나가면 좋겠다. 가령 〈학교의제21〉 작성은 이렇게 해보면 어떨까 생각해본다. 첫째, 교직원회의, 학부모 연석회의를 통해 학교의 환경문제를 구체적으로 논의해 뜻을 모은다. 둘째, 학교생활을 크게 △에너지 아끼기 △오염 줄이기 △생활습관 바꾸기 등으로 나누고 교육과정에 어떻게 반영할 것인가를 고민하며 참여주체가 함께 논의한다. 셋째, 교직원이나 학생의 가정에서도 〈우리집 환경헌장〉 같은 것 만들기를 해본다. 넷째, 환경관련 서적을 구입해 독서 토의를 하거나 지역 환경단체 또는 강연회나 환경행사를 갖는다. 다섯째, 학교 전체의 '환경헌장'을 만들고 '세부 실천사항'을 정리한다. 이때 학급별 공통실천 및 개인 실천사항으로 나눠 적절한 실천목표를 세운다. 여섯째, 〈학교의제21〉을 선포하고 환경실천사례와 관련한 좋은 내용을 매월 발굴해 홍보·자료화한다. 일곱째, 실천사항을 지속적으로 평가한다.

덧붙이자면 가정이나 직장에서 '업사이클 콘테스트'를 한번쯤 해보는 것도 재미있을 것이다. 미국의 사진작가 그렉 시걸(Gregg Segal)은 자신의 집에서 나온 쓰레기를 모아 그 속에 자신을 드러낸 사진을 찍어 '일 주일간 쓰레기'라는 제목의 사진전을 했다. 가족끼리 자기집 쓰레기를 모아놓고 그 속에 누워 사진을 한번 찍어보는 것이다. 쓰레기에 대한 성찰의 시간을 가져보자는 것이다.

기후위기시대를 맞아 절실한 것이 평범한 시민의 생태리더십이라 생각한다. 학창시절부터 우리는 늘 "선생님말씀 잘 들어라" "시키면 시키는 대로 해라"는 말을 많이 들었다. 학교는 우리에게 리더십보다는 늘 '팔로워십(followership)'을 강요했다. '지구온난화(Global Warming)'를 넘어 '지구고온화(Global Boiling)'시대로 접어든 오늘날을 제대로 살아가기 위해서 이제는 우리 시민들이 기후위기에 대응할 수 있는 생태리더십을 가져야 한다고 본다.

생태리더십은 창조적 리더십과 일맥상통한다. 삼성경제연구소가 2011년에 내놓은 보고서 〈미래 CEO의 조건: 창조적 리더십〉은 ①지속가능한 성장 추구 ②인재확보 및 후계자 육성 ③조직에 창조적 영감 부여 ④글로벌 시장 개척 ⑤사회와의 의사소통을 강조한다. 창조적 리더십의 핵심은 △진정성 △부드러운 카리스마 △열린 마음, 조화 △지역사회와의 소통 △인재 육성 △창조적 영감, 상상력, 비전 △통섭(Consilience) △지속가능성 △이론과 실천의 변증법 등을 들 수 있다.

이 가운데 필자는 진정성, 소통, 창조성이 중요하다고 생각한다. 그래서 생활 속에서 늘 이렇게 물어볼 필요가 있다. 첫째, 진정성이 있는가 하는 것이다. 스스로 행복한 사람인가? 꿈이 있는가? 정직하고 투명한 사람인가? 가족, 지역, 나라에 대해 애정, 헌신성이 있는가? 말과 행동이 일치하는가? 이론과 실천의 일치를 지향하고 있는가? 둘째, 소통을 잘 하고 있는가 하는 것이다. 다른 사람의 꿈이 무엇인가 경청하는가? 남을 진심으로 섬기는가? 어떻게 우리 모두의 꿈으로 만들 것인가? 어떻게 사람과 지역자원을 발굴하고 키울 것인가? 주민참여를 제도화하고 있는가? 지속가능성을 생각하고 있는가? 셋째, 창조성을 살리고 있는가 하는 것이다. 통섭의 시대. 시대의 트렌드를 읽고 있는가? 지역 브랜드를 어떻게 만들 것인가? 타 지역과의 차별성은 무엇인가? 늘 배우는 자세를 견지하고 있는가? 생태적 감수성을 어떻게 키울 것인가?

결국 우리는 우리의 삶을 진지하게 되돌아볼 필요가 있다. 우리가 늘상 이야기하는 경제는 무엇인가? 이제는 경제라고 하면 '녹색경제'를 머리에 넣어야 할 때이다. 경제의 녹색화, 지속가능한 사회를 위해 무엇보다 친환경적 인식, 즉 녹색마인드가 중요하다. 성장지상주의에서 과감히 탈피하는 인식 말이다. 지속가능한 사회를 위해서는 크게 인식과 생활양식, 그리고 제도 개혁이 절실하다. 이 3가지는 서로 긴밀하게 영향을 미친다.

녹색마인드를 갖기 위해서는 인간과 자연과의 관계, 환경과 경제와의 관계를 보는 자연관, 세계관, 종교관 등 가치영역에 대한 이해가 필요하다. 녹색마인드의 대표적인 사례로 '가이아(Gaia)이론'을 들 수 있겠다. 1987년 제임스 러브록(James Lovelock)은 그리스신화의 '대지의 여신' 가이아를 상징으로 활용하며 지구의 생물, 대기권, 대양 그리고 토양이 합쳐 하나의 살아있는 유기체라고 규정했다. 동학의 2대 교주 해월 최시형 선생이 "천지는 곧 부모요 부모는 곧 천지니, 천지부모는 한 몸"이라고 한 '천지부모(天地父母)'사상이나 아메리카 인디언들의 '어머니대지(Mother Earth)'사고는 같은 사고이다. 슈마허의 《작은 것이 아름답다》에 나오는 탈원전, 중간기술, 지속가능한 발전, 도시농업, 기업의 사회적 책임, 단순소박한 삶의 가치를 내재화하는 일이다.

이러한 녹색마인드는 생활양식의 실천으로 자연스레 연결돼야 한다. 우리들의 소비행위를 성찰하고 생활 속에서 ①전기·물·종이 등 자원 아끼기 ②대기·수질·토양·쓰레기 등 오염 줄이기 ③환경가계부 쓰기·에코쇼핑·환경여가·환경단체 회원되기·환경단체장 뽑기 등 친환경 습관갖기가 필요하다. 지속가능한 사회 만들기는 혁신적 제도개선이 뒤따라야 한다. 크게 보아 촉진(incentive)제도와 규제(penalty)제도를 제대로 만들어 이러한 제도가 다시 우리의 인식을 바꾸게 하는 것이 중요하다. 윤창호법으로 음주운전에 대한 인식이 바뀐 것과 마찬가지로 각 분야에 이러한 법들이 많이 만들어져야 한다.

환경실천의 인센티브의 하나인 탄소포인트제도도 이왕 하려면 좀 제대로 했으면 좋겠다. 아끼고 절약한 사람이 받는 포인트가 피부로 느낄 정도로, 살림살이에 도움이 되도록 설계해야 한다는 말이다. 《21세기 자본》을 쓴 프랑스 경제학자 토마 피케티(Thomas Piketty)는 2015년 '탄소와 불평등'이란 논문에서 전 세계 소득 상위 10%가 거의 절반에 해당하는 온실가스를 배출하고, 소득 하위 50%가 10% 정도의 온실가스를 배출하고 있는 현실을 비판하면서 소득과 탄소배출량에 따라 탄소세를 누진적으로 내야한다고 주장했다. 가령 항공여행의 경우 일등석 약 100만 원, 비즈니스석 약 20만 원, 이코노미석 약 3만 원의 탄소세를 부과하면 전 세계는 연간 200조 원 정도의 기후위기대응 재원을 얻을 수 있을 것이라고 했다.

영국 웨일즈 자치정부는 2021년 신규 고속도로 건설을 전면 중지하는 대신 재원을 대중교통 시스템 구축에 쓰겠다고 발표했다. 2021년 프랑스 하원이 통과시킨, 2시간반 이내에 특급열차가 있는 '단거리 국내선 항공편 운항금지법안'이 2023년 5월 시행돼 파리 오를리공항에서 보르도, 낭트, 리옹을 연결하는 3개 노선의 항공편이 폐지됐다.

코로나 이후 세상은 급변하고 있다. 이제는 국가시스템 자체를 기후위기대응의 친환경시스템으로 바꿔야 한다. 마치 코로나 대응 초기 사회적 거리두기 할 때 매일 사망자, 감염자 수, 나아가 경로 추적을 한 것처럼 이제는 매일 기후위기의 실태와 관련 지표를 '24시간 기후재난방송'을 하듯이 해야 할 때다.

이런 맥락에서 총선은 물론 지방선거, 대통령선거에서 시민들이 '생태리더십'을 갖고 기후위기를 비롯한 경제·노동·교육·복지 등 각 분야의 디테일한 정책을 내놓고, 이러한 시민의 뜻을 따르는 '팔로워십'을 가진 공직자를 뽑는 그런 선거가 됐으면 한다. 깨어있는 시민의 창조적 생태리더십이 그 어느 때 보다 절실한 요즘이다.

02 마을보물 찾기와 어메니티마을 소프트전략

어메니티 마을 만들기란 무엇인가? '주민이 마을에 있어야 할 모습을 그려 그것을 실현해가는 지혜나 연구를 바탕으로 뜻을 모아 공동으로 계획적으로 그것들을 실행·실현해 가는 노력의 총체'라고 보고 있다. 이 때문에 마을 만들기에는 '있어야 할 모습'을 생각하는 창조이념과 이를 이끌어낼 종합프로그램이 필요하다. 이 때 '있어야 하는 것이 있어야 할 곳에 있다'는 어메니티가 곧 창조이념이 되는 것이다.

그런데 사실 마을 속엔 이러한 것들이 다 있다. 우리가 관심과 열의를 갖고 우리 마을 속의 보물을 찾아내는 일이 어메니티 마을 만들기에 가장 먼저 필요한 것이다. 마을 만들기는 우선 마을 보물찾기부터 나서야 한다. 마을 보물찾기는 크게 4가지로 ①문화의 재발견 ②생활의 재발견 ③사람의 재발견 ④가능성의 재발견으로 나눌 수 있다.

첫째, 문화의 재발견은 마을의 고유한 문화를 발견하는 일이다. 우선 마을의 공간부터 살펴보자. 우리 마을에 마을회관, 학교, 교회, 전통가옥 등 역사와 사연 있는 건물은 없는지? 지역 내 각종 문화모임이나 마을 전통행사, 축제에 대해 알아보자. 또한 우리 지역에 내려오는 전설이나 이야기 또는 이와 관련된 흔적이 남아 있는 곳은 없는지. 그리고 우리 지역의 식문화나 향토음식에 대해 알아보자. 그리고 우리 지역의 자연환경이나 경관, 숲과 나무, 희귀동식물, 마을 하천이나 우물 또는 마을을 대표할 만한 동식물은 무엇인지? 나머지 우리 마을만의 독특한 놀이문화나 민요 또는 전래동요는 없는지?

둘째, 생활의 재발견은 마을 사람들의 생활상 자체를 다시 보는 것이다. 일상 이야기의 재발견이 중요하다. 가장 평범한 것 같은 마을 주민들의 일상생활 속에 그 마을의 독특한 생활양식이나 문화, 역사, 전통이 담겨있는 것을 발견하는 일이다. 우리 마을의 대표산업이 있는지, 과거의 대표산업은 있었는지, 마을기업이나 사회적 기업은 어떤 것이 있는지? 지역 주민 또는 시민단체, 상사번영회나 청년회, 부녀회 등 다양한 주민모임에 대해서도 알아보자. 또한 마을의 노인복지, 장애인복지, 청소년복지는 어떠한지? 지역주민의 전반적인 삶의 질은 어떠한지? 그리고 교육이다. 지역 아이들의 교육환경은 어떠한지? 주민교육의 상황은 어떠한지?

셋째, 사람의 재발견은 마을 만들기의 기본이 사람 만들기라는 사실에서 출발한다. 마을 리더의 재발견이다. 마을의 미래를 걱정하고, 활동하는 사람들, 주민단체나 시민단체 리더, 지자체 모범 공무원이나 통장까지 지역의 리더를 찾아내는 일이다. 또한 지역 주민 중에 마을에서 대안을 찾는 사람들, 모임을 주도하는 사람들, 새로운 사업이나 농법을 연구·개발하는 사람, 마을기업가, 사회적 기업가 또는 지역에서 성공적으로 일하는 사람은 누구인가? 새로 생긴 이웃도 중요하다. 다른 지역에서 우리 동네로 살러온 사람, 귀농귀촌자, 지역에서 사업이나 일을 하는 사람들, 장기체류자나 체험프로그램 참여자 등 우리지역에서 살거나 활동히는 사람들을 눈여겨보자. 지역학교 졸업자나 고향을 떠난 지역 출신인사, 향우회 사람들을 다시 보자. 또한 마을 만들기에서 지역과 직간접 관련된 각 분야 전문가 그룹의 조언은 매우 중요하다. 그리고 오고가는 사람들. 특히 관광객, 방문자의 눈으로 우리 마을을 다시 볼 수 있다. 이들은 명예주민으로 삼을 필요도 있다.

넷째, 가능성의 재발견이다. 이는 주민 주체의 마을 만들기를 위한 비전찾기이다. 주민의 생각이 가장 중요하다. 살기 좋은 마을에 대한 주민들의 의견, 정부 사업에 대한 긍정적, 부정적 의견, 지역에 필요한 것에 대한 의견이 어떠한가? 우리 마을의 문제점은 무엇이며 함께 고민하고 문제점을 분명히 드러내는 것이다. 그리고 희망찾기이다. 우리 마을이 어떤 마을이 됐으면 좋을까? 살기좋은 마을 만들기란 어떤 것일까? 끝으로 주민의 창안을 높이 사야한다. 살맛나는 동네를 만들기 위한 주민들의 아이디어는 어떤 것들이 있는지? 우리 동네에 필요한 제안은 어떤 것들이 있는지? 국내외 다른 마을의 좋은 사례를 우리 마을에는 어떻게 창의적으로 적용할 수 있는지? 다양한 아이디어와 열의가 필요하다.

이런 점에서 앞으로 어메니티 마을 만들기 때 고민을 해야 할 소프트전략을 몇 가지 제안한다.

첫째, 지역주민의 애착심과 비전을 이끌어내야 한다.

마을과 자기집과의 동질성을 갖고, 살맛나는 동네에 대한 꿈을 갖도록 하고 이를 끌어내는 것이 중요하다. 마을 만들기는 자기발견에서부터 마을발견으로 나아가야 한다. 지역주민운동은 지방자치제 실시와 역사를 함께 한다. 지역의 자그마한 환경문제에 대해 주민들의 소모임을 활성화시킬 필요가 있다. 특히 지역의 각종 협의회나 취미

서클에 환경운동을 부문운동으로 정착시키는 것이 중요하다. 우리집의 서재를 보면 우리 마을의 도서관을 생각할 수 있고, 우리집 화장실을 보면서 우리 동네의 쓰레기처리문제를 생각하는 등 의식의 확대가 필요하다. 우리나라의 새마을운동이 외형상 마을 만들기와 유사한 점이 많으나 관주도의 일방적 강요로 인해 오히려 자주적인 지역주민운동의 성장을 저해한 면이 있다. 어메니티 마을 만들기는 '아름다운 가정' '살기좋은 동네' 가꾸기이다. 이는 지역주민들의 '살고 싶은 동네'에 대한 꿈을 찾아내는 것이 가장 중요하다. 지역의 각종 단체를 중심으로 하거나 구청이나 주민센터가 중심이 되든지 간에 '주민들의 바람'을 이끌어내는 것이 중요하다. 이를 위해 이에 관심이 있는 지역단체가 나서 '우리동네 환경지도 그리기'나 '우리동네 안전지도' '우리동네 환경계획 콘테스트' '지역 환경백일장' '지역 사생대회' 등을 통해 주민들의 지역에 대한 관심과 애착을 끌어내는 것이 바람직할 것이다.

둘째, 종합적 관점서 마을 만들기를 시작해야 한다.

마을의 다양한 의사나 요구를 수렴하고, 특히 사회적 약자 등에 대한 배려가 절실하다. 지역개발 및 산업부흥에 있어서도 종전의 개발지상주의적인 방식에서 탈피, 주민의 의견을 수렴하고 21세기 지속가능한 발전에 맞도록 환경 및 어메니티를 기반으로 한 산업이나 각종 이벤트를 유치할 필요가 있다. 대형토목건설 프로젝트에서 벗어나 이제는 생활밀착형 환경복지프로젝트로 도시사업의 전환이 절실한 때다. 단순한 반공해가 아니라 환경을 21세기의 산업으로 개발하며 도시와 농촌과의 연대, 식량이나 식수 등의 안정적인 확보 등에 공동의 지혜를 모아야 한다. 지역의 모든 문제는 종합적인데 이것을 부분적으로만 접근하면 전체적인 면에서 어메니티를 확보할 수 없게 된다.

셋째, 지역단체 주민 회원들의 개성을 살려야 한다.

한사람의 작은 실천이 지역 사회를 바꿀 수 있다. 지역을 위해 애쓰는 사람을 발견하고 이들에게 힘을 북돋워줘야 한다. 잘 할 수 있는 것부터. 시민의 아이디어와 힘을 모아야 한다. 우리나라의 시민환경단체는 일반 회원들의 역할이 회비는 내는 것 이외에 자신의 개성이나 능력을 살린 적극적이고 다양한 활동을 하기가 쉽지 않다. 회원을 직업별, 전문별, 지역별, 취미별로 다양하게 그룹화해서 이들 간의 연구모임을 만들고 그 결과물을 발표하는 것을 모임이 적극 지원해주는 것이 중요하다. 그리고 회원이면 비회원과의 차별성, 혜택이 주어지도록 프로그램을 강화해야 한다. 가령 환경보존운동에 있어서도 숲이나 하천, 하구 습지의 그림이나 동식물 사진찍기, 시 소설쓰기, 노래만들기 등 다양하며 이러한 활동을 회원은 물론, 시민들이 공유할 수 있도록 자료화하고 조직화하는 것이 중요하다.

넷째, 전문가 참여가 중요하다.

전문가의 볼런티어정신 살려야 한다. 전문가 한사람의 의견은 파급력이 있다. 전문가들이 자발적인 지역운동에 참여해 문제를 제기하면서 동시에 자기 나름대로의 대안을 제시함으로써 행정과의 협의 혹은 기업과의 상담에서도 전문성을 인정받는 데 큰 역할을 하고 있다. 우리나라의 경우 교수 등 전문직의 볼런티어정신이 상대적으로 부족한데 자기가 살고 있는 지역에서부터의 문제의식을 갖고 환경복지 등 생활문제의 해결에 노력할 필요가 있다. 이러한 면에서 뜻있는 전문가들이 자신의 전문분야를 살려 지역을 변화시키는데 앞장서야 한다. 이와 더불어 지자체 차원에서는 기존의 대학교수 연구원 등이 아닌 '시민전문가'를 양성할 수 있도록 프로젝트 등을 통해 지원할 필요가 있다. 이런 과정을 통해 '시민이 만드는 살기좋은 마을 만들기 종합계획'이 나올 수 있도록 해야 한다.

다섯째, 행정과 파트너십을 형성해야 한다.

행정에 주민참여 기획단계에서부터 요구하고, 행정에 대안을 제시하는 주민운동이 돼야 한다. 이제는 행정과 대립 견제관계를 넘어서 지역주민이 행정과 함께 지역을 새롭게 만들어가는 파트너십을 형성해야 한다. 이 경우 정책수립단계에서부터의 시민참여와 함께 각종 이해관계가 있는 혐오시설문제에 이르기까지 당해주민을 포함한 시민들의 적극적인 의견을 수렴하는 방식으로 주민투표조례 등을 제정할 필요가 있으며 행정 또한 시민들의 아이디어를 모으는 제안을 활성화해야 한다. 선진도시에서는 '시민참여'가 아니라 '행정참여'라는 말을 쓴다. 주민이 마을 만들기의 주체이며 행정이 이에 참여한다는 적극적 의미이다. 지자체도 시민공모 프로젝트를 적극 활용해 지역 소모임 단위의 참여, 시민의 아이디어를 끌어내는 노력이 바람직하다. 이를 위해 무엇보다 행정이 '관료의식'과 '무사안일주의'에서 탈피해 시민들의 소리를 '경청'하려고 애쓰고 이를 제도화할 필요가 있다. 또한 시민들의 '환경만들기' 노력을 적극 지원하는 것이 행정의 의무라는 것을 알아야 한다. 이를 위해서 행정과 시민 산업계 등이 뜻을 모아 NGO정보자료센터나 마을 만들기의 재원을 일부 지원해주는 '마을만들기재단' 등을 적극 조성·확대할 필요가 있다.

여섯째, 환경마인드, 생태문화적 리더십이 있는 도시경영자를 뽑아야 한다.

결국 시민들이 도시경영자를 선택하는 것이다. 독일의 프라이부르크나 브라질의 쿠리치바 등에는 환경시장이 선출됐다. 지속가능한 도시만들기는 결국 환경마인드가 있는 단체장을 가질 수 있는가 없는가 하는 것이 열쇠이다. 그래야 '지방의제21' 혹은 '지방행동21'이 실질적으로 이뤄질 수 있기 때문이다. 한편 이런 단체장을 뽑는 것은 결국 지역주민이자 시민이다. 시민들이 환경에 대한 마인드를 갖고 있을 때 이러한 단체장이 가능해진다는 것도 잊어선 안 된다. 또한 이러한 단체장을 만드는데 있어 전문가로서의 환경공무원의 역할을 간과해서도 안 된다. 결국 지역의 안전이나 쾌적한 마을 만들기를 위해시는 무엇보다 주권자인 시민의 선택이 중요하다는 사실을 명심해야 한다.

일곱째, 좋은 사례를 많이 보고 배워야 한다.

UNDP(유엔개발계획)의 모토가 '선례에 의한 발전'(Development by Good Examples)이다. 이는 전 세계에서 좋은 사례를 보고 이를 새로운 모델로 삼아 발전해나가자는 것이다. 논어에 '삼인행(三人行)에 필유아사(必有我師)'라는 말이 있는데 이것이 바로 '선례에 의한 발전' 아닌가. 좋은 것은 좋은 대로 '타산지석'으로 삼고, 나쁜 것은 그렇게 하지 않도록 '반면교사'로 삼는 것이다. 우리는 그동안 너무 선진국의 흉내내기에 바빴다. 그것도 외형에 치우쳤지 내용과 본질을 찾는 데는 미흡했다. 세계화를 이야기하면서도 진정 선진국의 도시만들기의 '콘텐츠'를 이해하는 데는 관심이 없었다. 이제부터 제대로 된 모델을 찾아야 한다. '공무원 시민'이 '도시의 미래'에 대해 새롭게 눈을 떠야 한다. 우리 시민들의 작은 성공이 새로운 모델이 되게 해야 한다.

일신우일신(日新又日新).

구윤모 · 강형식 · 이미숙. 홍천강 생태하천 복원사업의 경제적 가치. 한국환경생태학회지.
　　　제28권 제1호. 2014.

그레타 툰베리 외. 고영아 옮김. 그레타 툰베리의 금요일-지구를 살리는 어느 가족 이야기.
　　　책담. 2019.

그레타 툰베리. 이순희 역. 기후 책. 김영사. 2023.

김규호. 역사문화도시 조성에 대한 경제적 가치추정. 충청지역연구. 제3권 제1호. 2010.

김석준. 전환기 부산사회와 부산학. 부산대 출판부. 2005.

김선희 · 차미숙 · 김현식 · 이문원 · 윤윤정 외. 미래 삶의 질 개선을 위한 국토 어메니티 발
　　　굴과 창출전략 연구 제1권 총괄보고서. 국토연구원. 2007.

김선희 · 차미숙 · 김현식 · 이문원 · 윤윤정 외. 미래 삶의 질 개선을 위한 국토 어메니티 발
　　　굴과 창출전략 연구 제2권 부문보고서. 국토연구원. 2007.

김성국. 부산학시론. 부산발전연구원 부산학센터. 2005.

김용운. 한 · 일간의 얽힌 실타래. 문학사상사. 2007.

김선희. 국토어메니티 창출을 위한 정책과제와 전략-국토어메니티의 개념과 정책과제. 국
　　　토. 통권 제298호. 2006.

김승환. 쾌적한 도시 환경창출을 위한 도시어메니티 구조의 해석에 관한 연구. 한국조경학
　　　회지. 1988.

김옥이 · 김해창. 놀이로 배우는 지구사랑-3대가 함께 만든 우리집 환경백서. 양서원. 1999.

김옥자. 어메니티 유아생태 과학실험-은퇴한 과학 쌤의 유아 교사를 위한 실험 이야기. 도
　　　깨비. 2020.

김주완. 젊으면 그만이지-아름다운 부자 김장하 취재기. 출판　피플파워. 2023.

김진옥 · 엄영숙. 여행비용법을 적용한 전라북도 도립공원의 방문수요와 휴양편익추정. 한국
　　　산림휴양학회지. 제17권 제3호. 2013.

김해창. 그곳에 가면 새가 있다. 동양문고. 2002.

김해창. 기후변화와 도시의 대응. 경성대학교 출판부. 2017.

김해창. 어메니티 눈으로 본 일본-21세기를 준비하는 일본의 환경, 시민, 그리고 지역창조.
　　　열음사. 1999.

김해창 외. 환경부 엮음. 녹색전환-지속가능한 생태사회를 위한 가치와 전략. 한울. 2020.

김해창. 원자력발전의 사회적 비용. 미세움. 2018.

김해창. 원자력 비상계획구역 확대에 따른 방재 및 안전대책 비용확보를 위한 원전안전이용
　　　부담금제 도입에 관한 연구. 경성대 환경문제연구소 연구보고서. 2014.

김해창. 일본 저탄소사회로 달린다. 이후. 2009.

김해창. 작은 것이 아름답다, 슈마허 다시 읽기. 인타임. 2018.

김해창. 저탄소 대안경제론. 미세움. 2013.

김해창. 재난의 정치경제학-코로나시대 대안 찾기. 미세움. 2021.

김해창 · 차재권 · 김영하. 고리원전의 탈원전 추진을 위한 원전안전이용부담금 도입에 관한

실증분석. 지방정부연구. 제18권 제2호. 2014.

김해창 · 차재권 · 김영하. 부산 고리원전의 탈원전정책에 대한 경제적 가치평가. 환경정책. 제22권 제3호. 2014.

김해창. 창조도시 부산 소프트전략을 말한다. 인타임. 2020.

김해창. 환경수도 프라이부르크에서 배운다. 이후. 2003.

나현수 · 유창석. 지불의사금액 추정을 통한 문화정책의 가치측정: '문화가 있는 날'을 대상으로. 문화정책논총. 제33권 제1호. 2019.

노영순 · 이상열. 지역쇠퇴에 대응한 지역학의 역할과 문화정책적 접근에 관한 연구. 한국문화관광연구원 연구보고서. 2018.

다나카 히로시 · 이타가키 류타. 한국학중앙연구원 한국문화교류센터 옮김. 한국과 일본의 새로운 시작. 뷰스. 2007.

도시발전연구소. 3포지향의 르네상스: 인간도시 부산. 1994.

데이비드 V. 헐리히. 김인혜 옮김. 세상에서 가장 우아한 두 바퀴 탈것. 알마. 2004.

리처드 플로리다. 이원호 · 이종호 · 서민철 옮김. 도시와 창조 계급. 푸른길. 2008.

박그림. 산양 똥을 먹는 사람. 명상. 2000.

박석호. 수도권 vs 지방 대한민국 지역갈등 2라운드. 은금나라. 2011

박용남. 꿈의 도시 꾸리찌바(개정증보판). 녹색평론사. 2009.

박찬열 · 송화성. CVM을 활용한 역사관광자원의 입장료 지불가치 추정-수원화성을 중심으로. 지방정부연구. 제20권 제2호. 2016.

박한식 · 강국진. 선을 넘어 생각한다. 부 · 키. 2018.

변일용 · 김선범. 울산의 역사문화자원 이용 특성 및 가치평가 연구. 한국도시지리학회지. 제10권 제3호. 2007.

보들레르. 윤영애 옮김. 악의 꽃. 문학과지성사. 2003.

부산어메니티플랜. 요약보고서. 부산시. 1994.

부산학교재편찬위원회. 부산학. 부산대학교 출판부. 2016.

사사키 마사유키 · 종합연구개발기구. 이석현 옮김. 창조도시를 디자인하라-도시의 문화정책과 마을만들기. 나노미디어. 2010.

(사)농산어촌어메니티연구회. 농촌어메니티 개발에 관한 연구-유형별 모형 및 사례 중심으로. 대산농촌문화재단. 2007.

사카이 겐이치. 김해창 옮김. 어메니티-환경을 넘어서는 실천사상. 1998.

삼성경제연구소. 미래 CEO의 조건: 창조적 리더십. 2011.

삼성지구환경연구소 · 도시발전연구소. 수영강 르네상스 2010-수영의 친수공원화. 1995.

샤를 피에르 보들레르. 윤영애 옮김. 파리의 우울. 민음사. 2008.

심규원 · 권헌교 · 이숙향. 가상가치평가법(CVM)을 이용한 국립공원의 경제적 가치 평가에 관한 연구-20개 국립공원을 대상으로. 한국산림휴양학회지. 제17권 제4호. 2013.

소노스. 프라이부르크-독일의 지속가능한 도시를 가다. 레겐보겐북. 2023.

송교욱 · 제윤미. 낙동강 하구역의 생태 · 경제학적 가치평가와 보전방안에 관한 연구. 부산발전연구원. 2005.

스콧 니어링. 김라합 역. 스콧니어링 자서전. 실천문학사. 2000.

알렉산드라 우리스만 오토. 신현승 옮김. 그레타 툰베리-소녀는 어떻게 환경운동가가 되었나? 책담. 2023.

앨런 말라흐. 김현정 역. 축소되는 세계. 사이. 2024.

유진채 · 김미옥 · 공기서 · 유병일. 한국 산림의 공익적 가치추정-선택실험법을 이용하여.

농촌경제. 제33권 제4호. 2010.

윤형호 · 연제승 · 박효기 · 김서현. 자연복원 형태의 승기천 하수조 정비사업의 경제적 가치 추정 연구. 도시연구. 통권 제22호. 2022.

이동근 · 성현찬. 경기도 6개 도시의 어메니티 평가에 관한 기초적 연구. 국토계획 제34권 제3호. 1999.

이순공. 아름다운 밀양산하. 밀양문화원. 1994.

이영창 · 김근호. 지역 어메니티 촉진을 위한 마을 만들기 운영사례 비교연구. 농촌계획. 제19권 제2호. 2013.

이재준. 공동주태 주거환경의 어메니티 평가와 계획적 함의에 관한 연구. 서울대 박사학위 논문. 1998.

이재준 · 김선희 외. 국토어메니티 평가지표 개발. 한국조경학회지. 제38권 제1호. 2010.

이재준 · 최석환 · 김선희. 국토어메니티 평가지표 개발. 한국조경학회지. 제38권 제1호. 2010.

이재준 · 황기원. 계획원리로서 어메니티 개념에 관한 연구. 국토계획, 제33권. 제5호. 1998.

이호승 · 한상열 · 이상현. Turnbull 분포무관모형을 이용한 오대산국립공원의 경제적 가치평가. 국립공원연구지. 제6권 제1호. 2015.

이희찬 · 강재완 · 한상필 · 김규호. 선택실험법을 이용한 만경강 하천공간 복원의 가치 평가. 환경정책. 제24권 제3호. 2006.

임형백. 어메니티의 개념, 기원과 역사, 분류에 관한 연구. 한국조경학회지 제8권 제2호. 2001.

장 앙텔므 브리야 사바랭. 홍서연 역. 미식 예찬. 르네상스. 2004.

장진 · 박준형 · 심규원. 조건부가치평가법(CVM)을 이용한 다도해해상국립공원의 생태계 서비스 가치평가-종다양성 가치를 중심으로. 국립공원연구지. 제10권 제2호. 2019.

전영옥. 농촌경제활성화를 위한 농촌어메니티 정책방향. 삼성경제연구소. 2003.

정현숙. 추락하는 일본의 출산율이 한국보다 높은 이유. 한반도미래인구연구원. 2023.

조영국 · 박창석 · 전영옥. 농촌어메니티의 인식의 구조와 의미. 한국경제지리학회지. 제2권 제2호. 2002.

조점동. 작은 샘물도 세상을 적실 수 있다. 도서출판 밀양. 2021.

제래미 리프킨, 엔트로피-21세기의 새로운 문명관, 범우사, 1998.

차종환 · 에드워드 구 · 박상준 · 장병우. 진보와 보수가 본 평화통일. 도서출판 사사연. 2020.

최성록 · 성찬용 · 유영화. 비용편익분석을 위한 도심하천복원 경제가치의 범위효과 검정: 조건부가치평가법과 선택실험 비교. 환경정책. 제29권 제2호. 2012.

최진환. 창원시 가음정천 복원사업의 미기후 변화 및 경제적 가치 평가. 창원대 공학석사 학위논문. 2015.

토마 피케티. 장경덕 외 역. 21세기 자본. 글항아리. 2014.

한무영. 지구를 살리는 빗물의 비밀. 그물코. 2009.

한상현. 경주유적지 역사경관의 경제적 가치 평가에 관한 연구. 관광연구논총. 제25권 제1호. 2013.

한찬희 · 박강우. 문화산업의 경제적 효과 연구: 우리나라의 지역별 소득 및 고용에 대한 영향을 중심으로. 문화산업연구. 제23권 제1호. 2023.

황인창 · 김창훈 · 손원익. 서울시 미세먼지 관리정책의 사회경제적 편익. 서울연구원. 2019.

황인창 · 백종락 · 전은미 · 안미진. 대기오염물질 감축수단 비용효과성 분석. 서울연구원. 2021.

C. 더글러스 러미스. 경제성장이 안 되면 우리는 풍요롭지 못할 것인가. 녹색평론사. 2002.

E.F. 슈마허, 이상호 역, 작은 것이 아름답다−인간 중심의 경제를 위하여, 문예출판사, 2002.

issue+design project. 김해창 역. 디자인이 지역을 바꾼다. 미세움. 2013.

NEAR재단. 한일관계, 이렇게 풀어라. 김영사. 2015.

葛西紀巳子. くらしの色彩物語—住・環境・色彩アメニティ. フロムライフ. 1998.

岡島成行. アメリカの環境保護運動. 岩波新書. 1990.

岡秀隆・藤井純子. ヨーロッパのアメニティ都市—両側町と都市葉. 新建築社. 1991.

経済協力開発機構. 日本環境庁国際課 監修. 国際環境問題研究所 訳. OECDレポート日本の経験−環境政策は成功したのか. 日本環境協会. 1978.

熊本一規. 脱原發の経済学. 緑風出版. 2011.

宮本健一. 都市をどう生きるか−アメニティへの招待. 小学館. 1984.

大崎正瑠. 韓国人とつきあう法. ちくま新書. 1998.

大島堅一. 原発のコスト：エネルギー転換への視点. 岩波書店. 2011.

大野栄治. 環境経済評価の実務. 勁草書房. 2000.

東郷和彦. 歴史認識を問い直す：靖国, 慰安婦, 領土問題. 角川書店. 2013.

藤田祐幸. もう原發にはだまされない. 青志社. 2011.

木原啓吉. 暮らしの環境を守る：アメニティと住民運動. 朝日新聞出版. 1992.

木原啓吉. アメニティミーティングルーム 編. 環境の思想・アメニティについての 考察, アメニティを考える. 未来社. 1989.

尾上伸一・菅谷泰尚. 学校田んぼのおもしろ授業. 農山漁村文化協会. 2002.

西岡秀三. 日本低炭素社會のシナリオ−二酸化炭素70%削減の道筋. 日刊工業新聞社. 2008.

上岡直見. クルマの不経済学. 北斗出版. 1996.

上岡直見. 自動車にいくらかかっているか. コモンズ. 2002.

西村幸夫. 都市美—都市景観施策の源流とその展開. 学芸出版社. 2005.

小野善康. エネルギー転換の経済効果 岩波書店. 2013.

小倉紀雄・藤森真理子・梶井公美子・山田和人.調べる・身近な環境—だれでもできる水,気,土,生物の調べ方. 講談社. 1999.

植田和弘・西村幸夫・神野直彦・間宮陽介. 都市のアメニティとエコロジー. 岩波書店. 2005.

アメニティ・ミーティング・ルーム編. アメニティを考える. 未来社. 1989.

延藤安弘. 創造的住まいづくり・まちづくり：集まって住む楽しさを知っていますか. 岩波書店. 1994.

宇都宮深志. 開発と環境の政治学. 東海大学出版会. 1976.

宇沢弘文. 自動車の社会的費用. 岩波書店. 1974.

栗山浩一. 公共事業と環境の価値—CVMガイドブック. 築地書館. 1997.

田村明. まちづくりの実践. 岩波書店. 1999.

酒井憲一. 百億人のアメニティ. 筑摩書房. 1998.

中島恵理. 英国の持続可能な地域づくり. 学芸出版社. 2005.

中島恵理. 田園サスティナブルライフ：八ケ岳発！心身豊かな農ある暮らし. 学芸出版社. 2016.

進士五十八. アメニティ・デザイン：ほんとうの環境づくり. 学芸出版社. 1992.

チャールズ・エイブラムス. 伊藤滋 監訳. 都市用語辞典. 鹿島出版会. 1978.

青山吉隆・中川大・松中亮治. 都市アメニティの経済学：環境の価値を測る. 学芸出版社. 2003.

塚本利幸. アメニティとエコロジー：「環境」概念の検討. 社会学年報：KJS 1996. 4: 125−145.

AMR・金承煥. 韓国・日本の都市アメニティを考える. 自治体研究社. 1992.

ＡＭＲ. 本当のアメニティとは何か. 合同出版. 1989.

ＡＭＲ. まちづくりとシビック・トラスト. ぎょうせい. 1991.

David L. Smith. 川向正人 訳. アメニティと都市計画. 鹿島出版会. 1987.

J. B. カリングワース. 英國の都市農村計画. 久保田誠三 監訳. 都市計画協会. 1972.

Barbara Wood・E.F. Schumacher: His Life and Thought. Harper & Row. 1984.

Charles Landry. The Creative City: A Toolkit for Urban Innovators. Earthscan. 2000.

David L. Smith. Amenity and Urban Planning. Crosby Lockwood Staples. 1974.

David Throsby. Economics and Culture, Cambridge University Press, 2001.

J. B. Cullingworth. Town and Country Planning in England and Wales. University of Toronto Press. 1964.

Naess & Sessions. Basic Principles of Deep Ecology. Ecophilosophy 6: 3−7. 1984.

Register. R. Ecocity Berkeley: Building Cities For a Healthy Future. North Atlantic Books. 1987.

Rice, J. L. Making Carbon Count: Global Climate Change and Local Climate Governance in the United States. Ph. D. The University of Arizona. 2009.

WECD(World Commision on Environment and Development). Our Common Future. Oxford University Press. 1987.

https://cittaslow.co.kr

https://nationaltrust.org.uk

https://iclei.org

https://www.ipcc.ch

https://www.unesco.or.kr

https://www.cities-today.com

https://www.eri-nakajima.com

https://www.creativecityjinju.kr

https://sdgs.un.org

https://www.nongsaro.go.kr

https://fr.wikipedia.org

https://www.cntraveller.com

https://en.wikipedia.org

https://www.aramachi.info

https://greggsegal.com